彩图1 白菜型油菜

彩图2 甘蓝型油菜苗

彩图3 采收的油菜薹

彩图4 油菜机械直播

彩图5 油菜地做到"三沟"配套

彩图6 棉花套作油菜

彩图7 油菜种子发芽出苗期

彩图8 油菜旱害僵苗

彩图 9　苗密红叶现象

彩图 10　缺氮黄红叶

彩图 11　移栽油菜苗前期

彩图 12　油菜蕾薹期

彩图 13　油菜开花期

彩图 14　油菜角果期

彩图 15　冬油菜越冬期出现的早薹早花现象

彩图 16　旱土冬油菜疯长

彩图 17　油菜薹花期"裂秆"

彩图 18　缺硼导致的分段结实现象

彩图 19　芥菜型油菜

彩图 20　油菜缺钙"断脖"症状

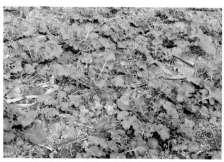

彩图 21　喷施了多效唑的油菜矮壮

彩图 22　油菜菌核病为害叶片

彩图 23　油菜菌核病为害角果

彩图 24　油菜菌核病为害茎秆

彩图 25　油菜病毒病叶片上的油渍状小黑点

彩图 26　油菜霜霉病病叶正面

彩图 27　油菜霜霉病病叶背面

彩图 28　油菜白锈病病叶背面

彩图 29　油菜白锈病花梗肿大呈"龙头拐"

彩图 30　油菜软腐病病株

彩图 31　油菜白斑病病叶

彩图 32　油菜黑斑病田间发病状

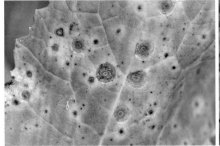
彩图 33　油菜黑斑病发病叶

彩图 34　油菜细菌性黑斑病病叶

彩图 35　油菜白粉病叶片

彩图 36　油菜白粉病茎秆

彩图 37　油菜黑腐病病叶

彩图 38　油菜根腐病病株

彩图 39　油菜根肿病苗期表现为
叶片发黄长势差

彩图 40　油菜根肿病在根部的表现

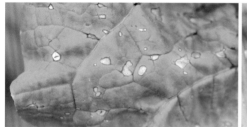

彩图 41　油菜炭疽病病叶　　　　　　彩图 42　油菜炭疽病病茎

彩图 43　蚜虫为害叶片　　　　　彩图 44　蚜虫群集为害油菜嫩茎秆

彩图 45　蚜虫为害油菜角果　　　彩图 46　黄曲条跳甲为害油菜

彩图 47　菜粉蝶成虫　　　　　彩图 48　菜粉蝶幼虫为害油菜苗

彩图 49　油菜潜叶蝇为害叶片

彩图 50　油菜潜叶蝇为害果荚

彩图 51　小菜蛾成虫

彩图 52　小菜蛾幼虫

彩图 53　大猿叶甲取食油菜果荚

彩图 54　小猿叶甲群集为害油菜果荚、茎秆

彩图 55　灰巴蜗牛为害油菜

彩图 56　地老虎幼虫为害油菜幼苗造成
茎秆折断

彩图 57　地下害虫蛴螬

彩图 58　油菜地看麦娘杂草

彩图 59　野燕麦

彩图 60　油菜地牛繁缕杂草

彩图 61　猪殃殃杂草为害油菜

彩图 62　大巢菜

彩图 63　油菜地里的早熟禾

彩图 64　油菜冻害后单株症状

粮|油|经|济|作|物|高|效|栽|培|丛|书

油菜
优质高产问答

何永梅　张有民　王迪轩　主编

（第二版）

化学工业出版社

·北京·

内 容 简 介

本书采用问答的形式，详细介绍了当前油菜的优质高产栽培技术、播种育苗技术、田间管理技术、主要病虫草害全程监控技术以及气象灾害减灾技术等内容。针对农民在油菜生产中遇到的 162 个实际问题，提供了具体的解决方案与技术要点，具有很强的针对性和指导性。书中附有 60 余张高清彩图，便于指导实际生产操作。

本书适合广大种植油菜的农民、农村专业合作化组织阅读，也可供农业院校种植、植保专业师生参考。

图书在版编目（CIP）数据

油菜优质高产问答/何永梅，张有民，王迪轩主
编. —2 版.—北京：化学工业出版社，2020.9
（粮油经济作物高效栽培丛书）
ISBN 978-7-122-37183-6

Ⅰ.①油…　Ⅱ.①何…②张…③王…　Ⅲ.①油菜-
高产栽培-栽培技术-问题解答　Ⅳ.①S634.3-44

中国版本图书馆 CIP 数据核字（2020）第 096258 号

责任编辑：冉海滢　刘　军　　　　文字编辑：李娇娇　陈小滔
责任校对：赵懿桐　　　　　　　　　装帧设计：关　飞

出版发行：化学工业出版社（北京市东城区青年湖南街 13 号　邮政编码
　　　　　100011）
印　　装：大厂聚鑫印刷有限责任公司
880mm×1230mm　1/32　印张 7¼　彩插 4　字数 211 千字
2021 年 1 月北京第 2 版第 1 次印刷

购书咨询：010-64518888　　　售后服务：010-64518899
网　　址：http://www.cip.com.cn
凡购买本书，如有缺损质量问题，本社销售中心负责调换。

定　　价：39.80 元

本书编写人员

主　编　何永梅　张有民　王迪轩

副主编　胡世平　伍　娟　张建萍　李慕雯

参编人员（按姓名汉语拼音排序）

符满秀　何永梅　胡世平　李慕雯　隆志方
彭特勋　谭一丁　王迪轩　王秋方　王雅琴
伍　娟　杨　雄　张建萍　张有民

　　"粮油经济作物高效栽培丛书"自 2013 年 1 月出版以来，至今已有 8 个年头。该套丛书第一版有 8 个单行本，其中《水稻优质高产问答》《大豆优质高产问答》《棉花优质高产问答》《油菜优质高产问答》四个单行本入选农家书屋重点出版物推荐目录。近几年来，无论是种植业结构还是国家对种植业的扶持政策均不断发展，出现了不小的变化，一系列新技术得到了更进一步的推广应用，但也出现了一些新的问题，如新的病虫危害，一些药剂陆续被禁用等。因此，对原丛书中重要作物的单行本进行修订很有必要（主要是水稻、大豆、油菜、小麦、花生、玉米六个分册）。

　　针对当前农民对知识"快餐式"的吸取方式，简洁、易懂的"傻瓜式"获取知识的需求，《油菜优质高产问答（第二版）》在第一版基础上进行了修订、完善和补充。一是在内容、结构上有增删和侧重，增加了"油菜草害及防除技术"等相关内容。在栽培技术上，突出主流技术，并介绍新技术；在问题解析上，突出主要的问题及近几年来出现的新问题；在病虫草害全程监控技术上，突出绿色防控技术集成。二是在形式上，体现"简洁""易懂""傻瓜式"等特点，为帮助农民朋友提升实践操作能力，精炼语言，适当增加图片、表格，提升图书的可读性、实用性与适用性，达到快捷式传播的目的。

　　由于时间紧迫，编者水平有限，书中不妥之处欢迎广大读者批评指正！

编者

2020 年 4 月

2008 年我国油菜种植面积达到 9600 万亩（1 亩 ≈ 666.7 m^2），总产量达 1920 万吨，已成为我国继水稻、小麦、玉米、大豆之后的第五大农作物，栽培面积和总产量居世界之首，均占 1/3。油菜可供给人们生活的油脂，有利于提高人民的生活水平和生活质量，有利于促进现代工业、饲料工业、养蜂业的发展，有利于作物合理布局，油菜还是一种用地养地两兼的作物，种植油菜可改良土壤结构。因此，种植油菜有较好的前景。

随着人民生活水平的提高和膳食结构的不断改善，国内市场对植物油脂和蛋白饼粕的需求量仍将大幅度增长。目前，我国油菜生产存在油菜籽供需缺口大，油菜生产耕作粗放、种植分散、生产成本高、规模效益差，缺乏产业化模式，油菜品种多、乱、杂，缺乏早熟、稳产、高含油量新品种，油菜籽品质较差，存在"两高"、"两低"、施肥不当而导致单产偏低等问题。我国油菜生产要再上一个新台阶，提高质量和产量，除了继续扩大种植面积外，还要通过优选品种和优质化栽培，提高油菜品质，进行区域化种植，规模化生产，注重技术的单项突破、集成组装和综合应用，用高新技术武装和改造传统油菜生产，促进传统生产管理技术升级。

近年来，我国选育了不少优良油菜品种，在栽培上由撒播粗放管理改为油菜育苗移栽，推广应用油菜冬发、秋发高产栽培技术，施用磷肥、硼肥等技术，以及防止旱、寒、渍等逆境灾害技术和病虫草害防治技术，油菜产量和品质逐渐提高，本书从农民在生产实践中遇到的问题着手，分五章着重介绍了近年来培育和推广应用的新品种，育苗移栽、直播等常规栽培技术及免耕栽培、间套种新技术，油菜栽培技术疑难解析，油菜病虫害全程监控技术以及油菜收获贮藏技术。

参与本书编写的还有何永梅、王雅琴、曹涤环等同志。由于时间仓促及编者水平有限，书中疏漏之处在所难免，垦请同行和读者批评指正。

编者

2012 年 6 月

目 录

第三章　油菜田间管理技术 / 063

第四章　油菜主要病虫草害全程监控技术 / 126

第五章   油菜气象灾害及减灾技术疑难解析 / 180

第一章
油菜优质高产栽培技术

第一节　油菜常规栽培技术

1. 冬油菜育苗移栽技术要点有哪些?

（1）选择品种与播期

① 品种播期　迟熟品种 9 月中旬，早熟品种 9 月下旬至 10 月上旬。

② 选种购种　选择高产优质油菜杂交组合或品种，如华油杂系列 9 号、10 号等，湘杂油系列等。按每亩用种量 100g 购种备种。

（2）播种育苗

① 选好苗床　按苗床面积与大田面积比例为 1：（5～6）准备苗床。选择地势高爽、地面平整、光照充分、背风向阳、土质疏松肥沃、水源近、排灌方便，在 1～2 年内未种植过油菜或十字花科植物的地块作苗床。前茬收获后及时清除田园杂草、枯枝落叶、塑料地膜等。

注意：近一二年内有过根肿病的地块不建议用作苗床，若作苗床，育苗土须消毒处理。方法是 10% 氰霜唑悬浮剂 12mL，兑水 6kg 后，对 300L 育苗土进行喷雾处理，或按药剂使用说明进行土壤喷雾处理。

② 施足苗肥　播种前 10 天左右，结合床土翻整，按每亩大田，苗床施入充分腐熟农家肥 2000～3000kg（或商品有机肥 300～400kg），碳酸氢铵 20～25kg、过磷酸钙 20～25kg、氯化钾 5～6kg［或高氮型复合肥（22-6-12）20～25kg］，硼砂 0.5～1kg。整床拌匀施于表土面作基肥。

③ 整理苗床　播种前 1 周进行中耕晒坯，耕层厚度 10～12cm，四周开围沟，沟宽 20cm、深 35cm。精耕细作，使土层细碎并适当紧实。

开沟作畦，要求床面平、床土碎、床底实，畦宽 2.0m 包沟，畦沟宽 20cm、深 20cm，畦面做成龟背形，畦沟要与围沟相通。

④ 打透底水　若土壤墒情不足，应在播前 1 天浇足底水，待畦面稍干后，才能播种。

⑤ 种子处理　确定播量：一般千粒重在 2.5～3.0g 的种子，每亩苗床的播种量为 0.4kg；千粒重在 3.5g 以上的种子，播种量为 0.5～0.6kg。

种子消毒：用 0.4％高锰酸钾溶液浸种 15 分钟或 70％百菌清可湿性粉剂 600 倍液浸种（即按每袋 100g，兑水 60kg 的比例进行）20 分钟。其中以百菌清效果最好，沥干后撒播或条播。

控干种子，使种子不相互黏结即可。

⑥ 种子拌土　按种子重量的 20 倍加粉碎过筛的细土（或农家肥）混匀（即按每千克种子拌 20kg 细土），以使播种均匀。

⑦ 撒播种子　种子按每畦分好量，每畦要计算好面积，最好按畦面积大小计算好播种量，逐畦分次匀播。

⑧ 盖籽　种子播完后及时用铁齿耙耙畦面，用细土浅盖种子，或撒一层 0.5～1cm 厚的细土（或渣肥），并用平板或铁锹轻拍土面，使种、土密切接触。

⑨ 喷芽前除草剂　在油菜播种后 3 天内，每亩用 76％精异丙甲草胺乳油 60～70mL 或 50％丁草胺乳油 100mL 或 45％甲草胺乳油 150～200mL，兑水 40～50kg；或 720g/L 的异丙甲草胺乳油 100～120mL，兑水 30kg 喷雾。

注意：配药时一定要采用二次稀释法，即先将药液用少量水稀释混匀后根据标签上的使用规范再兑水到规定的比例。配好后用棍搅匀后才能进行喷雾。任何除草剂未稀释前均不能接触油菜种子。

⑩ 苗期管理　用单层农作物秸秆覆盖或浮面覆盖遮阳网，遮阳网四周稍微隔一段距离用泥压一下，以防风吹跑。播后出苗前原则上无需揭开遮阳网。

播种前如土壤墒情不足，一定要注意先造墒后播种，防止土壤干旱影响出苗。

待苗基本出子叶时（一般播种 3～5 天后），应及时揭开覆盖物。

出苗后要及时间苗。一般苗床间苗 2～3 次。第一次间苗宜在齐苗后 1 片真叶时进行。

遇旱时播前要浇足底水，播种后，常常会遇到秋旱，因此，出苗前苗床要经常浇水，应保持苗床土湿润，以表土不发白为度。

齐苗后要适当控水。如土壤墒情较足，能满足种子发芽和出苗，一般不浇水。

第二次间苗应在 2 片真叶时进行，苗距 3～5cm。

看苗追肥：1～2 叶期，结合间苗追施稀粪水；定苗后每亩苗床及时追施薄粪水 800～1000kg，或追施尿素 10kg。5 片叶以后，应该适当控制肥水。移栽前 5～7 天，追施"送嫁肥"，如遇天旱土干，每亩苗床浇施稀薄腐熟的人畜粪尿 500kg 左右，如床土湿润，还可追施尿素 2～3kg。

定苗：3 叶期定苗，苗距以 7～10cm 为宜。

喷施多效唑：在油菜的 3 叶期每亩喷施多效唑（有效含量 15％多效唑可湿性粉剂 40～50g 或有效含量 5％烯效唑可湿性粉剂 20g，兑水 50kg）。施用时期早的，用量要少些；施用时期迟，用量可多些。注意不要随意加大多效唑用量。

苗床病虫害防治：要密切注意病虫发生情况，注意蚜虫、菜青虫、黄曲条跳甲，软腐病、病毒病等的防治，选用吡虫啉、阿维菌素、甲维盐、百菌清、甲基硫菌灵等预防，做到及时喷药防治，确保幼苗健壮无病。具体防治方法参见本书第四章油菜主要病虫草害全程监控技术相关部分。

注意：若未采用芽前除草，或芽前除草效果不好，当杂草 3～5 叶期时，每亩用 10.8％高效氟吡甲禾灵乳油 30～40mL 兑水 40kg，将药液均匀地喷在杂草上。

带药下田：移栽前 3～5 天，选准药剂认真做好菜螟、蚜虫、黄曲条跳甲、菜青虫、霜霉病、白锈病、根腐病、根肿病等病虫害的防治，杜绝带病带虫进入大田，选用药剂如甲基硫菌灵＋氟啶脲＋啶虫脒。

浇透水待起苗：移栽前一天浇一次透水，以利于起苗。

（3）整土施肥

① 整地　油菜的前作可以是水稻、棉花、薯类等，过于疏松的

沙土和过于黏重的土壤，以及排水不良或泥脚深的水田均不宜用，若土壤质地差，甚至砖头、瓦块、石块等地，则应进行改土后方可种植。需要改土的，应把砖头、瓦块、石块层面移出，回填塘泥土、菜园土或山体表层腐殖土。

前作为棉花的，实行棉田套栽；前作为其他旱作物的，收获后深翻 25～30cm，耙平耙细，作畦畦宽 2m，畦沟宽 30cm、深 20cm，地块四周开排水沟；稻茬板田移栽，可在耕层深厚的冲积土地区进行，按前面所述排水方法和规格开好围沟、腰沟和分畦，将沟土铲出打碎，均匀撒在畦面上；前作为水稻的，要在稻穗勾头时（水稻收割前15天左右）将田水排干，收割后犁翻耙碎。中稻田晒坯过白，整地前灌一次"跑马水"。一般作畦时，畦面宽 1.4m，畦沟宽 30cm、深25cm。四周挖好围沟，田中间开一条腰沟。

② 施足基肥　移栽前，用人粪尿等有机肥作基肥深施。一般基肥亩用猪、牛栏粪等充分腐熟农家肥 1200～1500kg（或商品有机肥150～200kg），复合肥 30kg，过磷酸钙 6～9kg，氯化钾 8～12kg，硼砂 0.5～1kg。

板田移栽作壅蔸肥时，应每亩拌入 500～550kg 火土灰或干细土。

（4）及时定植

① 封闭除草　在油菜移栽前 1～3 天，用 500g/L 异松·乙草胺乳油（广佳安）70～80mL＋ 90％乙草胺乳油 15～20mL 进行封闭除草。

② 移栽　当苗龄 30～35 天，苗高 12～16cm，绿叶 5～6 片时，即可开始移栽，尽可能于 10 月底前结束，最迟 11 月上旬。水稻田应做到收获一块，抢栽一块。选根系发育良好、株体匀称、生长健壮、大小均匀的直立苗，取苗前一天最好浇透水，次日露水干后再用小铲取苗。取苗过程中去掉瘦弱苗、病苗、虫伤苗、高脚苗和杂苗等。

定植密度：一般株距 18～20cm，行距 30～50cm，按每亩栽6000～10000 株进行移栽。

注意：不宜在雨天抢栽油菜。

③ 浇定根水　移栽后立即施用清粪水作定根水。

（5）田间管理

① 查苗补缺　移栽后要及早查苗补缺。

② 浇缓苗水　一般移栽 3～5 天后浇缓苗水。

③ 第一次施苗肥　苗肥在油菜移栽后 7～10 天返青时施用，每亩用尿素 2.5～3kg（或碳酸氢铵 10kg，或腐熟人粪尿 400～500kg）兑水浇施。

④ 第一次中耕　一般移栽油菜成活返青，施苗肥后，进行第一次中耕，这次要浅。

⑤ 茎叶除草　若未进行封闭除草，或封闭除草效果不佳，可在移栽油菜后 10～15 天活棵返青时，杂草 3～4 叶期进行化学除草。

配方一：10.8% 高效氟吡甲禾灵乳油 30mL＋24% 烯草酮乳油 40～50mL。

配方二：5% 精喹禾灵乳油 50～70mL＋6.9% 精噁唑禾草灵水乳剂 50～70mL。

若以阔叶杂草为主的田块，亩用 50% 草除灵乳油 30～40mL，但该药不能用于芥菜型油菜田除草，且对白菜型油菜（彩图 1）有轻微药害。对难防除的阔叶杂草可以使用 75% 二氯吡啶酸（龙拳），此外，一些禾阔双除的除草剂，如烯草酮·草除灵、精噁唑＋草除灵、二氯吡啶酸＋烯草酮＋氨氯吡啶酸、烯草酮＋丙酯草醚等，根据使用说明进行使用。

⑥ 第二次施苗肥　在 11 月 15 日～25 日施用，每亩用尿素 4～5kg（或碳酸氢铵 15kg，或人粪尿 600kg）兑水浇施，土干时应适当多兑水。

⑦ 追施腊肥　12 月下旬至 1 月上旬施用，一般每亩用充分腐熟农家肥 1200～1500kg（或商品有机肥 150～200kg），配合草木灰 100～120kg，施于行间，施后松土，将肥料覆于根际。

如不便于施用农家肥料，也可每亩施尿素 7.5kg 左右作为腊肥。

⑧ 第二次中耕　可在冬前，结合追施腊肥进行，这次要深，使肥料渗入土中，并进行壅根培土。

⑨ 巧灌冬水　在越冬期间、霜冻前进行灌水，灌水量以 1 天内完全干涸不积水为宜，冻后及时灌水，可促进油菜根系与土壤结合。

⑩ 追施薹肥　于油菜薹高 5～10cm 时，每亩施人粪尿 500kg 左右；开花前喷硼肥，每亩用硼砂 200g 左右，兑水 60kg 均匀喷植株。

排水防渍：冬至前要及时清沟排渍一次。春后因雨水较多，田沟务必做到"三沟"［厢（畦）沟、腰沟、围沟］相通，雨停田爽，无渍水。

预防菌核病：盛花期（3月上中旬）和终花期，各预防一次菌核病，可选用40%菌核净可湿性粉剂800～1000倍液，或50%甲基硫菌灵可湿性粉剂500倍液，或25%咪鲜胺乳油50mL/亩等，同时加入"速乐硼"或硼砂（按使用说明）喷雾。

（6）防治病虫害　采取综合措施预防病害。做好开沟排水，降低土壤和田间湿度；剥除老、黄、病叶，改善田间小气候，带出田外，减少病原。药剂防治采取"预防为主，重点防治"的策略。苗期主要应加强对菜青虫、蚜虫、地老虎、蝼蛄等害虫的防治。病害主要是软腐病、黑腐病、黑斑病、根肿病、霜霉病、菌核病，要及时防治。

（7）适时收获　植株主序中部角果内籽粒开始转黄变褐（一般为终花后28～30天），主花序角果全部、全株和全田达到70%～80%现黄时，即可收获。

对优质油菜应做到单收割、单脱粒、单晾晒、单贮存和单独销售加工，防止混杂，影响质量。

2. 冬油菜地膜覆盖栽培技术要点有哪些？

（1）精细整地，增施基肥　选择地势平坦、耕性良好、土壤肥沃的田块，在前作收获后及时耕翻整地，播前结合浅耕耙糖，使土地疏松、平整、无根茬、无坷垃，上虚下实，以利于蓄水保墒、铺膜播种。地膜油菜根系发达、活力强，吸收养料多，生长发育快，加上覆膜施肥不便。因此要一次性施足肥料，施肥量一般比常规露地增加10%～15%，同时要求以基肥为主，追肥为辅，有机无机肥相结合。一般要求基肥结合播前深耕，每亩一次性施入腐熟有机肥4000～5000kg（或商品有机肥500～600kg）、碳酸氢铵50～60kg、高效过磷酸钙60kg左右。

（2）适时播种与移栽　地膜油菜播种或移栽期一般较晚。播种时墒情要充足，以利于及时出苗、活苗。播种方式有先播种后覆膜和先覆膜后扎洞播种两种方式。

移栽苗则在4～5叶期打洞移栽。苗子过大，则破口大，影响覆膜效果。地膜油菜生长势旺，在肥水条件较好的地区或田块，种植密度要偏稀，南方中等肥力田块每亩一般为6000～7000株。为了等距均苗，保证密度，一定要根据栽培密度等距穴播或穴栽。也可以采用一穴双株的栽培方法，以保证密度，减少破膜孔数，增强覆膜效果。

因地膜油菜不能中耕除草，而覆膜以后杂草生长特别快，为了防止草荒，在播种盖籽以后，覆盖地膜之前，必须喷施除草剂。每亩用48％氟乐灵乳油150～200mL，或45％甲草胺乳油150～200mL，兑水50kg，在厢面喷施。注意任何除草剂均不能接触油菜种子。

（3）覆膜与破膜　地膜覆盖的质量，直接影响膜内增温效应。盖膜时，将地膜拉紧、铺平铺直，使其紧贴地面，压实边缘，两边扎入土中3～6cm，以防散温失水。油菜出苗时要及时破膜，以免膜内温度过高灼伤幼苗，破膜时中耕可用利刀将地膜划成"V"形口子，让幼苗伸出膜外，并将破口边缘压实，贴紧地表。

（4）田间管理

① 地膜保护　地膜油菜采用移栽后全生长期覆盖的模式，要防大风揭膜。由于地膜要全生长期覆盖，所以要做好护膜工作，遇漏气处要及时压上土块。

② 防治虫害　越冬前要注意防治蚜虫、菜青虫、黄曲条跳甲等害虫，由于地膜油菜长势旺，冬前蚜虫危害重，故特别要加强地膜油菜冬前的蚜虫防治。

③ 控旺防冻　在冬至前对生长过旺的田块要用灰土粪壅苗，以防冻害，或亩用15％多效唑可湿性粉剂50～75g兑水50kg喷施，不仅可抑制旺长，而且可防寒防冻，同时还能降低春后的分枝节位。

④ 重施薹肥　开春后要及时追施薹肥，薹肥是在薹高至3～5cm时追施，一般比露地栽培提前5～7天。以氮肥为主，根据苗势，亩施尿素10～15kg。

施用方法：将薄膜用竹片破一个小洞将尿素施下，施后用清水冲洗一下膜面上残留的尿素，或趁雨前施用。如在雨雪天气前施用效果更好。薹肥施用很重要，否则会引起早衰，影响产量。

⑤ 防治菌核病　地膜覆盖对菌核孢子的萌发具有一定的抑制作用。但在阴雨天多、油菜长势好的条件下，也要加强菌核病防治。

方法是在油菜初花期和盛花期各喷1次22％腐霉·百菌清，防治菌核病。结合防治菌核病，一并进行叶面喷肥，即每亩用1％尿素加0.2％磷酸二氢钾加22％腐霉·百菌清可湿性粉剂150g混合喷施。基肥未施油菜专用肥的，还要加硼砂100g混喷，有利于提高角果皮的光合强度，增加粒数和粒重。春后雨水多，要注意清沟沥水。油菜收获后，要及时捡去地上的地膜，防止残膜污染。

3. 冬油菜直播高产栽培技术要点有哪些？

长期以来，各地大部分油菜都以育苗移栽为主，而对于油菜直播，大多认为产量较低，是一种比较原始、粗放的种植方式。实践证明，直播油菜如果采用科学的管理措施，也可有亩产超 200kg 的高产。但直播油菜播种较迟，冬前有效生长期缩短，不易培育冬前壮苗，因此，应抓好以下管理。

（1）精选良种　选择下位分枝少、耐密植、抗倒伏的油菜品种。

（2）整地施肥　在前茬作物收获后，要趁土壤湿润进行翻耕，且力求深耕，一般要求达到 20cm 以上。翻耕后充分暴晒，然后趁土壤干湿适宜耕耙保墒，并开好厢沟、腰沟、围沟，做到"三沟"相通。表土疏松细碎，水气协调，田面平整，为早出苗、出全苗创造一个良好的土壤环境。肥料不足通常是直播油菜高产的障碍因子，故对直播油菜要像移栽油菜一样，抓好各生育阶段的肥料供给，防止前期发育不良和中后期早衰等现象的发生。

结合耕整每亩施腐熟有机肥 1000kg（严禁用油菜茎秆和角壳堆制而成的有机肥）或复合肥 50kg、尿素 2.5～5kg、过磷酸钙 2.5kg、硼砂 0.15kg 作基肥，全层均匀施入土中。

（3）适期播种　同育苗移栽比较，同一品种在相同条件下，直播油菜播种期应推迟 10～15 天，但直播油菜播种也不宜过迟，否则会因错过冬初气温高的有利时机，而不利于冬发壮苗。从 9 月下旬开始，直播油菜的产量随播种期推迟而逐渐下降，播种期越迟产量越低，南方油菜产区最适宜的播种期在 10 月上旬前后，次适宜播种期在 10 月中旬，10 月下旬为不适宜播种期，到 11 月播种就有可能遭遇霜冻危害而绝产。因此，直播油菜应在前茬作物收获后，在适宜的播种期内尽早播种。

为便于播种和控制播种量，可加 0.5kg 炒熟的菜籽混合播种，力争均匀一致，一播全苗。早熟品种的播期可稍迟，土质黏重、肥力较差的宜播得较密，播后浅覆土。为确保苗全、苗匀，除按要求抓好上述整地、播种质量外，还可在厢头适当多播点种子，以利于移苗补缺，但补缺的苗必须带土移栽、及时浇水，以利于快速返青活苗。可采用条播或点播。

① 条播　根据地势，确定厢宽，一般 2～2.5m。将土壤耙平以后，按 33cm 的行距开播种沟（细、浅），深 3.3～6.6cm。将种子均匀溜到种子沟中，甘蓝型油菜（彩图 2），种子每亩播种 0.4～0.5kg，山区多用火土粪拌种，顺沟播下。可将菜籽装在空可乐瓶内，盖上瓶盖，并在瓶盖上扎 1～3 个小孔，孔的直径略大于种子。再将可乐瓶绑在竹棍上。播种时，不用弯腰，手持竹棍沿播种沟前进并上下不停地振动，使种子均匀播下。播种后盖一层薄土，或盖土杂肥。有些地方在播种沟里施水粪，每亩用土杂肥 300～400kg 拌和过磷酸钙 20kg 左右，堆沤 1 个月后盖种。

② 点播　也叫穴播。水稻田土质黏重，可采用点播。穴深 3～5cm，穴底要平。泥土必须细碎，行距要直，穴距要匀。播种时，每穴下种 10 粒左右，种子可以和土杂肥拌匀一同播下，阴雨天不必盖土，晴天盖一层薄土。

直播油菜常因盖种不均匀而发生露籽现象，种子裸露因无法吸足水分而不能发芽出苗。因此直播油菜最好采用条播和穴播的方式。如果采用撒播的方式，要特别注意充分覆盖。为有效地防止露籽，前作收获后，迅速施足基肥，精细整地，盖籽肥要细碎，播种、盖籽要均匀，做到覆盖不见籽，确保种子一播全苗。

土壤干旱，播种后种子无法吸足水分，会推迟出苗期，并引起出苗不整齐，出苗率低。播种时如遇干旱天气，无论采用哪种播种方式，都要实行"带湿"播种。方法是：撒播的，在播种覆盖后浇湿上厢面，使土表层湿润，但切忌大水漫灌淹灌，待厢面湿润后，立即排水；条（沟）播和穴播的，播种前充分浇湿播种沟（穴），播种后用湿润盖籽肥覆盖，以促使种子尽快出苗。

（4）合理密植　直播油菜合理密植以每亩 1.5 万～1.8 万株为宜。由于品种不断更新，将来随着少分枝、矮秆、耐直播、适宜机械化生产的品种的出现，直播油菜栽培密度可提高到每亩 2.5 万～3.5 万株。

（5）田间管理

① 早间苗定苗　直播油菜播种量较大，播种较迟，特别是三熟制稻田油菜，一般在 10 月底播种，往往会因间苗和肥水管理不当，造成菜苗拥挤，从而出现线苗、弱苗，故要及时间苗定苗。油菜间苗

一般分两次进行，第一次在 2 片真叶时进行，梳理窝堆苗、拥挤苗、密集苗，第二次在 4～5 片真叶时进行，按单位面积要求的种植密度间苗，并结合定苗。在播种早、土壤肥沃、幼苗生长快或生长密的田块，要提前间苗，苗稀的可以迟些间苗。雨后土湿不要间苗，以免将土壤踩板结。

间苗方法有用手扯和用锄间两种。用锄间苗，可结合中耕除草，工效较高，但不易达到除弱苗、留壮苗、除杂苗、留纯苗的目的。用手扯苗工作质量好但效率较低。为了提高工效，建议在生产上第一次用锄间苗，穴播的可剔除中间弱苗，条播的每 9～15cm 留 2～3 棵苗。穴播的，每穴留 3 株，间成"品"字形，留 4 株的间成"口"字形，留 5 株的间成"梅花"形；条播的间成"之"字形。定苗时根据品种特性、地力肥瘦和施肥量等条件，制订合理的株行距，去坏苗留好苗，去弱苗留壮苗。结合定苗进行一次除草松土，干旱时要浇水补墒增墒。

定苗时每亩用 15％多效唑可湿性粉剂 50g，兑水 50kg 均匀喷雾，控上促下，以防止出现油菜高脚苗，提高油菜苗质量。11 月底以前，每亩再用 15％多效唑可湿性粉剂 50～60g，兑水 50～60kg 喷雾，促进油菜壮苗形成，安全越冬。

② 早治虫　出苗后注意观察虫情，苗期对油菜为害的害虫主要是蚜虫、菜青虫和猿叶虫等。其中蚜虫和菜青虫的为害最重，病害主要是菌核病，应抓紧早期防治。在苗期有蚜株率达 10％，菜青虫虫口密度每株 1～2 头或菜青虫幼虫在 3 龄以前，选用吡虫啉等药剂及时防治。

③ 追施提苗肥　定苗后，每亩及时追施尿素 3kg 或用清水粪泼浇一次，半月后每亩再次追施 5kg 尿素提苗，可兑水穴施或雨前撒施。

④ 配方施肥，增施硼肥　在肥料施用上一定要做到氮、磷、钾配合，有机肥和化肥配合，油菜氮、磷、钾配方的经济施肥量大约为 12：6：4。缺硼缺磷地还必须增施硼、磷肥料。一般每亩应施硼砂 1～1.5kg，其中大部分要求在整地或成厢时均匀地撒施于厢面，再撒施其他基肥，另小部分硼肥可配成浓度为 0.1％～0.3％的含硼水溶液在抽薹至初花前均匀地喷施于植株叶片上。

⑤ 早施重施腊肥　苗后期（12 月底）要看苗、看天合理施肥，

以掌握早发稳长，以不早衰、腊肥春用为原则，早施、重施腊肥。气温低，土壤肥力差，菜苗长势弱，茎秆显紫红色或有早衰趋势的油菜要重施腊肥。早熟品种要早施少施。干旱土壤缺水时，要肥水结合起来，以水促肥，及时发挥肥效；多雨地湿时，穴施或结合中耕除草撒施。一般以亩施尿素 10~15kg、氯化钾 4~5kg 为宜。

⑥ 清沟排渍和抗旱保墒　开春后阴雨连绵，雨水明显增多，易造成土壤水分过多，通气不良，妨碍根系生长，阻碍养料吸收；同时由于田间湿度大，容易滋生病害。因此要在冬前开沟的基础上，春后及时清理"三沟"，保持排灌畅通。遇蕾薹期气候干燥，雨量少，出现干旱时，应根据土壤墒情适当灌溉。对春发不足的油菜要结合施肥早灌，以水促肥。

⑦ 中耕除草　随着春后雨水增多和气温上升，杂草生长迅速，因此在早春应及时中耕除草，疏松表土提高地温，改善土壤理化性质，促进根系发育。中耕有切断菌核病病菌子囊柄和埋没子囊盘以减轻菌核病的作用，中耕时结合培土壅根，可以增加油菜抗倒伏能力。同时在雨水多、杂草多、油菜春发过猛时，中耕除草还有切断部分根系、抑制油菜生长的作用。

直播油菜播种后第二天，每亩用 50% 乙草胺乳油 100mL 兑水 25~30kg，或 50% 敌草胺可湿性粉剂 100~150g 兑水 50kg，均匀喷施于土表；苗期可用 10.8% 高效氟吡甲禾灵 30mL 兑水 45kg，在清晨或傍晚均匀喷施于杂草茎叶表面。越冬前如杂草较多，再喷施 1~2 次。

⑧ 防早薹早花　直播油菜因冬前营养生长弱，容易出现早薹早花现象，可视情况进行防治：对生长较好、肥力较足的田块进行深中耕，在油菜蔸部附近深中耕 7~10cm 切断部分根系，暂时抑制生长，油菜开始落黄时再补施适量氮肥；对生长较差的油菜可采用重施氮肥的办法，能有效地延迟营养生长，增加营养生长量，防止早薹现象发生。对年前可能抽薹的油菜田，及时摘薹抑制植株顶端优势，使养分由主干转到下部分枝，推迟生育进程。摘薹后每亩及时施人畜粪水 1500~2000kg，或尿素 5kg 兑水泼施，以促进分枝。

⑨ 防治病害　苗期主要病害是立枯病、猝倒病等，可每亩用 75% 百菌清可湿性粉剂 60~80g，兑水 40kg 喷雾防治。初花期后 1 周内，用 40% 菌核净可湿性粉剂 1000~1500 倍液喷施，重点对植株

中下部喷药以防治菌核病。

4. 如何促进双低油菜秋冬发苗夺高产？

双低油菜是指油脂中芥酸含量低、饼粕中硫代葡萄糖苷含量低的油菜品种，种好双低油菜，必须抓好高产保优的栽培技术，落实秋冬双发的高产关键措施。

（1）适时早播早栽 双低油菜的生育特性与普通油菜有明显不同，如苗期生长缓慢，抽薹开花迟等。适时早播可有效克服上述不足，为培育大龄壮苗打下基础。以中迟熟品种为主，应在9月上旬播种，比常规栽培提早10～12天；留足苗床，苗床面积与大田面积比例为1：5，每亩大田用种子100g。苗床要求肥足、土碎，每亩施有机肥1250kg（或三元复合肥30kg），过磷酸钙20～25kg。3叶期及时间苗，保持幼苗稀密得当。2～3叶期视苗情追施1～2次稀薄粪水提苗。5叶期后生长加快，可采取促控相结合的措施，喷施0.2%磷酸二氢钾加"喷施宝"促长；同时又要每亩用15%多效唑可湿性粉剂100g，兑水30kg喷雾，防止徒长。移栽时，油菜苗必须达到具7～8片叶，苗高25cm，根茎粗0.7cm，苗龄40～45天的大壮苗标准。直播油菜应在9月底开始播种，10月中旬结束。

（2）大苗稀植促秋发 在10月上中旬带肥带药移栽，最迟要在10月25日前完成。移栽早，气温高，成活快，利于秋发。采用宽行窄株栽植，行距34cm，株距18cm，以减少荫蔽，利于通风和除草追肥。大苗稀植，每亩栽8000～9000株。栽后浇定根水，第二天喷施乙草胺等芽前除草剂，控制前期油菜地杂草。

（3）科学施肥夺高产 双低油菜在营养代谢与养分需求方面，表现出糖高氮低，对磷、钾、硼素需求量大。为发挥品种增产潜力，应适当少施氮肥，增加磷、钾、硼肥，实行配方施肥，有机肥与无机肥结合施。

有关研究资料表明：双低油菜氮、磷、钾的配比为1：0.5：0.7；底肥、苗肥、薹肥为50：30：20。每亩产油菜籽100～150kg，需亩施纯氮12.5～15kg、五氧化二磷7.5～10kg、氧化钾10kg。其中磷钾作底肥。

油菜移栽后，早施苗肥是高产的重要方法。苗肥应当早施，分两次施用。第一次在移栽后7～10天返青时，直播油菜于定苗时施用。

每亩用尿素 2.5～3kg，或碳酸氢铵 10kg，或腐熟人粪尿水 400～500kg 兑水淋施。最好在中耕后施下，天气干旱时应增加用水量，做到先少后多，先淡后浓。第一次等量普施。第二次普施与偏施相结合，瘦苗与弱苗多施，旺苗少施，实现苗架大小一致，长势均衡。

直播油菜和移栽油菜未施硼肥的，当总叶片数达到 10～12 片（早、中熟品种）或 14～15 片叶（迟熟品种）时，每亩用硼砂 200～250g，兑水 60kg 均匀喷在叶面上。

越冬前追施氮肥 1～2 次，使双低油菜越冬时能有绿叶 12～14 片，最大叶片长 25cm、宽 15cm，提高越冬期的抗寒性。冬前追一次农家肥，然后培土壅蔸，可增加双低油菜冬季耐寒抗冻能力，促进来年早发稳发，增产效果十分显著。

春节后当苗高 3～4cm 时，每亩施复合肥 4～5kg，能起到壮秆增枝、增角果的作用。

（4）连片种植　双低油菜与其他品种油菜一样，都是异花授粉作物，生产上极易发生生物学混杂，导致产量降低、品质下降。为了保证其优质丰产性和商品性，必须根据种植区内的地形地貌等自然条件集中连片种植，其间不能插花种植其他类型、品质或品种的油菜。有条件的地方可建隔离区，隔离区与十字花科蔬菜及其他油菜品种的距离应在 600m 以上，一个隔离区只能种一个双低油菜品种。

（5）喷肥喷药抓春管　立春后，在油菜初花期和盛花期各喷一次甲基硫菌灵或多菌灵、磷酸二氢钾、尿素、硼砂、"喷施宝"的混合液，每亩用量为 70% 甲基硫菌灵可湿性粉剂 75g、磷酸二氢钾 250g、尿素 500g、硼砂 100g、"喷施宝" 5mL，兑水 50kg。

初花期后，油菜的根系吸收能力逐渐减弱，而绿叶面积却在最大阶段，此时叶面喷肥喷药有多方面的综合效果，能较好地满足油菜后期对养分的需求，防止早衰和"花而不实"，还可有效地防治威胁油菜产量的菌核病。立春后雨水较多，应注意排涝，做到雨停田爽。其他管理与常规栽培相同。

🌱 5. 春油菜栽培技术要点有哪些?

春油菜主要在我国北部和西北部大面积种植，如青海、新疆、甘肃、内蒙古、黑龙江等地。生长发育迅速，生育期短，全生长发育最短的仅 60 多天，一般 100～120 天，2～4 叶期即开始花芽分化，6～8 叶期即可现蕾，开花至成熟仅 40 多天，主茎总叶数仅 20 多片，株高 80～120cm，一次有效分枝 3～5 个，单株结角果 50～150 个，单株产量较低，但当地昼夜温差大，历时较长，因而种子千粒重、含油量常比冬油菜高。

(1) 品种选用　春油菜宜选用早熟高产、优质、适于机械化栽培的双低杂交油菜品种，并要求品种纯度高，种子播种品质好，能实现丸衣化。

(2) 精细整地　种植春油菜应注意与麦类、玉米等作物土地以及休闲地进行轮作，每 3 年左右轮换一次。在土壤耕作上要做到早、深、碎、平、实。在播种前必须进行镇压作业，以保墒、提墒和控制播深。播种后也要及时镇压不过夜，否则出苗慢而不齐。春油菜常采用起垄栽培，一般进行秋起垄，在伏秋整地的基础上，在入冬之前起好垄，同时把基肥夹施在垄体中，这样墒情好，地温高，垄体上松下实，有利于油菜生长。

(3) 适时播种　适时早播可以充分利用生长季节，促进株壮早熟。油菜种子发芽的最低温度一般为 3℃，但播种至出苗所需时间则随温度递升而明显缩短。当日平均气温在 2.5～4℃时，播后需 20 天左右出苗；气温 5～8℃时，需 8～10 天。春油菜一般以日平均气温回升稳定在 2～4℃时即可播种，在一年一熟地区可在气温稳定在 5℃左右时播种。过早播种出苗不易整齐。如果延误播期，可以催芽播种。春油菜要比冬油菜密度高，一般每亩株数高肥水平 3.5 万～5 万株，低肥水平 8 万～10 万株。西北小油菜体形更小，每亩可提高到10 万～20 万株。

春油菜可采用窄行条播，使种子入土深浅一致，达到苗全苗齐。不能条播的也可撒播。条播的行距 10～15cm，每亩用种量根据留苗密度与土壤情况决定，一般 250～500g。遇冬春干旱，小雨接墒时要抢墒播种，或争取"三湿"（地湿、种湿、粪湿）播种，使种子早吸水萌动出苗，力争早苗。

(4) 早施肥料　春油菜生育期短，为了保证早发快长，施肥要早。

基肥腊施，带肥下种，追肥狠促"一轰头"。基肥应以迟效性有机肥为主，一般每亩施用充分腐熟农家肥 4000～5000kg（或商品有机肥 400～500kg）。可在整地前均匀撒施于地表，犁地时埋入地中作为基肥。如能在基肥中每亩拌入过磷酸钙 7.5～15kg，就更具有显著的增产效果。播种时拌和肥料，带肥下种，或在播种时浇盖籽粪，都有利于幼苗生长。

追肥要早施，以化肥和腐熟人粪尿为宜，第一次在齐苗后施。对于迟播或者弱苗要施足薹肥。薹肥在油菜抽薹前或刚开始抽薹时施用，可使油菜春发稳长，薹壮枝多。每亩施尿素 8～10kg。叶面补施抽薹肥一般在抽薹至开花前（最迟不超过初花期）喷施高含量硼肥 40g/亩。

抽薹前要结束追肥，防止追肥过晚，贪青迟熟。

（5）中耕除草 春油菜一般需要进行 2～3 次中耕除草。第一次在齐苗后进行，宜浅锄，锄匀；第二次在定苗后进行，中耕深度可深些；第三次在抽薹前后结合培土进行。

禾本科杂草为主的田块：配方一，10.8％高效氟吡甲禾灵乳油 30mL＋6.9％精噁唑禾草灵乳油 50～70mL；配方二，5％精喹禾灵乳油 50mL＋ 6.9％精噁唑禾草灵乳油 50mL。

若以阔叶杂草为主的田块，亩用 50％草除灵乳油 30～40mL。芥菜型油菜对该药剂高度敏感，不能应用；对白菜型油菜有轻微药害。同时比较难防除的阔叶杂草可以使用 75％二氯吡啶酸可溶粉剂。注意：一是油菜 3 叶以前不要使用草除灵；二是使用二氯吡啶酸的田块下茬不可以种植阔叶作物；三是开春以后不要使用烯草酮、唑草酮之类的除草剂。

（6）及时灌水 春油菜对水分的需求一般是前期少、中期多、后期少，要求适宜土壤水分为田间最大持水量的百分率是：种子萌发出苗期为 60％～70％，苗期 70％～80％，薹花期为 70％～80％，结角期 60％～80％。因此，要求苗期少灌，抽薹至盛花期依次加大灌水量，终花至成熟期减少灌溉次数及灌溉量。全生育期浇水次数及每次浇水量要依据土壤墒情和降水量而确定，但抽薹水不能少。一般灌水 2 次，每亩总灌水量 180～200m^3。春油菜中后期灌水要尽量避开大风天气，以减少因灌水引起的倒伏。

（7）加强管理 春油菜在早春低温时播种，出苗期长，为了保证苗早苗齐，在春旱和寒流影响下，要注意春灌窨墒（沟下浸水）保持土壤湿润。齐苗后即可间苗，一次定苗。如遇地虫害严重，有缺苗可能时，则可在 3 叶期定苗。

化控蹲苗。由于前期温度比较高，移栽或者直播早的油菜生长过旺，可以使用多效唑，一方面能起到蹲苗化控作用避免中后期倒伏，另一方面可以更好地防止倒春寒冻害。薹期喷施生长调节剂一般每亩用 35% 多效唑可湿性粉剂 35～40g，兑水 30kg 喷雾。

春油菜虫害严重，病害相对较轻。发生普遍而危害严重的害虫，苗期有黄曲条跳甲，开花结角期有蚜虫，角果发育期有潜叶蝇等。病害主要是霜霉病、白锈病等，要及时防治。早春随着温度回升有利于蚜虫、菜青虫、小菜蛾的繁殖危害，蚜虫可以选择 60% 烯啶·吡蚜酮水分散粒剂 5～7g/亩，或者 50% 氟啶虫胺腈水分散粒剂 3g/亩，如果菜青虫和小菜蛾也发生，可以选择菊酯类药剂混配使用。一般年份立春后雨水增多，油菜田易遭受渍害，还会出现不同程度的烂根及加重菌核病的发生，所以要及时疏通"三沟"，有利于降低田间湿度，促进油菜根系生长良好，减轻病害及倒伏，进而促进油菜及早抽薹、显蕾，达到稳产、高产的目的。

6. 优质油菜"菜-油两用"栽培技术要点有哪些？

新选育的双低油菜品种除去了常规甘蓝型油菜的苦涩味，其菜薹可作蔬菜食用（彩图 3），且菜薹营养丰富，维生素 C、维生素 B_1、维生素 B_2 和人体必需的微量元素锌、硒均高于白菜薹。菜薹炒熟食用，色泽青绿，口感较糯，并有淡淡的清香味，也可进行冷冻保鲜或深加工成脱水蔬菜，提高其附加值，延长供应季节，在蔬菜淡季供应。双低油菜菜薹粗壮，花蕾大，加工成脱水蔬菜的利用率高。

（1）选用良种 生产上一般选择高纯度的双低油菜品种，才能保证菜薹和菜籽的高品质与高产量。菜薹的品质取决于硫苷的含量，硫苷含量越高，菜薹味道越苦涩；硫苷含量低，则菜薹脆甜可口，口味纯正。菜籽的品质则与芥酸和硫苷两因子含量呈负相关，芥酸和硫苷含量越高，品质越差。芥酸和硫苷的含量低、种子纯度高的油菜品种，适宜于作"菜-油两用"生产。同时，油菜各个品种之间的生育特性存在明显差异，"菜-油两用"技术的备选品种，除了选用符合双低标准并经过国家和省级农作物品种审定委员会审定的外，还应为具备苗薹期生长势强、易攻早发、生育期偏早、再生能力强等特点的双低油菜品种。这样的品种能在短时间内从叶腋中生长出第一次分枝，第一次分枝生长越早越多，第二次、第三次分枝就越多，构成产量的角果数就越多。这样，才能在获得较高油菜薹产量的同时，兼顾油菜籽的高产。

（2）培育壮苗

① 选好苗床　苗床要土质好，排灌方便，地势平坦；苗床与大田面积的比例为（1：5）～（1：6），结合整地，每亩施腐熟有机肥5000kg（或商品有机肥500kg）、复合肥20～25kg、硼砂1kg。开好厢沟，厢宽1.5m。

② 适时早播　"菜-油两用"油菜多采用育苗移栽。一般要求在9月10日前抢墒播种，遇长期干旱一定要抗旱播种，抗旱育苗。每亩播种量控制在400g左右；出苗后1叶1心期间苗，3叶1心期定苗，每平方米均匀留苗100株左右，3叶期定苗后每亩及时施尿素2.5kg，或清水粪提苗；3～5叶期，每亩用15%多效唑可湿性粉剂30～50g，兑水30～50kg均匀喷雾一次。

③ 追肥防虫　移栽前5～7天，每亩追施尿素2.5～4kg，苗期注意防治蚜虫、菜青虫等。

苗龄控制在35天以内，移栽时单株绿叶7～8片。

（3）早栽早管促早发

① 整土施基肥　前茬收获后及时翻耕炕土，适时耙地保墒。油菜移栽前精细整地，结合耕整大田，施足基肥，大田每亩施25%的复合肥60kg（或碳酸氢铵65kg、过磷酸钙50kg、氯化钾10kg）、硼砂1kg作基肥。

② 移栽期　安排在10月中旬，在前茬水稻收获之后，及时抢早移栽。移栽时要对苗床施足水，先移栽大苗。移栽时推广"四个一"：一个穴、一棵苗、一捧多元复配肥或土杂肥压根、一瓢水定根。

③ 移栽密度　根据试验结果，密度越大，油菜采薹量越高，对油菜籽产量影响越大。因此，要结合地力条件及前茬因素，合理安排移栽密度，兼顾摘薹量和油菜籽产量。一般每亩栽7500株以上（行距33cm，株距25cm）。及时浇足定根水，以缩短缓苗期。活棵后及时中耕松土、除草，促早发，力争冬至苗单株绿叶数达12片以上。

（4）田间管理　施肥要"四肥"并重：整田时施底肥；油菜活棵后早施追肥，每亩施尿素5～7.5kg促早发；由于主薹摘除后分枝数增加，其消耗的养分要多于未抽薹的油菜，所以要重施腊肥，腊肥以有机肥为主，12 月中下旬每亩施农家肥 3000kg（或商品有机肥 400kg）加施尿素 10kg；翌年 1 月下旬至 2 月初（不要迟于"立春"）每亩施尿素 8～10kg、氯化钾 4～5kg 作薹肥，摘薹前 2～3 天每亩施用尿素 3～5kg，以促进油菜分枝生长。

在进行杂草防除和病虫害防治时，应使用可全降解和降解所需时间短的农药，或对人体无害的生物农药，在用药后 5 天内不可摘薹。

其他田间管理措施同常规的移栽油菜管理方式相同。

（5）摘薹管理

① 摘薹时间　根据油菜种植时间和种植的双低品种的特性，适当早摘薹，更有利于油菜分枝的生长，可以进行 2～3 次摘薹。如果是早熟品种，正常情况下 9 月上旬播种，12 月至次年 1 月可第一次摘薹，摘薹时间越迟，对油菜的生长越不利。大分枝也可摘薹，但最迟摘薹期不宜超过 2 月中旬，要求做到"薹不等时、时过不摘"。

② 摘薹长度　一般当油菜主茎薹高达 25～30cm 时，及时摘去 15～20cm，保留薹桩 10cm 左右最为适宜。注意摘薹量不宜过大，否则会影响分枝再生数量而导致菜籽减产。油菜薹产量取中上值，一般每亩摘薹 250～350kg，油菜籽产量比未摘薹的油菜不减产乃至略增产。摘薹时，按"先抽薹先摘、后抽薹后摘"的原则，切忌大小一起摘而影响菜薹产量和油菜籽产量。

③ 摘薹次数　摘薹时间早的田块，可进行 2～3 次摘薹。摘薹越晚，便不能多次摘薹。如果到了 2 月上中旬才摘薹，就只能进行 1 次摘薹；摘薹次数过多，对油菜的分枝生长和生殖生长，开花结果会造成大的影响。这样，不但不能达到增产的效果，还会造成大幅度减产。

④ 摘薹后管理　摘薹后油菜还未开花以前，可对油菜进行一次追肥，每亩追施尿素 5～10kg，以促进分枝的快速生长。油菜开花后不再进行追肥。

（6）防渍、防病虫害　移栽前开好沟，开春后及时清沟防止春雨渍害。若遇春旱，则应浇水防旱。苗期（包括苗床期）及时做好菜青虫和蚜虫的防治，注意摘薹前必须使用低毒低残留农药并掌握好用药安全间隔期，防止引起食物中毒。后期做好菌核病防治。

（7）收获菜籽　油菜摘薹后 20 天内，油菜生育期表现出相当大的差异，随着时间的推移，油菜植株间的差异逐渐缩小，至成熟时，

"菜-油两用"油菜和常规的没有摘薹的油菜比较，生育期最多推迟 2～3 天，应根据油菜的成熟度，推迟 3～4 天收割"菜-油两用"油菜。

第二节　油菜轻简栽培技术

7. 冬油菜稻田免耕直播栽培技术要点有哪些?

（1）播前准备　选择地下水位低，土质好，土壤较肥沃的稻田。对前茬水稻田应进行适度晒田，时间大约在水稻收割前 10 天、水稻勾头散籽时排水晒田。在单季稻收割时，要求稻茬齐泥收割，稻桩高度控制在 10cm 以下，不能留高桩。晚稻收割后，每亩施厩肥 1000～1500kg 或 25％ 的复混肥 25～30kg、过磷酸钙 15～20kg、氯化钾 5kg、锌肥和硼肥各 1kg，混拌均匀后全田撒施作基肥。然后立即开好"三沟"，畦宽 1.5m，畦沟沟宽 20～30cm、沟深 15～20cm；若田块较大，中央还需开腰沟，腰沟沟宽 20cm、沟深 30cm；围沟沟宽 20cm、沟深 35cm 左右。将沟土打碎均匀撒于畦面，以利于畦面平整。

（2）分畦播种　根据前作水稻收割时间，在适宜播期内播种宜早不宜迟。中稻田种油菜要求在 9 月 25 日以前播种，选用生育期较长的组合。双季晚稻田种油菜要求在 10 月 25 日以前播种，选用生育期较短的品种。播种量视种子发芽率、土壤墒情而定，一般为每亩 200～250g，播种方式可采用条播、穴播或撒播等，以条播和穴播方式较好，油菜出苗快、产量高。

穴播的播种深度一般为 3.0～3.5cm，行距 30～33cm，株距 35cm。每穴播 4～5 粒种子，保证每亩有 7000～8000 穴。条播行距 30～35cm。人工撒播时，可带秤下田，分畦定量播种。一般每亩用干细土 20kg 加硼砂 1kg 拌匀种子后分厢播种。若撒播可直接将干细土、硼砂和种子混合撒在厢面上。先播定量的 2/3，再用剩下 1/3 补匀，力求全田均匀。每亩成株约 2 万株。若播种期较迟，如迟到 10 月中旬以后，每亩播种量可增加到 300g，每亩成株可达 2.5 万株以上。如土壤墒情差，播后要及时抗旱，确保一播全苗。

（3）施种肥　油菜播后即施用种肥，一般每亩用 500kg 土杂肥（没有土杂肥可用细土代替）和 10kg 磷肥拌和后撒在条播沟或播种穴内盖种。若为撒播，播后每亩可撒施复合肥 50kg 于厢面上。

（4）及早间苗　结合中耕追肥及早间、定苗。幼苗子叶期还需及时查苗补种，去除丛生苗。撒直播一般在 2～3 叶时间苗，4～5 叶时定苗。

（5）及时除草　"三沟"开好后，亩用 41% 草甘膦水剂 200～300mL 兑水 50kg 均匀喷雾，用药后 2～3 天直接播种。

前茬让茬后立即播种的田块，根据草情合理选用除草剂，以禾本科杂草为主的油菜田，可亩用 10.8% 高效氟吡甲禾灵乳油 20～30mL 或 5% 精喹禾灵乳油 50mL 兑水 50kg，于杂草 3～5 叶期喷雾；以阔叶杂草为主的，亩用 10% 草除灵乳油 25～30mL 兑水 50kg，于油菜 6～8 叶期喷雾防治；阔叶杂草与禾本科杂草混合发生的田块，在直播油菜达 4～5 片真叶时，每亩用 17.5% 精喹·草除灵乳油 100mL 对杂草进行茎叶处理。

（6）化控促壮　定苗后，每亩用 15% 多效唑可湿性粉剂 50g 兑水 50～60kg 喷雾一次，以防高脚苗。

（7）中耕培土　由于免耕直播油菜没有进行耕翻，土壤板结，杂草多，不利于根系下扎，因此，必须在苗期深中耕 2～3 次，结合中耕进行培土壅根，消灭杂草，疏松土壤，促进根系下扎，以防后期倒伏。

（8）及时追肥　轻施提苗肥，结合间、定苗（3～5 叶期），亩用人畜肥 250～500kg 加尿素 3kg、硼砂 150g 浇施。

至越冬前施一次腊肥，以半腐熟猪牛栏草粪和草木灰为主，壅施苗基部，亩用磷钾肥 10kg，施入附近，以促进根系生长，增强抗性，确保壮苗越冬，也可用尿素 5kg、氯化钾 4kg 在叶片无露水的晴天傍晚撒施。

开春后，当薹高达 3～5cm 时，视苗势施一次蕾薹肥，一般亩施人畜粪肥 500～750kg 加尿素 2kg 和硼肥 0.2kg 兑水浇施。

初花期、盛花期叶面喷施两次肥，每次每亩用硼肥 0.15kg、磷酸二氢钾 0.2kg 叶面喷施。

（9）抗旱防渍　播种前后若遇秋旱天气，应及时灌"跑马水"抗旱，促进出苗，做到一播全苗。开春后雨水多，应及时清沟排水，保证"三沟"畅通，雨停田干，降低田间湿度。

（10）防治病虫害　由于直播油菜比育苗移栽的密度大，一般在抽薹盛期，做好打黄叶、脚叶工作，以利于通风透光，减轻病虫害。苗期重点防治蚜虫、菜青虫。花期重点防治菌核病。

8. 冬油菜稻茬免耕板茬移栽技术要点有哪些?

与双低油菜保优高产栽培技术相比，免耕板茬移栽区域布局、品种选用、地块要求、适时早播、培育壮苗、合理密植等技术措施基本与其一致，但还应注意以下几点关键技术。

（1）选用优质高产、抗逆性强的品种

（2）清沟排渍 免耕油菜夺取高产的关键是防渍害。应抓好前茬水稻田的后期管理，以提高土壤通透性。为此，必须提前半个月开好围沟，排水晾田。如果是地势较低的烂泥田，还要在板田内开好"十"字形沟和围沟，排除积水，降低土壤湿度，如果遇干旱天气，土壤缺水，应在前茬作物收获前一星期灌 1 次"跑马水"，既有利于提高油菜成活率，还有利于养老稻，增加粒重，提高水稻产量。水稻收获后立即做好"三沟"，开沟整厢，沟土碎撒于厢面。

（3）化学除草 免耕田未经翻耕，杂草多，尤其是在温度高的暖冬年份，杂草生长快，大量消耗养分，因此在油菜移栽前要进行 1 次化学除草。

以一年生单、双子叶杂草为主的田块，在移栽前 3~5 天，每亩用 50% 扑草净乳油 100mL＋12.5% 氟吡甲禾灵乳油 30~50mL，兑水 50~60kg，对土壤表面进行全田均匀喷雾。

以单子叶杂草（如看麦娘）为主的田块，在油菜移栽成活后（杂草 2~3 叶期），每亩用 24% 烯草酮乳油 20~30mL、10.8% 高效氟吡甲禾灵乳油 20~30mL 或 10% 喹禾灵乳油 35~50mL，兑水 40kg 均匀喷施在行间杂草上，可控制油菜苗期田间杂草。

以阔叶草为主的田块，每亩可选用 30% 草除灵悬浮剂 50~55mL 或 17.5% 精喹·草除灵乳油 80~100mL，兑水 30~40kg 均匀喷施在行间杂草上。

（4）抢墒早栽 尽可能早栽，秧龄以 30 天左右为宜，并做到稀播匀栽。要力争做到"三不栽"，即雨天不栽、烂田不栽、未开沟的田不栽。对土壤干旱、地表开裂、挖窝困难、近期又无雨的田块，先灌"跑马水"造墒，等田干爽后再抢栽。种植晚稻早熟品种的地区，因腾茬较早，应及时早栽；种植晚稻迟熟品种的地方，应在水稻收割时突击抢栽，边割水稻、边栽油菜，充分利用冬前温光资源培育油菜壮苗越冬。

（5）**栽植密度** 板茬移栽一般以条栽或平栽较为常见，具体条栽方法为：南北向作畦，畦宽由本地区特点、地势确定；东西向开条栽沟，沟宽 10cm 左右、深 5cm 左右。在沟内施基肥，然后按株距 18～20cm 的距离依次移栽油菜，条栽沟间距 30～50cm。每亩控制在 6000～10000 株为宜。

移栽时要做到湿土取苗，带肥、带药、带泥移栽；还要严格选苗，分级移栽。肥水条件好的田块可适当稀植，瘦苗、薄田及施肥水平低的应适当密植，移栽要做到"全、匀、深、直、紧"。"全"，指起苗时要尽量少伤根叶、多带根土、全叶卜出，当天起、当天栽，不栽隔夜苗；"匀"，指栽菜时要大小苗分级栽，苗势匀；"深"，指要深栽，以心叶平泥为度；"直"，指栽菜时苗要靠近穴壁，根正苗直；"紧"，指要求栽后压紧，使根土密接。栽菜的刀口缝随时踏实，以免雨水灌根，并且边栽边浇定根水。

（6）**注重施肥**

① 基肥 基肥多用土杂肥，少用稀粪水，一般每亩用土杂肥 1000kg、过磷酸钙 50kg、氯化钾 15kg 及硼砂 0.5kg 拌匀后底施，再用稀粪水 500kg 加尿素 30～40kg 浇条栽沟，然后移栽。要求肥、菜分开，以防肥害。

② 追肥 按照"早施苗肥、壅施腊肥、重施薹肥和巧施花肥"的原则进行。

活棵后，每亩施尿素 3～4kg 提苗，大壮苗或基肥足的可以少施或不施，苗体小、长势差的要早施、多施，遇到干旱年份要以水带肥施，结合抗旱施。

越冬期，每亩施土杂肥 1000kg 左右，防寒保苗。

现薹期，每亩用尿素 10～12kg（或碳酸氢铵 20～35kg）打洞穴施，同时也要防止施肥过多，造成长势过猛而遭受早春冻害。免耕栽培油菜基肥少，追肥又大多施于表土，土层中的养分难以有效转化，油菜后期植株容易出现早衰现象，因此要增施越冬肥、早施重施薹肥，盛花期可用 1%尿素和 0.2%磷酸二氢钾或其他生长调节剂混合喷施 2～3 次，防早衰。

（7）**化学调控** 对秋发早、长势旺的油菜，在 11 月中下旬可用多效唑进行化学调控，有利于壮苗抗冻。

（8）中耕培土 因为免耕油菜田土壤较板结、杂草较多，因此在苗期必须进行多次中耕，以消灭杂草、疏松土层、促进根系生长。中耕要进行 2～3 次，第一次于 11 月份进行浅中耕，中耕深度 3～5cm，待地面沟泥干爽后，及时碎土，并将土壅向油菜根，使行间成"凹"字形；第二次于 12 月份进行深中耕，中耕深度 5～10cm；第三次是早春松土，既可疏松土壤、提高地温、调节土壤湿度、改变土壤通气性、控制杂草危害、促进板茬油菜根系发育，又可切断病原菌子囊盘，但只能浅松土，防止伤根。

（9）防治病虫害 大田早期要摘除病叶及黄叶，及时排除渍水，防止病害蔓延，开花期每亩用 40％菌核净可湿性粉剂 100～150g 兑水 50～60kg 喷雾，或用 50％多菌灵可湿性粉剂 100g 兑水 50kg 喷雾防治菌核病和霜霉病。

在油菜成熟期，每亩用 10％吡虫啉可湿性粉剂 10～15g 兑水 60kg 喷雾防治蚜虫。

9. 冬油菜稻田套播免耕栽培有哪些特点？

冬油菜稻田套播免耕栽培技术是指在前作水稻收获前，将油菜种子等直接套播于稻田内，并与水稻短期共生，水稻收获后进行田间配套管理的油菜轻简栽培技术。该技术综合了免耕与套作的优点，解决了"稻-油"两熟制地区茬口紧张的难题，具有以下特点。

（1）省工节本，高产高效 稻田套播油菜只要关键技术措施到位，大面积产量能达到常规育苗移栽油菜的产量水平，高产田块亩产可达 200kg 以上。套播油菜缓解了劳力紧张的矛盾，同时节省了秧田，降低了生产成本。一般套播油菜用工每亩 5.5 个，比常规育苗移栽油菜节省用工 6.5 个。虽然稻田套播油菜用种量明显增加，但耕作费、水电费明显减少。另外，稻田套播油菜能在适期内早播，产量能够达到甚至略高于常规移栽油菜，经济效益显著提高。

（2）促进秸秆还田，资源集约利用 套播油菜在水稻收获前播种，稻油共生，资源利用率高。水稻收割时已基本齐苗，农民为保护菜苗，放弃秸秆焚烧的习惯，秸秆自然还田覆盖，从根本上杜绝了焚烧秸秆产生的环境污染。同时，稻田套播油菜减少了土壤耕作，保持土体自然状态，有效培肥土壤、改良土壤结构，提高肥料利用率和减轻化肥流失对地表水和地下水的污染，保护农业生态环境，实现农业可持续发展。

（3）有利于油菜机械化收割　稻田套播油菜密度大、个体小、茎秆细、分枝少，结角层薄，上层结角集中，成熟度整齐一致，比育苗移栽油菜机械收获更具优势。

（4）充分利用温光资源　稻田套播油菜能充分利用水稻收割前后的一段温光资源，一般在水稻收割前5～7天套播油菜，采用烯效唑拌种的则可提前10～12天套播，比水稻收割后进行的直播油菜提早10～15天，比板茬移栽油菜提早20天左右，充分利用这段温光资源，油菜可以多长3～4片叶，易于在冬前形成壮苗安全越冬。

（5）有利于争取季节茬口　直播油菜的播种期一般在10月上中旬，一般不迟于10月20日，而水稻收割期以10月下旬为主，错过了稻后直播油菜的适播期，通过推广稻田套播油菜，可提前10～15天播种。

（6）生育期缩短，总叶片数减少　稻田套播油菜比常规育苗移栽油菜推迟播种10～30天，但抽薹、开花及成熟期与移栽油菜基本相近，全生育期220天左右，比移栽油菜缩短25天左右。一般主茎总叶片数22～24，比移栽油菜少6片左右。

（7）主根深，须根少，抗倒伏能力增强　稻田套播油菜的主根未断，能深入土中70cm以下，吸收土壤深层水分和养分，耐旱和抗倒能力明显增强。但稻田套播油菜的须根相对较少，吸收耕作层内养分的能力相对较弱，因此要早施苗肥，早施重施薹肥，补施淋花肥，对促早发防早衰十分重要。

（8）生长速度慢，个体生长量小　稻田套播油菜的生长速度较慢，越冬期和抽薹期的株高日增量、根颈粗日增量、单株鲜重日增量及越冬期的出叶速度均小于移栽油菜，尤其是单株鲜重日增量仅为移栽油菜的20%左右，只有抽薹期的出叶速度高于移栽油菜。稻田套播油菜较慢的生长速度，导致最终单株个体生长量相对较小，成熟期株高、茎粗、主轴长度、分枝数均明显小于移栽油菜。

（9）密度较高，群体生长量不低　稻田套播油菜的生长速度慢，个体生长量偏小，但群体生长量并不低，各个生育期群体的总绿叶数以及成熟时的总有效分枝数均高于移栽油菜，叶面积系数还略高于育苗移栽油菜，而稻田套播油菜的群体鲜重却远低于移栽油菜，相对差距小。

（10）**单株角果数少，总角果数和产量达到或略高于移栽油菜** 稻田套播油菜单株角果数明显减少，一般只有移栽油菜的 1/3～1/2。从角果结构看，主轴结角数只有移栽油菜的 2/3，一次分枝结角数只有移栽油菜的 1/4～1/3，二次分枝结角很少。虽然单株结角数较少，但由于密度增加，因而总角果数和产量能达到或略高于移栽油菜。

（11）**问题与弊端** 套播油菜全苗、壮苗难度大，须根数量较少，吸收耕作层内土壤营养物质的能力较弱，使生长势冬前慢、春后加快，产量稳定性较差。另外在光照不足的情况下，油菜种子下胚轴极易拉长，套播共生期稍一偏长，就会形成高脚苗、黄化苗，易倒伏，易遭受冻害。

10. 油菜稻田套播免耕栽培技术要点有哪些?

（1）**品种选用** 油菜稻田套播栽培，宜选用发苗快、耐湿、耐迟直播、耐寒、产量潜力高、二次分枝少、分枝与主轴着生角度小、株型紧凑、有利于机收、抗病抗倒性强、5 月底收割的优质高产油菜品种。

播前晒种 1～2 天，提高发芽率和发芽势。为矮化菜苗，延长"稻-油"共存期，提前套播，可采用 5％烯效唑可湿性粉剂 0.5g 拌 10kg 种子，晾干半小时后播种。或用 15％多效唑可湿性粉剂 0.1～0.3g 拌种 10kg，随拌随播。

（2）**稻田准备** 油菜稻田套播，宜早不宜迟，应根据本地区套播油菜的适宜播期，选择 10 月中旬收获让茬为宜，最迟不能迟于 10 月 25 日让茬。宜选用早熟晚粳水稻茬口，并选择土壤较肥沃、田面平整、杂草较少、地面残留覆盖物少的稻田。前茬水稻断水后（水稻收割前 6～7 天断水），开好四周围沟或"川"字沟，确保灌排方便。播种前 7 天左右，播前要认真做好水稻田后期水浆管理，兼顾稻油两利，保持田间干干湿湿。如田面干裂时，可在水稻收割前 6～7 天灌一次"跑马水"，待表土自然落干后播种，保证足墒播种，一播全苗。如遇雨水过多，要及时开沟降湿，为适墒播种创造条件。

（3）**适期早播** 各地适宜播种临界期不尽相同，在适期内抢早播种，不宜过迟。一般只能比育苗移栽油菜推迟 7～10 天，长江流域上、中游地区适宜播种期在 9 月底～10 月上旬，下游地区可推迟到

10 月中旬前后。稍晚茬口可进行稻田套播，其中湖北、安徽、江苏苏北地区套播期为 10 月 20 日前后，湖南、江西、浙江、江苏苏南地区可以推迟到 10 月 25 日前后。严格掌握 5～7 天的共生期（指油菜套播于稻田始至水稻收割终的天数），切忌盲目提早，拉长共生期，造成弱苗及收获碾压死苗。稻田套播油菜有部分种子落在稻株上或田间杂草上，有的种子甚至随水稻收割离田，一般比稻后直播油菜增加 20％～30％的用种，每亩播种量以 0.4～0.5kg 为宜，迟播田块适当增加播种量。

为确保播种均匀，将处理后的种子与 5kg 左右尿素或 10kg 三元复合肥拌匀播种，人工撒播或用弥雾机喷播，应即拌即播，以免产生肥害。

（4）合理施肥 遵循"套施基肥、早施苗肥、施好冬腊肥、重施抽薹肥、后期根外追肥"的原则，每亩总施氮量 15～20kg，氮肥按基肥：苗肥：薹肥为 5：2：3 施用，并增施磷、钾肥和硼肥。

① 基肥 长效肥和速效肥混施，亩施人畜粪便 1000～1500kg、高浓度复合肥 25～30kg、尿素 5kg、硼砂 0.5kg，基肥于水稻收割前 7～9 天在稻叶无露水时均匀套施下田撒施。施肥 2 天后，亩用尿素 5kg 或油菜专用复合肥 10kg 与种子混匀，随拌随播，人工撒播或弥雾机喷播。

② 追肥 水稻收获后，视苗情长势分次施用苗肥，促进冬前早发。

a.春肥腊施 越冬期间，每亩用人畜粪或土杂灰等农家肥 3000kg，或 45％复合肥 20kg，施于油菜根部护根保温防冻。

b.抽薹肥 宜在 2 月底、3 月初施用，当油菜薹高 5～8cm 时，每亩施用 45％三元复合肥 5～6kg、尿素 10～15kg，前期用肥偏少、抽薹前叶片褪色明显的宜早施，并适当多施，而前期肥料足、抽薹前旺长迹象明显的宜推迟施用，并适量少施。

c.淋花肥 在油菜初花期，视油菜长势，一般于初花期亩施尿素 4～5kg，后期结合菌核病防治喷施速效硼肥，提高结实率和粒重。

（5）间苗定苗 油菜齐苗后 2～3 叶期内，及时间苗、匀苗，疏密补稀。

4～5 叶期前后，根据田间苗情长势和施肥水平，适当定苗，每平方米均匀留苗 60 株左右，确保最终每亩留苗 2.5 万～3 万株。

（6）及时化控 油菜苗 3 叶期，每亩用 15％多效唑可湿性粉剂

30～40g，兑水 30kg 喷雾控高促壮。11 月底至 12 月初对旺长田块，每亩用油丰宝Ⅱ型 350g，兑水 40kg 喷雾，促进油菜矮壮，增强植株抗倒抗寒能力。

（7）防治病虫草害　稻田套播油菜由于无灭茬过程，属露籽撒种，田间杂草和菌核病通常重于移栽油菜，生产上应特别注意加强对草害和菌核病的防治。

在禾本科杂草 3～4 叶期防治。阔叶杂草应严格在油菜 2 片真叶后使用除草剂。防除单子叶杂草，每亩用 5% 高效氟吡甲禾灵乳油 60mL，或 35% 精吡氟禾草灵乳油 60mL，兑水 50kg，均匀喷雾。防除阔叶杂草，每亩用 30% 草除灵悬浮剂 50～60mL，兑水 50kg，均匀喷雾。

（8）适时收获　在油菜终花后 30 天左右、主轴角果 80% 转为黄色、种皮呈现固有色质时，及早抢晴收割。一般除人工收脱外，还可采用机械收割或人工收割、机械脱粒。

采用机械收割时，在收割前 2～3 天，通过角果催熟处理，可显著降低脱落粒损失，提高作业效率。

第三节　油菜机械化栽培技术

11. 冬油菜机械直播技术要点有哪些?

油菜机械直播是近几年发展起来的一项省工、高产、高效的栽培技术。与移栽油菜相比，油菜机械直播具有播种速度快、效率高、减少育苗和移栽用工、节约用地、降低生产成本和减轻劳动强度的显著优势，尤其适合规模经营。机械播种还可以实现播种、开沟同步进行，有利于提高出苗率。实践表明，以机械直播方式种植油菜，只要掌握配套技术，就可以获得与育苗移栽相似甚至更高的产量。其技术要点如下。

（1）稻田选择和准备　油菜浅耕直播宜选择排水良好、土壤肥力较高的一季晚稻田。在晒田前后根据排水难易开好腰沟、围沟，以防晚稻收割前降雨影响机械直播，要做到有备无患，确保晚稻收割后能迅速机械直播。

（2）**品种选用**　油菜机械直播播种一般要比育苗移栽推迟 10～20 天，且播种深度很难均衡一致，因而机械直播油菜宜选用生育期较短、籽粒大、出苗快、发棵早的冬春双发品种。大粒种子贮藏能量充足，子叶顶土能力强，有利于一播全苗。冬春双发型品种出苗快、发棵早，能充分利用冬前有限的生长时间达到菜苗安全越冬的生长量，有利于直播油菜安全越冬。

（3）**适期早播**　选择单季晚稻成熟期较早的、集中连片面积相对较大、辐射面广的田块。在湖南，要收获油菜籽的应尽量早播，以 9 月 25 日～10 月 25 日播种为宜，最迟月底播完，赏花油菜也要在 11 月上旬抢晴天播完。总之，在不影响前作的前提下，播种越早，主茎叶片数越多，菜薹越大，花井越繁茂，菜籽产量越高。

（4）**适墒播种**　适墒播种是保证一播全苗的关键，干旱影响出苗及菜苗生长，受渍易造成烂根烂种和僵苗不发。水稻茬口要造墒备播。做好稻田后期的水浆管理，保持田间干干湿湿。天气干旱时在水稻让茬前 1 周左右灌一次"跑马水"，保持足墒。水稻留茬高度 10cm 左右，并清除田内稻草，削高垫低，防止洼塘积水烂种。水稻收获后应尽量做到早播种、早出苗、早发苗，使油菜在冬前获得较理想的营养生长量，从而增加一生的总叶片数，提高一次分枝的数量和质量，为中后期增枝、增角、增粒奠定基础。

旱作茬口在适期播种前，及时清理田间杂草残茬，施入基肥，一般每亩用 40％的复混肥 20～30kg，硼肥 0.75～1kg（菜用和赏花油菜可不施硼肥）。然后浅耕整地，按 1.7～2m 开厢，厢沟宽 30cm，按田块大小确定主沟条数，四周开围沟，做到"三沟"相通。播后要迅速组织人力疏通"三沟"，确保雨住田干，为油菜主根深扎创造有利条件。

（5）**精细播种**　一般每亩播种量 0.3～0.4kg，直播油菜因营养生长缩短，单株荚果少，一季稻田收获油菜籽的要以苗多取胜，依靠主花序和一次分枝夺高产，确保收获时每亩达到 2 万株以上；菜用油菜可适当降低播量，以促进个体生长；肥用和赏花油菜播种偏迟，可适当提高播量，达到以密减氮、以密补迟、以密增产和增效的目的。

播种行距一般为 40cm，播种深度为 1.0～2.0cm。播种时要均匀一致，不漏播、重播。

目前油菜机械直播方法有两种，一种是使用油菜专用播种机播种，另一种是使用稻麦条播机作适当调整后进行种肥混播。2BY-3型油菜精少量直播机为江苏省研制的油菜专用播种机械，播种行距、播种量和播种深度均可调节，旋耕、播种、覆土作业可以一次完成。2BY-3型油菜精少量直播机可以精量控制播种量，在播种前应根据土壤墒情、整地质量、种植密度和种子粒重进行调试，将播种量调至适宜范围，若调整得当油菜出苗后一般无需移密补稀。

如果采用2BG-6（5）稻麦免耕条播机，将每亩所用的种子与10~12kg高浓度复合肥（宜选用吸湿性较差的进口复合肥，筛去直径大于3cm以上的肥料粗颗粒，防止堵住排种口引起断垄）充分混合后播种，要求现拌现播，每畦播2幅。通过播种前间隔堵封排种口，调整播种管之间距离，使每幅播3行，行距0.4m，两幅间空一大行距0.8m，以便于生育后期田间管理操作。最好选用包衣种子，不仅有利于壮苗，还增加了待播种子颗粒尺寸和重量，便于播量的调整和控制，实现播种均匀一致，减少间苗匀苗工作。

湖南农业大学研制的2BYG-220型油菜联合播种机（彩图4），江苏盐城大丰区恒昌汽车配件有限公司研制的云马牌油菜直播机，这些机型均可实现施肥条播，或浅耕、开沟、施肥、条播等多种工序一次完成。

如果只要完成油菜种子直接播种一项工序，可选用浙江省宁波镇海超兴牌种子直播机、手扶式半自动播种机，操作比较轻便，其播种量通过调节落籽口的大小来完成。

此外，适于免耕的播种机还有河南豪丰机械制造有限公司生产的2BMSF-10/5型免耕施肥播种机、江苏清淮2BF-14(14)型播种机、西安大洋2BF-3型播种机等。

播种时开较慢挡，并注意调节播种管口种子流速，确保播量适宜。同时边播种边旋耕盖种，旋耕深度保持在1~1.5cm，过深过浅对出苗都不利。播种前要认真检查机具，播种时要经常察看播种管是否被堵塞，以防造成缺苗断垄，播种时行走要平稳，在保证农艺要求的播量、播深和行距的前提下，要根据地块大小和形状选择最佳的行走路线和播种方法，在前进过程中速度要均匀，尽量不要中途停机，否则停机处因落种过多，易造成丛生苗。播种机未提升不能倒退。

（6）保湿促齐苗 油菜出苗和生长既怕干旱又怕淹水。播种后如土壤干燥应灌"跑马水"1次，将田间土壤湿透，以确保一播全苗。油菜种子如不能迅速吸足水分，就难发芽出苗。齐苗后如果田土干燥发白，还要灌1次"跑马水"。

油菜播种后，若冬春降雨较多，极易发生渍害，导致僵苗和死苗。因此要及时清沟沥水，确保"三沟"畅通，达到雨住田干，防止渍害导致僵苗和死苗。尤其是湖区稻田油菜，往往因为排水不畅，而导致前功尽弃。

（7）化学调控　直播油菜冬前营养体较小，根系不发达，如遇上寒潮则容易引起冻害，要及时做好化控防冻工作。化学调控是机械直播油菜防冻、抗倒伏、获高产的一项重要技术措施。在12月中旬，每亩用15％多效唑可湿性粉剂30～40g兑水30kg喷雾，能促进油菜越冬期的根系生长，使根茎增粗、根系发达，同时能矮化植株，使绿叶多而厚，增强防冻抗寒能力，有利于壮苗越冬。

（8）间苗定苗　出苗后，及早间苗，间苗标准为"去密留稀，去杂留纯，去弱留强，去病留健"，同时检查有无断垄缺行现象，尽早进行移栽补空。4～5叶期，根据田间苗情长势和施肥水平，进行定苗，密度控制在每亩2万～3万株。播种期早的可适当降低密度，播种期迟的可适当增加密度，最佳播种期内留苗密度为每亩2.5万株。

（9）合理施肥　直播油菜与移栽油菜相比播种较迟，必须加强前期用肥力度。要适当提高施肥水平，氮、磷、钾、硼配合施用。重施基苗肥，一般每亩施用高浓度复合肥40kg和尿素10kg，以保证油菜冬前早发快长。

4～5叶期结合间苗定苗，每平方米留苗35～45株。每亩追施尿素7.5～10kg作提苗肥，3月上中旬薹高5～8cm时每亩追尿素5～6kg作薹肥。

花期结合菌核病防治，条件许可则用硼、钾、钼肥根外喷施，通过药肥混喷以防病、防早衰。

（10）防治病虫害　直播油菜留苗密度高，要密切注意油菜苗期病虫害的防治。油菜苗期主要防治蚜虫、黄曲条跳甲和菜青虫，花期重点防治菌核病。应根据当地植保部门的预测，在达到防治标准时及时选用药剂有针对性地进行防治。

（11）防治草害　因旋耕深度很浅，机械直播油菜杂草基数较高，草害往往较重，草害常成为油菜生长和产量的一个限制因素。要在机播前每亩用 40％草甘膦乳油 200mL 兑水 50kg 喷雾或人工清除田间杂草。

播种后出苗前，亩用 50％乙草胺乳油 50～75mL 兑水 30～40kg 喷施，确保杂草一次封闭效果。

如果没有进行芽前除草或芽前除草效果不佳的，一般可在油菜 5～6 叶期，杂草 3～5 叶期，亩用 5％高效喹禾灵乳油 60～70mL，或 10.8％高效氟吡甲禾灵乳油 30mL，兑水 30～40kg 均匀喷雾防治禾本科杂草。

以阔叶杂草为主的田块，要在油菜 4 叶期以后，用 30％草除灵悬浮剂 50mL 兑水 50kg 喷雾。防治禾本科和阔叶杂草，可每亩用 17.5％精喹·草除灵（油草双克）乳油 80～100mL，兑水 30～40kg 均匀喷雾。

开春后（2月中旬）杂草较多的田块进行第二次化学防除。

（12）适时收获 机收油菜一般成熟度 90％左右为收割适期；直播油菜多集中在一、二次分枝，成熟度较集中，适时收获，可降低损失。

🌱 12. 冬油菜机械化移栽作业技术要点有哪些？

油菜机械化移栽是在前茬作物收获后将苗床整理好，然后在土壤宜种期内将预先育好的油菜苗用油菜专用移栽机移栽至大田中的一种轻型种植方式。

（1）秧苗育苗技术 移栽时的壮苗标准：秧龄 25 天以上，苗高 15～25cm，3～5 片绿叶，叶色浓绿，根径在 0.6cm 以上且粗直不弯曲，根系发达，无病虫害。

① 种子准备 选用适宜机械化收获的矮秆、株型紧凑、分枝较少、结角相对集中、成熟期基本一致、角果相对不易炸裂、生育期较短、适合当地推广的双低优质高产杂交品种。播前晒种 1～2 天，可增强种子的活力，提高发芽率。

② 苗床准备 选用土壤肥力高、土质松软、靠近水源、排灌方便、近几年未种过十字花科作物的地块。土壤不宜过黏或过沙，含水量不宜太高。机械整地。

③ 适期播种 以长江流域为例，根据当地温光资源，一般在 9 月底至 10 月初播种，秧龄 25 天以上，10 月下旬至 11 月份初移栽。

④ 精量稀育　移栽油菜的苗床面积与大田面积的比例要求为(1∶5)～(1∶6)，每亩秧田播种量控制在 0.6～0.8kg。

⑤ 间苗定苗　在一般情况下，特别是机械化移栽的秧田要进行三次间苗（也称两次间苗，一次定苗）。第一次在齐苗时间苗，去除丛生苗使油菜苗单生，苗不挤苗。第二次在第 1～2 片真叶出现后进行，间去弱小苗、病斑苗、深籽苗等。第三次在 3 片真叶时进行，拔除高脚苗、杂苗、病苗，使苗体保持均匀。高产油菜的间苗定苗标准，以每平方米留健壮大苗 120～150 株为宜，确保每亩秧田可移栽大田 5～6 亩。

⑥ 足肥促壮　施足基肥，增施有机肥。基肥以腐熟的农家肥等结合浅翻全层施用，一般每亩施用 2000kg 左右（或商品有机肥 200kg）；增施磷钾肥，一般每亩施磷肥 20～30kg、钾肥 6～8kg；增施盖籽肥，每亩施腐熟的人畜粪 50～60kg；增施硼肥，油菜对硼的需求十分旺盛，若苗期缺硼将会一直持续到中后期，造成难以挽回的损失。及时追施"起身肥"（送嫁肥）。在移栽前 3 天施用，一般每亩苗床用尿素 5～6kg，兑水浇施。

⑦ 化学调控　油菜 2 叶期每亩用 15% 多效唑可湿性粉剂 40～50g，兑水 40～50kg 叶面均匀喷施。

⑧ 防病治虫　苗床主要害虫有黄曲条跳甲、蚜虫和菜青虫，以蚜虫为害最重。主要病害有病毒病、白锈病和霜霉病，一般播前每千克种子用 50% 多菌灵可湿性粉剂 20～30g 拌种防治。

⑨ 科学拔秧　油菜移栽时往往遇到干旱天气，在拔秧时需隔夜浇透水再拔。拔出的苗需梳理整齐并打成直径 20cm 左右的小捆，以便运输与装苗，从而提高机械移栽效率。

（2）机械移栽技术　使用大中型拖拉机配套的油菜移栽机，按农艺要求将育好并打捆的油菜苗移栽到大田中。

① 移栽时间　机械化移栽应适龄早栽，10 月下旬至 11 月初为最佳移栽期。

② 大田整地　油菜机械化移栽对茬口的要求比较高，要求田块平整、土壤疏松细碎、含水率不能过高。大田整地有机械耕翻和免耕两种。耕翻后要求田块平整，田面整洁、细而不烂，耕深 20cm 左右，碎土层深度大于 8cm，碎土率大于 90%，不留大的孔隙，含水率控制在 30% 左右，有条件的地方也可以采用免耕。

③ 大田基肥与草害防治　移栽用大田应综合考虑土壤的地力、茬口等因素，结合旋耕埋茬作业施用适量有机肥和无机肥。一般每亩施用油菜专用复合肥 50～60kg，农家肥 1000～1500kg，做到有机、无机肥结合，氮磷钾搭配。免耕板茬移栽的油菜必须在移栽前用除草剂进行化学防除，防治草害。

④ 小苗准备　要移栽的油菜苗高应控制在 15～25cm（4 叶 1 心期为宜），过高部分在不伤苗心的前提下可切除，并不影响油菜移栽后的成活、生长。打成小捆的油菜运至田头应随即卸下平放，使油菜苗自然舒展，并做到随到随栽。

⑤ 机具调试　移栽作业前，须对油菜移栽机进行全面检查调试，各运行部件应转动灵活，无碰撞卡滞现象。并根据当地高产栽培农艺要求，调节好相应的作业株距、行距和移栽速度。

⑥ 移栽作业

a.大田作业行走　选择适宜的移栽行走路线，控制好移栽机的直线度和邻接行距，保证机具作业质量。

b.作业质量监控　移栽作业过程中要监视和控制栽深的一致性，达到深浅适宜，既要保证每亩大田适宜的基本苗达到 8000 株以上，又必须达到下列要求：漏栽率≤5%，伤苗率≤4%，翻倒率≤4%，均匀度合格率≥85%。

⑦ 机械化开沟　移栽后应整修好田间沟系，确保排水畅通，减轻湿害。机械化开沟首先要确定好横沟与竖沟的间距。通常横沟间距为 12m，沟深 25～30cm，每两个机幅开一条竖沟，通常竖沟间距为 4m，沟深 30～35cm，竖沟每隔 8m 开一出水口。开沟机的动力引导轮最好选择窄型轮，以减少对厢面的压实面积，降低土壤板结程度。

（3）栽后管理技术

① 科学施肥　基肥，一般每亩施 45% 复合肥 40kg 左右、硼砂 0.5～0.75kg，于整地时撒施。5～6 叶期每亩追施尿素 7.5kg 左右，蕾薹期追施尿素 7.5kg 左右。开花初期，对薹肥施用不足、有明显脱力现象的田块，每亩施用尿素 4～5kg，薹肥足、长势旺盛的田块可酌情少施或不施。

② 其他事项　一是除水旱轮作的水田外，旱地油菜每年应实行换茬轮作，不种重茬油菜；二是改善田间的通风透光条件；三是及时整修和疏通田间排水沟，降低田间湿度；四是在播种后 3 天内，及时

用乙草胺类除草剂进行芽前喷雾；五是油菜初花期用 40％菌核净可湿性粉剂（每亩用量 100g）防控菌核病；六是及时防治蚜虫为害，每亩可用 10％吡虫啉可湿性粉剂 10g，兑水 50kg 喷雾防治。

13. 油菜机械收获对栽培管理有哪些要求？

（1）品种选择 机收油菜宜选用产量高、抗性强、株高 160cm 左右、分枝少或不分枝、分枝部位高、分枝角度小、花期与角果层集中、成熟期较一致、茎秆坚硬抗倒伏、角果不易炸裂的品种。

（2）适当密植 采用直播方式，适当增加密度，以获得紧凑型株体，并使相邻两行间分枝交错重叠状况有所改善，更利于机械收获。密度控制在每亩 3 万～5 万株，在适当迟播的条件下有利于增加产量，同时减少单株分枝数，主茎较细，可减少机收的分禾难度。若田间密度不大、分枝多、主茎较粗、收割机前进阻力大，则不宜采用分段收获，可选择能一次完成收获脱粒的联合收割机。

（3）化控调节 采用植物生长调节剂进行化学调控，促成一块田的油菜植株同时成熟，以减少收获损失。例如，在油菜成熟前 5～6 天，每亩用 40％乙烯利水剂 300～350mL，兑水 50～70kg 均匀喷雾催熟，既能加速光合产物向籽粒运输，促进角果成熟一致，减少机械收获时不成熟籽粒损失，又无残留，达到无公害栽培要求。

（4）适时收获 机收油菜过早收获时，青荚不易脱净，籽粒的含水量高，品质差，不易贮运；过晚收获则角果炸裂，籽粒脱落，损失严重。

① 分段收获法 割晒适期为全田叶片基本脱光，植株主花序 70％以上变黄，主花序中下部角果籽粒呈本品种固有颜色，分枝角果 80％开始褪绿，主花序角果籽粒含水量为 35％左右的时期。割晒适期为 7 天左右，要集中力量昼夜突击。割茬高度 30～40cm，以不丢角果为宜，铺籽厚度 25～35cm，宽度 1.5m 左右。割晒后后熟 7～10天，种子含水量降至 12％～15％时，再用联合收割机捡拾脱粒。捡拾脱粒时间避开中午高温干燥天气，在早晚空气湿度大时进行。

分段式收获技术的优点在于以下四个方面：一是适收期较长，可以达到 1 周左右；二是腾茬时间早，一般比联合收获腾茬早 3～5 天；三是损失率低，一般在 6％以下；四是收获的籽粒含水率低，便于保存。不足之处在于分两次作业，人工和机械成本提高。

② 一次性联合收获法　收获时间要比割晒稍晚一些进行，一般要求在油菜转入完熟阶段，90％以上角果呈黄色，80％以上籽粒颜色变黑，植株角果含水量下降，种子含水量降至15％～20％，冠层略微抬起时进行收割最好。要求成熟一块收割一块。对成熟度较高的地块，应选择早晨和傍晚进行收割，以减少损失。联合收获方式一次完成收割、脱粒、清选等工序，具有收获时间短、省时、省心的优点，特别是对较小田块，比分段收获更能体现其方便性。一般联合收获损失率在8％左右，作业效率每小时5亩左右。其不足之处在于适收期短，而且对机械、机收要求较高，否则会加大损失率。

（5）秸秆还田　将收获切碎的秸秆，均匀撒入田内耕翻还田，可增加土壤有机质，减少下茬作物的肥料投入成本，同时避免秸秆焚烧给环境带来的影响。

第二章

油菜播种育苗技术

第一节　油菜播种育苗

14. 油菜种子的处理方法有哪些?

　　按照实际播种种子的千粒重和生产上的出苗率、预定的大田移栽苗数来确定油菜大田播种量。一般来说,饱满均匀、生命力强的种子长出的幼苗也健壮整齐;品质不好的种子播种后不但出苗不齐,而且幼苗的质量较差。因而播种前通过对种子进行一定的处理来提高种子质量非常重要。

　　(1) 晒种　油菜获得高产的基础是培育壮苗,培育壮苗的关键是晒种。播种前将种子在太阳下摊晒 2~3 天,可消灭部分附在种子表面的病菌,如油菜霜霉病病菌、白锈病病菌等;增强种子中酶的活性,促进养分的运输,增加种子出苗速度;降低种子中的水分含量,提高种子的发芽势与发芽率。

　　晒种方法是:在温汤浸种后,选择晴好天气,将种子薄薄地摊晒在晒场上,连续晒 2~3 天。晒种时要经常翻动种子,让种子受热均匀,操作时要细心,防止破壳。如果是水泥晒场温度过高,应用竹器摊晒。

　　(2) 选种　利用风选种子,可以除去泥灰、杂物、残留草屑和不饱满种子,提高种子的净度和质量;应用筛选种子,可除去生命力差的种子,提高种子的整齐度;也可用 1% 盐水选种,汰除菌核,即每 1000g 水加食盐 100g 溶解后,将 500~700g 油菜籽倒入盐水中搅拌等水停止后,捞出杂质、菌核、空粒等,用清水洗净后播种。

（3）**浸种**　用 50～54℃ 的温水浸种 15～20 分钟，可以起到杀灭病菌及催芽两方面作用。播种前用含 80mg/kg 的尿素和 16mg/kg 的硼溶液浸种 5 小时，能促进壮苗早发。

（4）**拌种**　播种前，采用杀菌剂等拌种（或浸种），可以有效杀灭种子表面所带病菌；用多效唑、烯效唑等植物生长延缓剂等拌种（或浸种），有利于培育健壮幼苗，增强抗逆性。

15. 油菜种子的播前处理方法有哪些?

油菜种子在播前进行各种不同方式的处理，有 10%～20% 的增产效果。常用方法有 5 种。

（1）**种子带肥**　每 500g 油菜种子用少量米汤拌匀，用碾细的过磷酸钙 50g、尿素 100g，加粉状干肥土 50g，拌入种子中，用手搓按，使每粒种子都粘上一层肥土，当天播种时拌和使用，可增产 10%。

（2）**磷酸二氢钾浸种**　将 0.5kg 油菜种子，加 50g 磷酸二氢钾和 2.5kg 水，浸种 36～48h 后捞出，稍微晾干或拌少量草木灰播种。用这种方法处理，出苗又快又齐又壮，可增产 7%。

（3）**人粪尿浸种**　把 0.5kg 油菜种子，浸入 2.5kg 腐熟人粪尿和 2.5kg 水中，经过 48 小时后捞出滤干，再拌入细肥土中播种。

（4）**硼肥浸种**　硼肥浸种具有促使油菜发芽快、发芽势强、苗期生长快，中后期增枝、增角、增粒、增粒重的优点。具体方法是：将含硼 11% 的硼砂 2.4g，先加少量的 45℃ 的温水溶化，再加水稀释成 1.5kg 硼砂溶液，然后加入 1kg 油菜种子，浸种 0.5～1 小时，晾后播种。

注意：浸种浓度不能过高，否则，会降低发芽势；浸种时间不宜过长，以免种子吸水过多，增加晾干时间，影响播种；硼砂难溶解，必须先用温水充分化开。

（5）**高锰酸钾浸种**　用 5g 高锰酸钾兑成 5kg 水溶液，把 0.5kg 油菜种子浸入水溶液中，经过 48 小时后捞出播种。用这种方法处理种子，油菜出苗整齐，苗期病虫害少。

第二节 油菜整地及播种技术

🌿 16. 油菜耕整地的要求有哪些?

耕整地是油菜生产的第一个环节,其目的是疏松土壤,恢复土壤的团粒结构,改善土壤通透性,翻埋秸秆、杂草、肥料,防止病虫害,排水排涝,为油菜生长提供良好的条件,并创造适于播种与栽植的苗床。

油菜耕整工艺主要包括秸秆根茬处理、深耕细作、作畦开沟、镇压保墒等,根据不同区域油菜栽培制度与种植方式的需要,常采用不同的耕整工艺与技术装备,如表1所示。

表1 不同区域油菜栽培制度、种植方式及其常用耕整方式

栽培制度		分布区域	种植方式	常用耕整方式
冬油菜	水稻、油菜两熟制	华东、华中、华南、西南、华北及西北的陕西等地	直播或移栽[①]	翻耕-旋耕埋草/秸秆还田、免少耕、联合耕整
	双季稻、油菜三熟制			
	一水两旱三熟制,如早稻-秋大豆-冬油菜			旋耕/耙耕/秸秆还田-齿耙平整、免少耕、联合耕整
	油菜与其他旱作物一年两熟制,如冬油菜-夏棉花(大豆、芝麻、花生、烟叶)-冬小麦等			
	春棉(烟草、旱粮)-油菜两熟制			
春油菜	一年一熟制,如春油菜与青稞、春小麦轮作	西北、东北地区	直播	旋耕/耙耕/秸秆还田-齿耙平整/镇压、免少耕、联合耕整
	一年两熟制,春油菜-玉米(大豆、谷子、高粱、马铃薯等)			

① 三熟制模式下,油菜种植以育苗移栽为主;两熟制模式下,油菜种植以直播为主(引自中国食品科技网,2009)。

油菜根系发达,主根长、入土深、分布广,要求土层深厚、疏松、肥沃,因此油菜耕整应深耕细作,精细整地,土壤细碎平实有利于油菜种子出苗和幼苗发育。通过深耕加深耕层,增加土壤孔隙度,打破犁底层,使油菜根系充分向纵深发展,扩大根系对土壤养分和水分的吸收范围，促进植株发育；同时，还有利于蓄水保墒，减轻病虫草害。在北方干旱地区，为提高种子的萌发率，往往以镇压辅助，以达到保墒的效果。油菜耕整地主要有以下四个环节。

（1）秸秆根茬处理 稻-油、棉-油、稻-稻-油等冬油菜一年两熟、三熟制，春油菜-其他作物轮作制及春油菜-玉米两熟制，均需通过灭茬对前茬秸秆茬进行粉碎、埋覆处理，以利于秸秆腐烂肥化，并为后续土壤耕整做好准备。

（2）深耕细作 深耕的时间越早越好，即在前作收获之后立即抢时耕翻。早耕晒垡灭草时间长，有利于接纳较多的雨水，增加蓄墒效果。耕深一般应在20cm以上。据观测，深耕23.3cm比浅耕10cm的耕层土壤孔隙度增加2.57%，2小时内的土壤透水量增加43%。

耕前施入腐熟有机肥，并按比例施入部分氮、磷、钾化肥。掌握好土壤的适耕期，黏土地适耕期短，要争取在适耕期耕作。稻区在水稻腊熟期排水晒田，待水稻收获后，土壤干湿适度时及时耕作。秋旱地区土质坚硬，可引水入田，猛灌急排，使土壤膨胀，以利于整地。

"小籽作物靠精耕，粗糙悬虚无收成。"耕后应立即耙糖碎土，填补孔隙，使土壤上虚下实，土碎地平，以利于保墒播种。冬油菜在秋作物收后种植，由于时间紧张，要求随耕随耙，重耙轻糖，为及时播种、提高播种质量创造条件。对旱区夏闲地种植的油菜，应于夏季耕翻带耙，雨后及时耙地收墒，一般在播种前半个月，结合施肥浅耕耙糖。

移栽油菜对移栽田整地质量要求很高。油菜移栽时，必须使根系与土壤密切接触，才能早发新根，促使早缓苗、早生长。应在前作收获后，及时整地，将土壤整细整平，便于移栽。移栽时，可先在沟穴中施入有机肥，配合速效氮、磷、钾肥的混合肥料，既可以使根系及时吸收肥料，还可填塞土缝，使根与土、肥密切接触，促进发根。

（3）作畦开沟 在一年两熟和一年三熟制地区，稻田由于前期淹水时间较长，土壤透水通气性差，应严格"三沟"（厢沟、腰沟、围沟）配套（彩图5）。作业厢宽一般为1.8～2.0m，厢沟宽15～20cm、深18～20cm，腰沟、围沟宽20cm、深30cm，以利于排水。如土壤含水量及地下水位高，还应适当减少厢宽。前茬水稻应提前10～15天排水晒田，收获时留茬高度控制在18cm以内，并将秸秆粉碎均匀还田。

（4）**镇压保墒**　我国春油菜区主要分布在西部、北部高海拔、高纬度地区，如青海、甘肃、新疆、内蒙古等地区，春油菜区气候冷凉、降雨量少，春旱较为严重，严重影响春油菜的出苗率并最终导致缺苗和减产。播种后镇压是我国春油菜区广泛采用的一项节本增效技术，是保证油菜在春旱条件下播种后出苗迅速和一播全苗的基本措施。镇压可以压碎土块，沉实土壤，减少水分蒸发，起到稳定地温、保水保墒的作用。在播种行附近铺设滴灌带，进行实时滴灌是北方干旱地区油菜种床准备的一种有效方法。

🌱 17. 如何确定冬油菜的适宜播种期？

播种期对油菜生长发育和产量形成影响很大，适宜的播种期能充分利用自然界的光照、温度、水分资源使油菜生长发育协调进行，从而有利于获得高产，油菜育苗移栽的播种期应根据以下几个方面的条件来综合考虑。

（1）**栽培制度**　要根据各地的栽培制度和作物轮作换茬情况考虑适宜播种期，同时要注意茬口衔接，考虑是否有足够的苗龄，做到全面安排，统筹兼顾。以前茬作物的收获期来确定油菜移栽期，再根据移栽期来决定播种期。这样不致造成油菜播种早，而前作未收，无法移栽，致使苗床密度大，形成老化苗、高脚苗或弱苗的情况。

（2）**品种特性**　甘蓝型油菜一般冬性较强，苗期生长慢，冬前不会早薹、早花，适当早播能发挥品种优势。白菜型油菜一般春性较强，过早播种易引起年前早薹、早花，遭到冻害，降低产量，所以要适当迟播。

（3）**气候条件**　根据当地的气候条件，播种期要有利于苗期生长发育，但也不能因播种过早而出现早薹、早花遭受冻害。油菜种子发芽的起始温度为3℃，发芽出苗适宜温度为15～20℃，一般播种的适宜气温为20℃左右。如果油菜能充分利用冬前的较高温度，并在越冬期增强抵抗冻害的能力，在决定播种期时除考虑播种时的温度外，还要考虑播后及移栽后气温下降快慢等问题，使油菜移栽后至少有40～50天的有效生长期，才进入越冬阶段，就能保证安全越冬和翌春早发。因此，用播种期来调节油菜的生育进程，使之与最适气温同步，也是油菜高产栽培的有效措施之一。

（4）**病虫危害情况**　在病虫危害严重的地区，可通过调节油菜播种期避开或减轻病虫危害。一般病毒病、菌核病与播种期关系密切，在发病严重地区，应适当迟播。早播的油菜，由于气温相对较高，病害和虫害较迟播的严重。特别是病毒病与播种期关系最为密切，其趋势是早播的病重，迟播的无病或病轻，差别十分明显。病毒的感染又与蚜虫为害程度有关。甘蓝型品种较能抗病，可适当早播，白菜型抗病力弱，宜偏迟播。

我国冬油菜产区甘蓝型品种适宜播种期见表2。

表2　我国冬油菜产区甘蓝型品种的适宜播种期

产区	育苗移栽	直播
长江下游区	迟熟品种9月中旬 早熟品种9月下旬至10月上旬	10月上中旬
长江中游区	9月中旬（早熟品种9月下旬）	10月上中旬
云贵高原区	9月中下旬	9月下旬～10月上旬
四川盆地区	9月中下旬 （汉中盆地可提前到9月上旬）	10月中旬
华北、关中区	关中平原8月上旬～9月上旬 华北平原9月上中旬	关中平原8月下旬～9月上旬 华北平原9月中下旬
华南沿海区	10月中旬至下旬	10月中下旬

18. 油菜要做到合理密植应掌握哪些原则？

所谓合理密植就是合理安排单位面积土地上的植株数及其配置方式（种植规格），使个体与群体协调生长，建立合理的动态群体结构，充分利用光能和地力，积累更多的有机物质，从而在单位面积上获得高产。合理的种植密度要结合土壤肥力和施肥水平、播种期、品种特性、气候条件等情况因地制宜地确定。

（1）土壤肥力和施肥水平　土壤肥沃疏松、土层深厚，或者施肥水平较高，植株长势旺盛，枝叶繁茂，种植密度宜小一些；反之，土壤瘠薄、质地黏重，或施肥水平较低的情况下，植株生长受到一定限制，种植密度宜大一些。

（2）播种期　油菜的适宜播期是综合考虑当地的气候特点、土壤的理化性状、耕作制度、栽培模式、栽培品种的特性等多项条件来决定的。一般早播早栽的油菜，苗期气温较高，生长快，植株较大，因此种植密度宜小一些；相反，迟播迟栽的油菜，因苗期气温偏低，植株生长缓慢，前期生长期缩短，密度宜适当大一些，做到以密补迟。

（3）**品种特性** 不同品种生育期长短不同，株型大小各异，种植密度也有区别。植株高大、分枝多而部位低、叶片大、株型松散的品种，种植密度宜小一些，如甘蓝型油菜，育苗移栽的油菜每亩适宜6000～8000株，直播油菜适宜20000～30000株；反过来，植株矮小、分枝少而部位高、叶片小、株型紧凑的品种，种植密度宜大一些，如白菜型油菜，育苗移栽的每亩为12000～15000株，直播油菜为25000～40000株。

（4）**气候条件** 冬季较温暖、降水量多的地区，油菜生长旺盛，植株较大，种植密度宜小一些；冬季较寒冷、干旱较重的地区，油菜生长缓慢，植株较小，种植密度可适当大一些。

19. 如何做到冬油菜的合理密植？

（1）**种植密度** 油菜合理密植的适宜范围不是一成不变的，而是根据时间、空间的不同和自然、社会条件的不同而有所差异。在目前生产水平条件下，我国冬油菜产区适宜的密度范围大致可参考表3。

表3 我国冬油菜产区适宜密度范围

产区	耕作制度	密度范围/(万株/亩)
云贵高原亚区	一年二熟制	云南：甘蓝型直播2.0～2.5，移栽1.2～1.8；芥菜型直播2.5～3.0
		贵州：甘蓝型1.0～1.8（瘦地），0.8～1.2（肥地）；芥菜型1.2～1.5；白菜型1.5～2.0
四川盆地亚区	一年二熟制为主部分一年三熟	四川：移栽0.8～1.2，直播平坝1.0～1.5，山区1.2～2.0
		汉中：中上等地1.2～1.5，中下等地1.5～2.0
长江中游亚区	一年二熟制 一年三熟制	甘蓝型：肥地1.0～1.2，中等地1.3～1.8，山区2.0～2.5
		白菜型：2.0～3.0
长江下游亚区	一年三熟制	江苏：移栽1.0～1.5，直播2.0～2.5
		安徽：1.2～2.0
		浙江：0.8～1.5

（2）**种植方式** 密度确定之后，还要考虑行、株距的合理搭配。

行、株距合理搭配的原则是：既能扩大叶面积，充分利用光能和地力，又能减少荫蔽，改善通风透光条件，并便于田间操作管理，达到个体和群体协调发展，获得高产的目的。目前主要有如下几种种植方式。

① 正方形种植　行距和株距相等，或株距稍小于行距。一般在密度较低的情况下采用。植株受光均匀，分枝部位低，各个方向的分枝大小较一致，单株的分枝数和角果数较多。

② 宽行密株种植　行距较宽，株距缩小。在密度较大的情况下，这种方式既保证了较高的密度，又发挥了宽行通风透光的优点，便于田间管理。能推迟封行期，减少荫蔽，改善通风透光条件，增产显著。一般情况下，行距 35～40cm，株距 18～22cm。

③ 宽窄行种植　这种方式采用宽行与窄行相间种植，由于调整了行距，在密度较高的情况下，比宽行密株更有利于协调个体与群体的关系，由于预留了大行，推迟封行期，有利于间作套作（彩图 6），有利于后季作物适时套作，解决前作后作的季节矛盾，增产显著，有利于追肥、培土、施药等田间管理，特别是方便田间防治油菜菌核病。

宽窄行具体规格可根据各地具体情况确定，通常情况下，宽行行距 45～50cm，窄行行距 30～35cm，株距 18～22cm。生产上，通过扩行缩株以改善行间的透光条件，方便后期田间操作，通常应用三种组合的种植方式：

一是对于地力和管理水平一般的田块，133cm 为 1 个组合移栽两行油菜，其中宽行 90cm、窄行 43cm，株距 14～16cm；

二是在地力好、肥料足、管理水平较高的田块，150cm 为 1 个组合移栽两行油菜，其中宽行 100cm、窄行 50cm，株距 14～16cm；

三是 250cm 为 1 个组合，按 50cm 等行距栽 4 行油菜，留 1 个 100cm 的宽行，株距 14～16cm。

④ 穴植　在土壤黏重潮湿、整地困难的水稻田，以及土质条件差的山区、丘陵坡地，干旱严重的地区，条播条栽较困难，采用穴植则简便易行，有利于集中施肥、抗旱播种，易于管理，利于全苗壮苗。

穴植的行距、穴距及每穴株数，应根据密度高低、种植制度等决定。密度较低时，多采用行、穴距相等的正方形形式；密度较高时，采用宽行密穴或宽窄行形式。密度较低时，每穴单株较双株有利；但密度较高时，每穴双株或 3 株比单株显著增产。通常情况下，采用行距 40cm、株距 26～40cm 的移栽规格，每亩 4000～6000 穴，栽植 8000～12000 株，有利于构建高产栽培合理群体，实现移栽油菜生产省工节本高产增效的目的，并有效地降低移栽劳动强度。

🌱 20. 油菜育苗移栽如何把好播种关？

（1）选好苗床 苗床对培育壮苗影响极大，一定要选择地势高爽、地面平整、光照充分、背风向阳、土质疏松肥沃、水源近、排灌方便，在 1～2 年内未栽植过油菜或十字花科植物的地块作苗床。

前茬最好选玉米、大豆、花生等旱作田。靠近村庄、荒坡地和林间空隙地都不宜作苗床，以免遭受病虫、畜禽的危害。留足苗床地的面积，是培育壮苗的重要条件。

苗稀有利于培育壮苗，苗床面积小了，播种密度加大，幼苗窜高生长，形成高脚苗或弱苗、曲颈苗。一般苗床面积与大田面积的比例以 1：（5～6）为宜。

（2）精细整地 播种前 1 周进行中耕晒坯，耕层厚度 10～12cm，四周开围沟，沟宽 20cm、深 35cm。油菜种子细小，顶土能力弱，因此，播前精耕细作，做到土层细碎并适当紧实，以保证种子播种时落籽均匀，深浅一致，早生快出。开沟作畦，要求床面平、床土碎、床底实，畦宽 1.5～1.7m，畦长依面积而定，畦沟宽 20cm、深 20cm，畦沟要与围沟相通。

（3）施足基肥 苗床基肥要施足，基肥以充分腐熟的农家肥为主，氮、磷、钾、硼配合。播种前 10 天左右，结合床土翻整，按每亩大田，苗床施入腐熟农家肥 2000～3000kg、尿素 1～2kg、硫酸钾 0.5～1.0kg、硼砂 0.5kg、过磷酸钙 20～25kg，拌匀后结合整地施于表土层，使表土层疏松肥沃，有利于培育壮苗。

（4）精细播种 播种前，剔除秕粒和杂物后，晒种 2～3 天，每天晒 3～4 小时，以提高出苗率。油菜苗床播种有撒播和条播两种，一般为撒播。

播种期的安排，应当根据前茬作物让茬的早迟以及品种的特性而定。一般应选择在 9 月中下旬抢墒抢晴精播。播种量应根据种子大小和出苗率而定。一般千粒重在 2.5～3.0g 的种子，每亩苗床的播种量为 0.4kg；千粒重在 3.5g 以上的种子，播种量以 0.5～0.6kg 为宜。如果播种量过大，一出苗就会发生挤苗现象，既增加间苗的工作量，又影响秧苗素质，对培育壮苗不利。

（5）匀播浅盖，一播全苗　油菜播种时必须做到抢墒稀播、匀播，最好按畦面积大小计算好播种量，逐畦分次匀播。为了使种子撒匀，播种时可拌和一些细土、细渣肥或用炒熟的油菜籽混匀撒播（按1∶20的比例混匀）。播后及时沟灌，使土壤湿润，以利于出苗。种子播完后及时用铁齿耙耙畦面，用细土浅盖种子，或撒一层薄薄的细土、渣肥，并用平板或铁锹轻拍土面，使种、土密切接触，起到保墒提墒的效果，使之早出苗、出齐苗。然后用单层农作物秸秆或遮阳网覆盖，出苗即揭。播种前如土壤墒情不足，一定要注意先造墒后播种，防止土壤干旱，影响出苗。

21. 油菜育苗移栽如何做好育苗期间的苗期管理？

油菜出苗后至 5 叶以前的幼苗生长缓慢，5 叶以后生长迅速，因而在苗床管理上要采取"促-控-促"的原则。即从播种到 3～4 叶期，要精细管理，促使出苗整齐、生长健壮；5 叶后要炼苗，防止地上部徒长，促进地下部生长；移栽前 1 周，如果幼苗发红，要浇水施肥，促使幼苗健壮。

（1）间苗定苗　俗话说"草荒收半，苗荒不见面""油菜间早，越早越好；油菜间晚，老来光秆"。可见及时间苗、定苗对油菜高产有非常重要的意义。油菜出苗后生长拥挤，要及时间苗。如果不及时间苗，很容易形成弱苗、高脚苗、线苗。

一般苗床间苗 2～3 次，第一次间苗的时间，宜在齐苗后 1 片真叶时进行，主要是间除丛籽苗，不使幼苗密集丛生；第二次间苗，应在 2 片真叶时进行，要求达到苗与苗间叶不搭叶，苗不靠苗，苗距3～5cm。幼苗进入 3 叶期时，进行定苗，苗间距以 7～10cm 为宜。

间苗时要求做到"五去五留"，即去弱苗，留壮苗；去小苗，留大苗；去劣杂苗，留纯健苗；去密苗，留匀苗；去病虫苗，留健壮苗。确保苗"纯、匀、全、壮"。双低油菜在苗床中还应注意去杂，将生长过大、过小的菜苗以及叶片形状、颜色等不同的菜苗全部去除。每平方米留苗 90～120 株。

（2）追肥浇水　油菜种子细小，播种一般较浅，遇旱时播前要浇足底水，播种后，常常会遇到秋旱，因此，出苗前苗床要经常浇水，应保持苗床土湿润，以表土不发白为度。齐苗后要适当控水，促进根系下扎和防止幼茎过分伸长。如土壤墒情较足，能满足种子发芽和出苗，一般不浇水。

（3）适时追肥 1～2 叶期，结合间苗追施稀粪水；3 叶期后，油菜迅速发棵，对养分吸收较为迫切，因此间苗后应该及时追肥补水，以满足出叶成株对肥水的需求。结合定苗进行松土除草，定苗后每亩苗床及时追施薄粪水 800～1000kg，或尿素 10kg。

5 叶以后，应该适当控制肥水，防止窜高徒长，少浇水，少追肥。苗床期追肥要掌握"早、勤、少"的原则。前期以促为主，中期促控结合，后期控制肥水，既使幼苗健壮，又能防止疯长。

移栽前 5～7 天，追施"送嫁肥"，如遇天旱土干，每亩苗床浇施稀薄腐熟的人畜粪尿 500kg 左右，如床土湿润，还可追施尿素 2～3kg。移栽前一天浇一次透水，以利于起苗。

（4） 3 叶期喷施多效唑 在油菜苗期喷施多效唑，具有促下控上、壮根增叶的显著效果，能有效地防止出现高脚苗和旺长苗，可使苗高缩短 20%～40%，缩茎段缩短 30%～60%，叶柄缩短 30%～50%，叶绿素含量提高 20%～30%，苗床合格苗数增加 30% 左右，每亩苗床可多栽 2 亩大田，经济效益显著。一般在油菜的 3 叶期喷施多效唑（15% 多效唑可湿性粉剂 40～50g 或 5% 烯效唑可湿性粉剂 20g，兑水 50kg）。施用时期早的，用量要少些；施用时期迟，用量可多些。注意不要随意加大多效唑用量，要求喷雾均匀，切勿重复喷施，防止控制过头。

（5）加强病虫草害防治 在进行苗床管理的同时，还要积极做好化学除草工作，避免草害。杂草防除分为芽前处理和茎叶处理。在油菜播种后 3 天内，每亩用 76% 精异丙甲草胺乳油 60～70mL 或 50% 丁草胺乳油 100mL 兑水 40kg 喷雾。防除单子叶杂草，在杂草 3～5 叶期，每亩用 10.8% 高效氟吡甲禾灵乳油 30～40mL 兑水 40kg，将药液均匀地喷在杂草上。

苗床期间，要密切注意病虫发生情况，做到及时喷药防治，确保幼苗健壮无病。移栽前 3～5 天选准药剂认真抓好菜螟、蚜虫、黄曲条跳甲、菜青虫、霜霉病、白锈病、根腐病等病虫害的防治，杜绝带病带虫进入大田。

（6）适墒抢栽 油菜移栽要强调适墒抢栽，先栽油菜后种麦。一般以旬平均气温 13～15℃，10 月中下旬移栽为好。腾茬早的可采取中苗移栽（5～6 叶）；腾茬晚的，采取大苗（7～8 叶）移栽，但要注意补充氮素，提高发根能力。水稻收获一块，就要抢栽一块，并坚持带肥带药下田，扩行稀栽，板茬移栽。

22. 怎样进行油菜抗旱播种?

长江以南地区 9 月上中旬油菜播种出苗期（彩图 7）常遇较长时间秋旱，油菜播种后不能按期出苗或出苗不齐。采用"三湿"播种方法，可使油菜出苗快而整齐，即使遇到连续晴天，也能保证 4～5 天出齐苗，植株生长快而整齐，能节约用水，减少抗旱保苗的用工。

（1）苗床湿 苗床整理好以后，用清水加适量稀薄粪水淋浇，使苗床 6～10cm 土层湿透，保证在油菜播种后 3～4 天发芽期内表土不变干发白。浇肥水后 10～20 分钟，轻耙一次，使表土疏松，趁湿播种。

（2）种子湿 油菜播种前，将经过筛选的种子晒 2～3 次，每次晒 3～4 小时，有利于促进种子发芽，提早出苗。播种前 1～2 天，对种子分次加水至种子重量的 60%～70%（每千克种子加水 0.6～0.7kg），然后用湿布遮盖，保持湿润状态（注意翻动几次），待种子萌动，个别种子露白尖时（根不可过长），立即摊开，晾干表面水分。播种时需喷水湿润。如果种子过湿，可加少量干土拌匀后播种。

（3）盖种肥土湿 在播种前 1 天，将盖种用的有机肥与土混匀并加适量的水或稀薄粪水拌匀，以湿润松散可撒开为宜。播种后均匀撒盖，不能成团，盖种厚度不超过 1cm。

23. 油菜移栽技术要点有哪些?

油菜移栽技术要严把精耕细整、平衡施肥、壮苗早栽、合理密植等技术环节。油菜壮苗是丰产的基础，移栽质量是油菜活棵返青、冬壮春发的关键。其技术要点如下。

（1）干耕干整 油菜苗期要求有松细的土壤。整地质量差，湿耕烂整，土壤板结，不仅移栽油菜缓苗时间长、生长速度慢，而且容易造成油菜烂根死苗。前茬作物如果是旱土作物并且收获早，此地要及早耕耖；前茬作物是水稻的田，要求在水稻收割前 7～10 天排水晒田，达到收获时脚踏基本无印迹的标准，收割后抢晴天翻耕晒垡，干耕干整，碎土开浅沟穴移栽，以利于土壤疏松通气爽水，油菜栽后早发根，快活棵。

（2）施足基肥 施足基肥主要是为了油菜移栽活棵后发苗，施足基肥是油菜实现秋发冬壮的重要基础。基肥要求有机肥与无机肥结合使用，一般在中等肥力土壤上栽培，若每亩产油菜籽 200kg，大约需要施碳酸氢铵 50kg、过磷酸钙 45kg、硫酸钾 25kg、硼砂 0.4～0.5kg、腐熟饼肥 50kg，将以上几种肥料充分拌匀后，在大田翻耕前施入耕作层，使肥土充分融合。

（3）开好"三沟" 在长江流域，渍害是影响油菜高产稳产的主要因素。苗期受渍易造成僵苗和烂根死苗，而生长后期受渍则易造成根系早衰，因此，油菜田一定要高标准地健全一套沟，开好畦沟、腰沟和围沟，深沟窄畦，做到沟沟相通、雨停田干、明水能排、潜水能滤。确保排水通畅，以避免油菜根系遭受渍害，减轻病害的发生。一般作畦成南北向，畦宽 160～170cm，畦沟宽 30cm、深 20cm，四周开好排水沟。稻茬板田移栽，畦面宽 160～170cm，畦沟宽 25cm，每畦可栽 4 行油菜。在地势低、地下水位高、土壤黏重的烂泥田，可实行每畦栽 2 行的双垄栽培法，一般做法是：畦面宽 50～60cm，畦沟深 50cm，沟泥全部堆在畦面上，达到窄畦高垄、排渍效果较好的目的。

（4）适期早栽 油菜适期早栽，争取移栽后在冬前有 40～50 天的有效生长期，有利于在冬前形成较大营养体，增强植株抗寒性和抗逆性；有利于根颈增粗，提高植株分枝能力。秋收秋播时为争季节，油菜移栽应突出"抢"字，在保证移栽质量的基础上，狠抓移栽速度，确保油菜处于最佳移栽季节，力争冬前搭好丰产架子。一般当日平均气温 12～15℃时移栽，有利于根系生长和成活。

适宜的移栽苗龄是：甘蓝型中晚熟品种为 35～40 天，早中熟品种为 30～35 天。在长江中游地区，甘蓝型中早熟油菜在 10 月下旬开始移栽，11 月上中旬移栽结束比较适宜。

（5）带肥药移栽 在培育壮苗的基础上，带肥、带药、带土移栽，是缩短缓苗期的关键措施。移栽前 3 天，每亩苗床施腐熟粪尿 500kg。移栽前 1～2 天施药一次，防止带病虫下田。

（6）科学起苗 起苗要仔细，力求少伤叶、叶柄和根系，多带护根泥土，这样秧苗成活快，缓苗期短。选取大小一致的苗，实行大、小苗分级、分田块移栽，不要混栽。移栽前如苗床干硬，必须在取苗前一天浇透水，次日露水干后再用小铲取苗。取苗过程中去掉瘦弱苗、病苗、虫伤苗、高脚苗和杂苗等。

（7）合理密植 油菜种植密度应根据土壤水肥条件、播种期、品种特性等因素来确定。一般大行距 80cm，小行距 40cm，株距 16～20cm。水肥条件好，个体生长旺盛的要种得稀些，相反要种得密些；早播的要稀些，迟播的要密些；晚熟品种稀些，早熟品种密些。种植方式有正方形种植、宽行密株种植、宽窄行种植等三种。

（8）精细移栽 移栽油菜要求做到"全、匀、直、紧、蘸"。"全"即油菜苗受伤少，叶片、根系完整；"匀"即按株行距均匀移栽，大小苗分级匀栽在不同田块，不要混栽；"直"即苗直根直，不东倒西歪，不曲根入土；"紧"即栽时土要压紧，不使苗根悬空；"蘸"即用赤霉酸 1g、过磷酸钙 2.5～3kg，加水 100kg 溶解后再加适量塘泥或肥土调成糊糊状，边蘸根边移栽。并做到边起苗、边移栽、边浇定根肥水（每亩用 500kg 稀人畜粪水浇施），不栽隔夜苗。对高脚苗则一定要适当深栽，以增强抗寒防冻和固根防倒的能力。此外，要争取适期早栽，因为油菜移栽早，气温较高，有利于菜苗生长成活，在年前多长几片绿叶，为高产奠定基础。

🌱 24. 直播油菜播种育苗技术要点有哪些？

（1）精选良种 应选择优质双低并适宜本地区种植的品种。对于采用机械收割的油菜，品种选择更为重要，机械收割的油菜，在机械收获过程中，要经过分禾、割蔸等过程，极易造成油菜角果开裂，籽粒脱落，影响产量。因此，宜选择角果耐开裂性强的品种进行种植。

（2）前茬准备 油菜前茬大多以水稻为主，直播油菜受其成熟收获期的限制，播种较迟，营养生长期短，生产力降低，从而影响产量的提高。所以，直播油菜应适期播种，前茬的品种选择十分重要。一般应选择既高产优质，又符合直播油菜对播种期要求的早熟或早中熟水稻品种。同时，由于油菜为旱田作物，不耐渍水，前茬水稻应适当提早搁田，防止搁田过迟，田脚过烂，影响机械播种和油菜根系的生长。

（3）精细整地 直播油菜与移栽油菜相比，根系入土较深，大部分根群集中于表土下 20～30cm 范围内，主根及少数支根还可能深达 100cm 以上，因此在不破坏犁底层的前提下，在前茬作物收获后，要趁土壤湿润进行翻耕，以免表土板结，力求深耕，一般要求达到 20cm 以上。翻耕后充分暴晒，然后趁土壤干湿适宜的时机进行耕耙保墒，并开好厢沟、腰沟、围沟，做到"三沟"相通，以利于灌水、排水。达到表土疏松细碎，水气协调，田面平整，为出苗迅速，苗全、苗齐创造一个良好的土壤环境。畦宽 1.5～2m。

（4）施足基肥 油菜冬发与春后的分枝及结荚数成正向关系，而要壮苗冬发必须下足基肥，科学配肥。应结合耕整地，每亩施腐熟有机肥 1000kg（严禁用油菜秆和角壳堆制而成的有机肥）或复合肥 50kg、尿素 2.5～5kg、过磷酸钙 2.5kg，切忌偏施氮肥。同时，配施高含量的"持力硼" 0.2～0.25kg（或硼砂 0.5kg），均匀施入土中。

（5）适期播种 直播油菜由于不经过取苗移栽过程，生长发育没有暂时停滞阶段。同一品种在相同条件下采取直播可以比移栽的延迟播期 10～15 天。但直播油菜播期的弹性虽然较大，也不是越迟越好。随着播种期延迟，全生育期特别是营养生长期相应缩短，单株生产力降低，因而导致减产。因此直播油菜应适时播种，长江中上游在 9 月 15 日～20 日直播。长江下游在 9 月 25 日前后直播。后期气温较高时，可选用早熟品种，适当延长到 11 月上旬播种。此外，确定具体播期，还要考虑该品种特性、土壤墒情等。冬性强的品种可适当早播，春性强的品种适当晚播，遇墒时应及时趁墒播种。

适当增大种植密度，以增加群体株数来弥补个体不足，但种植也不是越密越好，一般情况下直播油菜应比同等条件下移栽的油菜增加 30% 的总株数。晚播油菜应做到以密补迟。

（6）精细播种 为便于播种和控制播种量，可加入炒熟的菜籽混合播种，力争均匀一致，一播全苗。有条件的可对种子进行包衣，直径可扩大 2～3 倍，有利于减少播种用量，促进全苗壮苗。早熟品种播期可稍迟，土质黏重、肥力较差的宜播得较密，播后浅覆土。为确保苗全、苗匀，除按要求抓好整地、播种质量外，还可在畦头适当多播一些种子，以利于移苗补缺，但补缺的苗必须带土移栽并及时浇水，以利于快速返青活苗。直播双低油菜的亩播量为 0.4～0.6kg，苗数为 2.3 万～2.9 万株。直播油菜的播种方法有点播、条播和撒播。

①条播　将土壤耙平以后，在畦面上顺畦平行开沟，行间距30～40cm，深3.3～6.6cm。沿沟进行播种，条播要求落籽均匀，甘蓝型油菜种子每亩播种0.4～0.5kg，白菜型种子0.4kg左右。山区多用火土粪拌种，顺沟播下。还有的地方采取将菜籽装在竹筒或玻璃瓶内，瓶口盖一层塑料薄膜扎紧，当中开一个小孔，孔的大小可以控制播种量，播种时，一手拿竹筒沿播种沟不停地振动，使种子均匀撒下。播种后盖一层薄土（或盖土杂肥），有些地方在播种沟里施水粪，然后盖种，每亩用土杂肥300～400kg拌过磷酸钙20kg左右堆沤一个月后用于盖种。

播种机播种一般采用条播方式。

②穴播（点播）　水稻田土质黏重、整地困难、土块不易整细、开沟条播不方便，可采用点播。点播开穴，点播要求控制穴深3～5cm，穴底要平，行穴距33cm。泥土必须细碎，行距要直，穴距要匀。穴内施水粪。以利于种子发芽，土干时多兑水，土湿少兑水。穴内如施过磷酸钙等化学肥料，必须同泥土充分拌匀，以免烧芽。播种时，每穴下种10粒左右，种子可以和土杂肥拌匀一同播下，阴雨天不必盖土，晴天盖一层薄土。

③撒播　前作收获后，进行机械浅耕或免耕，灌1次"跑马水"，直接将油菜种子撒播其上，保持适当的田间湿度，油菜也能很好地发芽生长。油菜撒播快速简便，目前已成为油菜产区一种主要播种方式。撒播可采用人工方式或机械喷播。撒播快速简便，但油菜密度较大，且生长参差不齐。与人工撒播比较，机动喷雾器撒种可以节省时间，而且精量省种，出苗均匀。

第三节　油菜苗期易出现的问题及管理技术

25. 油菜直播怎样加强苗期管理？

苗期田间管理应做到早间苗、早定苗、早治虫，注意施用提苗肥。

（1）浇水促苗　出芽后喷水湿畦，保苗培墒。第一片真叶露出时，即要遇旱勤浇水，每 3 天 1 次，护苗提苗；遇渍清沟排水滤田，促根展叶。

（2）间苗定苗　间苗一般分两次进行，第一次在两片真叶时梳理窝堆苗、拥挤苗、密集苗；第二次在 4～5 片真叶时按单位面积要求的种植密度间苗，并结合定苗。雨后土湿不要间苗，以免将土壤踩板结。

农民间苗的经验是：穴播，每穴留 3 株，间成"品"字形；留 4 株，间成"口"字形；留 5 株，间成"梅花"形；条播每 9～15cm 留 2～3 株，间成"之"字形。定苗时根据品种特性、地力肥瘦和施肥的多少等条件，制订合理密度的株行距，去坏苗留好苗，去弱苗留壮苗。并结合定苗，抓好查苗补缺。结合定苗进行一次除草松土，干旱时要浇水补墒增墒。

（3）及时治虫　出苗后注意观察虫情，苗期对油菜为害最大的害虫是蚜虫和菜青虫。在苗期有蚜株率达 10％，菜青虫虫口密度每株 1～2 头、幼虫在 3 龄以前时，及时用药防治。

（4）及时除草　直播油菜如管理不善，极易发生杂草危害，生产上应针对田间杂草的发生规律及草情草相，采取相对应的除草技术。在播前和出苗后分次化学除草，播前选用草甘膦对杂草进行茎叶喷雾，播后用敌草胺封杀。当油菜苗长至 5～6 片真叶时，选用氟吡甲禾灵、精吡氟禾草灵等喷杀。

（5）及时追肥　定苗后，幼苗 4～6 叶时追提苗肥，每亩及时追施尿素 3kg，或用清水粪泼浇一次，半月后每亩再追施尿素 3kg 提苗，可兑水穴施或雨前撒施。

26. 油菜出苗缺株断垄的原因有哪些，如何预防？

（1）表现症状　油菜播种出苗后，田间出现不规律的缺苗现象，或成段成行的缺苗现象。

（2）发生原因

① 种子中含有较多的秕粒、病虫粒、发霉烂粒、破籽粒，或种子存放时间过长活力低。

② 土壤板结或盐碱重，地面高低不平导致田间局部干旱或渍水，田间大坷垃多使种子分布条件不一致，或落入大孔及缝隙中。

③ 田间播种不均匀或深浅不一致，播后覆土和秸秆太厚、不均

匀等。

④ 除草剂选择不当、用量过大或喷施时间不对。

（3）诊断方法　大田缺苗率大于 10% 可能导致减产。

（4）预防措施

① 选择优良品种　从合法种子经营单位（者）那里购买种子，播前筛选去除破碎种子，选择颗粒饱满、个体较大的种子种植。

② 播种前做发芽出苗试验　准备好直径 9cm 的小盘或发芽盒，将卫生纸剪成相应的圆片，然后用凉开水浸泡湿润后，放置于盘内，温度宜控制在 20～25℃，在 4 天时间内观察种子发芽出苗情况。杂交种子发芽率应≥80%，常规种子发芽率≥90%。

③ 妥善进行种子处理　播前晒种 2～3 天，以提高种子活性，增强种子抗性。可采用 50～54℃ 温水浸种 20 分钟杀死种子表面和潜伏在种子内部的病菌，晾干后播种。

④ 掌握适宜的整地与灌水技术　直播大田整地应达到土粒细碎，无大土块，不留大空隙，土粒均匀疏松，田面平整的标准。天旱墒情不好时最好先灌水后整地，避免播后灌水或浇水使土层板结，出苗不整齐，甚至死苗缺棵。

⑤ 保证播种质量　采用人工开沟或机械条播，保证均匀播种。播种深度 1cm 左右，或播后结合开沟与清沟在播种沟或厢面盖土 1cm 左右。

⑥ 正确使用除草剂　播前 5～7 天采用草甘膦封闭除草，播后苗前采用敌草胺或异丙甲草胺进行芽前除草。

27. 油菜出苗很慢或不出苗的原因有哪些，如何预防？

（1）表现症状　在土壤条件适宜、水分充足的条件下，种子萌发出苗时间超过 5 天，出苗率低甚至不出苗。幼苗生长缓慢，植株个体小，抗寒能力差。

（2）发生原因　油菜播种太迟，平均气温低于 20℃。

（3）诊断方法　长江流域 10 月下旬气温逐渐降低。气温如低于 10℃ 出苗则需要 15 天以上，5℃ 下则需 20 天以上。出苗率降低，幼苗生长缓慢。

（4）预防措施　长江中游油菜直播栽培播种时间不宜晚于 11 月初，因此前茬应尽量实现 10 月中旬收获。

选用春性较强的早熟品种及低温萌发能力强的油菜品种。宜选用可迟播早发、冬前生长快、春后花期整齐的早熟或早中熟油菜品种。

进行种子处理促进低温萌发。采用 50～54℃温水浸种 20 分钟可促进萌发。

采用秸秆覆盖有利于保持地温并促进种子萌发与生长。每亩用 200～300kg 碎稻草铺盖行间弥合土缝，起到保墒、保温与防寒作用。

28. 油菜播种后烧种烧苗的原因有哪些，如何预防？

（1）表现症状　油菜萌发慢，出土幼苗矮小、瘦弱、苗色发黄发紫，或出现根系局部萎缩、枯死、坏死等症状，种芽枯死或幼苗生长异常。

（2）发生原因

① 使用具有腐蚀、毒害作用的化肥作种肥　如碳酸氢铵具有挥发性和腐蚀性，易熏伤种子和幼苗；过磷酸钙含有游离态的硫酸和磷酸，对种子发芽和幼苗生长会造成伤害；尿素施用后生成缩二脲，其含量若超过 20%，对种子和幼苗就会产生毒害；氯化钾等含有氯离子的化肥，施入土壤后会产生水溶性氯化物；硝酸铵、硝酸钾等肥料所含的硝酸根离子，对种子发芽有毒害作用。

② 使用未腐熟的有机肥作种肥　未腐熟的厩肥、人粪尿、饼肥等有机肥作种肥，施入土壤后在发酵过程中会释放大量热，伤害根系，或释放氨气灼伤幼苗。

③ 施用了太多种肥或与种子混播　种肥施用量每亩达到 40～50kg，或种肥施用量不大但将种子与肥料混播在一起，种子因无法吸收足够的水分而不能正常萌发，但幼嫩的胚根在下扎时遇到高浓度肥区，种子根被肥料"烧"坏，出现黑褐色坏死斑或根系萎缩现象，致使幼芽在出土过程中便枯死；或幼苗根系吸收水分和养分的能力下降，地上部幼苗生长发育迟缓。

（3）诊断方法　在种子质量好，土壤、温度与水分适宜的条件下，出现种子缓慢萌发或不能正常萌发，幼苗生长异常与死苗的现象。

（4）预防措施

① 选用颗粒状肥料作种肥，如氮磷钾复合肥、磷酸二铵等。这种类型的肥料流动性较强，更适合于随播种机播施，而且肥料施用均匀。

② 宜选用硫酸铵、磷酸二铵等作种肥。若只用尿素作种肥，一般每亩用量应控制在 2.5kg 以内。

③ 有机肥需经过堆沤高温发酵、充分腐熟后才能作种肥。

④ 控制种肥的施用量。一般以每亩施用氮磷钾复合肥 15～20kg 为宜。趁墒播种时更要严格控制种肥施用量。若种肥施用量较大，最好浇一次"蒙头水"，以起到"稀释"种肥的作用。

⑤ 种肥一定要与种子分开施用，而且要深施。种肥行与种子行横向间隔不应少于 5cm，最好是能施在种子行的下方或侧下方。

29. 油菜高脚苗发生的原因有哪些，如何预防？

（1）表现症状 高脚苗即主茎基部过度伸长的幼苗，是油菜最常见的异常苗，通常细长、瘦弱不健壮。高脚苗容易受病害感染，弯曲易倒伏、易落叶而使根颈部暴露。一旦遇上寒流，其主茎极易冻空开裂，甚至冻死。

（2）发生原因 播种时高温、肥水过多；或播种量过大落籽不匀，间苗不及时；移栽苗龄过长等。早中熟品种尤为严重。高脚苗导致植株细长分枝少，难以获得高产。

（3）诊断方法 油菜有两种高脚苗，一种是下胚轴过度伸长超过 2cm 的高脚苗；另一种是主茎节间缩茎段（即基部圆滑无棱的部分）伸长达到 7cm 以上的高脚苗。

（4）预防措施 避免过早在高温季节播种。播种时做好稀播匀播，出苗后早间苗定苗，避免出现苗挤苗的情况。在幼苗 3 叶期左右喷施一次浓度为 100mg/kg 的多效唑溶液，促进幼苗矮壮。如果已经形成高脚苗，直播田在定苗时进行培土，移栽田应适当深耕斜栽，并加强管理，促使下胚轴再发不定根。

30. 油菜僵苗发生的原因有哪些，如何预防？

僵苗又叫矮脚苗。这种苗生长缓慢或停滞，营养生长差，个体发育不良。缩茎短、根颈细。叶数少、叶片短小狭窄，叶色往往发红，光合作用弱，严重者出现烂根死苗现象。轻度僵苗表现出叶速度缓慢；中度僵苗表现生长停滞；重度僵苗表现植株萎缩甚至死亡，即使不死，开春后返青慢，早薹早花、枝少、角果小、粒轻，减产 3%～5%。

（1）**渍害僵苗** 渍害主要是由于持续阴雨天气、地势低洼湿重、排水不良或整地时田间土壤含水量过大，使之糊泥包浆，形成暗渍；渍害导致根系发育不良甚至腐烂，油菜外层叶片变红，内叶生长停滞，叶色灰暗，心叶不能展开。渍害僵苗多发生在稻茬田。

预防措施：提早开好"三沟"，降低地下水位，排除田间暗渍；选择晴天整地，于晴天抢栽大苗，切忌阴雨天抢栽；在施足底肥的基础上及时施提苗肥，并搞好中耕松土，遇雨要及时清沟排水，防止渍害伤根。

（2）**旱害僵苗（彩图8）** 在旱地和瘠薄地移栽油菜，如秋旱严重，肥料不能发挥作用，常因缺水影响肥效的发挥而形成僵苗。土壤表层发白硬化，甚至龟裂，晴天中午植株可能有萎蔫现象；因干旱引起的僵苗根系生长不正常，但地上部分症状同渍害一样，叶片发红，生长缓慢。

预防措施：移栽时，如干旱严重，要先灌水造墒，再抢墒移栽，栽后浇好定根水；移栽以后，遇到干旱，要及时抗旱，并结合施提苗肥，促进生长。

（3）**低温僵苗** 油菜移栽过迟，日平均气温在10℃以下时，根系生长弱，新根发生少，肥水吸收不足，形成红叶或黄叶僵苗。

预防措施：注意适时早栽，如因前茬作物收获过迟而推迟移栽时，应坚持精细整地，施好苗床"送嫁肥"。选大苗带土移栽，有利于成活；配合早施提苗肥，促进早发。

（4）**缺肥僵苗** 僵苗植株矮小，叶片狭窄、叶色黄绿，严重时茎基部叶片发红，表明植株缺氮；如果上部叶片暗绿无光泽，下部叶片呈紫红色，出叶缓慢，根系发育不良，则为缺磷症状；还可能由于缺硼引起僵苗，表现为植株生长萎缩，叶片紫红色，心叶不发，根颈肿胀。

预防措施：植株缺氮，要及时补施速效氮肥，每亩用碳酸氢铵15kg兑稀薄粪水淋施。

缺磷，可叶面喷施0.3%磷酸二氢钾液2～3次，每3～5天1次。同时亩施过磷酸钙25kg或钙镁磷肥30～40kg。磷肥施用前可与有机肥混合堆沤发酵，待腐熟后施用。

缺硼引起的僵苗，移栽前2～3天，每亩苗床用0.2%硼砂溶液60kg喷苗1次，带硼移栽，可防止早期缺硼僵苗；土壤缺硼的田块，移栽时，每亩用硼砂 400～500g，与土杂肥混合作基肥施用，或在移栽后用水稀释后浇施，同时及时抗旱或排渍，促进根系吸收。

（5）劣秧僵苗　移栽油菜由于苗床播种密度大、间苗不及时或秧龄过长，移栽时多半成高脚苗、带薹苗，绿叶数少，栽后难以生长。

预防措施：移栽时应选用苗龄适宜的健壮苗，甘蓝型油菜晚熟品种以苗龄 40～45 天为宜，早中熟品种以苗龄 35～40 天为宜。剔除高脚苗、病苗、细弱苗。

（6）湿栽僵苗　土湿泥烂或雨时移栽，土壤板结不透气，油菜根系发育受阻，叶片瘦薄呈红色或黄色，心叶卷缩无力。

预防措施：落雨天不宜栽油菜，要选晴天的下午或阴天全天移栽。

（7）病虫害僵苗　油菜移栽后如遭遇蚜虫为害，心叶不易展开。蚜虫为害后又感染病毒病，使叶片皱缩发黄。

预防措施：栽前 1～2 天对苗床喷一次起身药，防止带虫移栽。栽后发现蚜虫要及时喷药杀灭，建议使用新高脂膜＋10％吡蚜酮可湿性粉剂喷雾，在药液中加 500 倍的食用醋混合施用，可提高杀蚜效果，并抑制病毒病的发生。发现病毒病症状，要及时用新高脂膜＋5％菌毒清水剂 300～400 倍液喷雾防治。

31. 油菜畸形苗发生的原因有哪些，如何预防？

（1）表现症状　油菜畸形苗是指植株矮小、形态怪异，叶片出现皱缩、卷曲等现象的幼苗。

（2）发生原因　油菜缺硼，或草除灵、双草酰胺等除草剂药害，或蚜虫、小菜蛾等虫害及病毒病危害都可能造成畸形苗。

（3）诊断方法

① 缺硼畸形苗　生长停滞，烂根枯心；根茎肿胀，根系发育不良，表皮为褐色，根颈膨大龟裂；叶片小而肥厚，凹凸不平萎缩状，叶缘向外卷缩，呈紫红色，最后枯黄脱落，心叶呈黄褐色。

② 除草剂药害畸形苗　叶片变白或黄色，叶片卷缩或边缘向上翻，叶脉间的叶网隆起，叶脉变粗变白，表面粗糙等。

③ 病虫害畸形苗　油菜叶片出现皱缩下卷，叶色发暗，或发红、发紫、发黄，或花叶，心叶不展开。

（4）预防措施　缺硼僵苗每亩可用硼砂（或硼酸）150g，兑水40～50kg，均匀喷施叶面 2～3 次。其他畸形苗可按照除草剂药害，病毒病、蚜虫等病虫害防治方法进行防治。

32. 油菜徒长苗发生的原因有哪些，如何预防？

（1）表现症状　徒长苗也称旺长苗。苗过大，绿叶数比较多，但是叶柄很长，叶片大而薄，叶色淡。植株含水量高，根系相对而言不发达，缩茎段伸长。叶片内氮素比较高，碳素水平比较低，养分积累少，组织柔嫩，抗逆性差。旺长苗移栽后，叶片常常大量脱落，返青慢，发苗迟，容易受冻。

（2）发生原因　多在高温、高湿、高肥、高密度条件下发生。

（3）诊断方法

① 温度过高　在9月中旬以前过早播种，气温尤其是夜间温度过高，幼苗会因为呼吸作用加剧消耗过多的光合产物和养分，引起徒长。

② 氮肥过多　在幼苗期追施氮肥过多或者次数过勤，易引发徒长。

③ 水分过多　土壤水分过多，氧气减少，使根系的活力降低，如果此时再遇到较高的气温极易徒长。

④ 播种过密　播种量过多，或者播种量合适但播种不均匀，造成局部面积内播种过密，幼苗间相互争抢光照、水分、空气，也会诱发徒长。

⑤ 移苗不及时　育苗苗床密度一般较高于大田，如不及时移苗易发生徒长。徒长苗移栽到大田后，叶片往往大量枯萎，返青慢，发苗迟，容易受冻，不利于冬壮春发。

（4）预防措施　直播适期播种，移栽苗适龄移栽。

均匀播种并及时间苗、定植。播种密度不宜太大，如果是直播种植要尽量做到播种均匀。

基肥或种肥注意氮、磷、钾配合施用，控制氮肥用量。

注意排水防湿。田间开好"三沟"，避免渍水并及时疏松土壤。

使用生长调节剂进行调控。对有旺长趋势的幼苗，在3～4叶期使用浓度为100～300mg/kg的矮壮素或150～200mg/kg的多效唑喷雾。

33. 油菜瘦弱苗发生的原因有哪些，如何预防？

（1）表现症状　瘦弱苗也称阴脚苗。长势瘦弱、根颈细、叶片小、叶绿素少、叶柄细长，积累的干物质少，生命力不强。移栽后叶片大量干枯脱落，发苗慢，如遇干旱或寒流，往往死苗较多。

（2）**发生原因**　种子质量差，播种过迟，或幼苗个体生长发育的土壤、温度、水分、养分等环境条件不良。

（3）**诊断方法**　整地质量不好，田间土块大、空隙多，幼苗扎根吸水、出土生长困难。直播或苗床播种不匀，在出苗不齐的情况下，有些种子晚出苗，受早苗、大苗的荫蔽，长势差，苗瘦弱。土壤瘠薄、底肥不足、施肥不匀，或苗床提苗肥施用过迟，肥水供应严重不足。

（4）**预防措施**　保证种子质量，特别是种子整齐度要高。

争取适当早播，并提高整地质量，尽量做到播种均匀，出苗条件一致。适当控制播种量，适时早间苗早定苗。注意合理施肥，及时补充生长所需养分。大田底肥不足及苗床生长期肥水供应严重不足形成的弱苗，要及时叶面喷肥或土壤追肥，促苗快发。

34. 如何防治油菜苗期的红叶现象？

一般情况下，油菜叶片呈绿色或深绿色，但油菜苗期常常会出现大量"红叶"现象，使油菜缓苗期延长，甚至形成僵苗，难以实现冬壮早发的目标。在生产上要预防和减少油菜红叶病的发生。

（1）**苗密红叶（彩图 9）**　直播或多株移栽密度过大或单株营养不良，秧苗素质差，断根多，吸收营养的能力差，不能满足叶片正常生长的需要，导致幼苗叶片发红。

防治措施：立即间苗，去密留稀，去弱留壮，并补施 1～2 次速效肥料，每亩追施尿素 5～8kg 或稀薄粪水 400～500kg，进行提苗促长。

（2）**缺氮黄红叶（彩图 10）**　油菜苗期缺乏氮素营养，植株矮小，发育缓慢，新叶出生慢，叶片少而小，一般叶缘发红，中部为黄色，形成黄红叶。

防治措施：每亩追尿素 8～10kg 或碳酸氢铵 20～30kg，或人粪尿 750～1000kg 兑水浇施；后期缺氮，用 1%～2% 尿素溶液 50kg 叶面喷施，连喷 2～3 次。

（3）**缺磷紫红叶**　油菜是喜磷作物，其需磷量比禾谷类作物高 1 倍多。缺磷时，植株矮小，生长缓慢，出叶延迟，叶面积小，叶色暗绿，缺乏光泽，边缘出现紫红色斑点或斑块，叶柄和叶背面的叶脉变为紫红色。

防治措施：每亩用过磷酸钙 25～30kg 或磷酸氢二铵 6～8kg 开沟追施或兑水浇施，越早效果越好；后期也可叶面喷施 1% 过磷酸钙浸出液或 0.2% 磷酸二氢钾溶液 50kg，连喷 2～3 次。

（4）缺钾褐红叶 油菜植株缺乏钾素时，从老叶发展到心叶，初为黄色斑，叶尖边缘逐渐出现焦边或褐色枯斑，叶片变厚、硬脆，呈现"烫伤状"。

防治措施：每亩追施氯化钾 8～10kg，划施草木灰 100kg，或喷施 0.2% 磷酸二氢钾溶液 50kg，连喷 2～3 次。

（5）缺硫紫红叶 油菜缺硫时，植株矮小，呈淡绿色，与缺氮症很相似；叶缘出现较大的缺刻，并皱缩成杯状，叶背面、叶脉和茎等部位变成紫红色。

防治措施：结合中耕，每亩撒施硫黄粉 1～2kg，或石膏粉 50kg。

（6）缺硼蓝紫红叶 油菜缺硼时，叶片最初变为暗绿色，叶形变小，叶质增厚、变脆，叶端反卷，皱缩不平。之后从靠下方的中部叶片边缘开始变成紫色，并向内部发展，继而变成蓝紫色；叶脉及其附近组织变黄，结果形成一块块蓝紫斑。最后，部分叶缘枯死，整个叶片变黄，提早脱落。

防治措施：每亩用硼砂 80～100g 兑水 60～70kg 喷雾，连喷 2～3 次，也可结合追肥每亩穴施 500～1000g。

（7）干旱淡红叶 油菜苗期遇旱，土壤水分不足，会使油菜根系吸水吸肥困难，导致油菜生长缓慢，植株矮小，叶片变为淡红色。

防治措施：及时浇水，浇水时应采取沟灌，不要大水漫灌，防止烂根死苗。

（8）渍涝暗红叶 寒冬前雨水过多，或板田移栽，滤水不畅，造成渍水伤根，吸收作用减弱，即使土壤营养充足，也不能被充分吸收利用，出现僵苗，叶色变为暗红色，有的还会烂根死苗。

防治措施：及时开沟滤水，降低地下水位；油菜出苗后应及时进行中耕除草，一般在油菜 3～5 叶期中耕松土并培土护苗，改善土壤通透条件，促进根系发育。

（9）冻害红叶 冬季气温骤然降到 0℃ 以下时，叶片受冻，根系的吸收功能减弱，造成生理缺肥，也会出现红色。

防治措施：结合中耕清沟，培土壅根，增施有机肥料，减轻冻害。一要适时灌水防冻，在冬旱时，引水灌溉油菜，不但可以提高土壤含水量，保证油菜对水的需要，而且能增强油菜的抗寒能力；二要增施磷、钾肥，冬季施用有机肥和磷钾肥，使油菜细胞质机械组织增厚，可增强油菜的抗寒力，在大冻前浇施浓粪水、撒施草木灰等，也有一定的防冻效果；三要喷施生长调节剂，在油菜苗期喷施 $100 \sim 150 \mathrm{mg/kg}$ 的多效唑溶液，能使叶柄变短，叶色变浓，叶片增厚，并能促进根系发育，增强油菜抗寒能力。

（10）虫害红叶　油菜在生长过程中受蚜虫严重为害，传播油菜病毒病，使油菜叶片卷缩、畸形，植株生长停滞，发育不良，从而易形成大量红叶。

防治措施：每亩用 50% 抗蚜威可湿性粉剂 15g 或 2.5% 溴氰菊酯乳油 30mL，兑水 50kg 喷雾。

35. 如何防治油菜苗黄叶？

（1）表现症状　生长发育中的油菜部分或全部叶片变黄，严重的脱落、腐烂。叶色呈均匀黄绿色或黄色，茎下部叶片叶缘发黄，有的发红，并逐渐扩大到叶脉，出现黄叶现象。定苗或栽植后生长缓慢，半边叶片褪绿，致半株或整株叶片萎蔫，似缺水状，拔起病株，须根少，剖开主根，维管束变褐，叶片开始黄化。

（2）发生原因　水分多，缺氮肥，缺硫肥，酸害，密度不适等。

（3）防治措施

① 根据油菜生长发育规律，针对养分的需求状况，确定科学的管理方案。

油菜播种后 2~5 天出苗，出苗后 15~16 天，叶原基下叶片数逐渐增加，同时，根条数也在增多。由于体型较小，叶面积较小，对温度的要求也比较低，控制出苗时的温度为 $16℃$ 左右即可，防止高温徒长；需水量较少，但仍需保持一定的土壤湿度。因植株的生长量小，对肥料的吸收量也少，一般不需要追肥，而对光照要求较强，以促进光合作用，增加营养积累。

15~30 天左右，叶数增加较多，根也增加较多，对温度、肥水要求也增加，温度可控制在 15~26℃。由于植株已接近旺盛生长期，对肥料水分吸收量也增加。特别是氮肥，关系到产品的质量。如氮肥施用不足，叶片变小、变黄，食用率低。应适当地追施一些化肥并适量浇水，以每亩尿素5～10kg为宜。

油菜生长30天以后，已长出12～13片叶，是根吸收水分和养分的旺盛时期。分化后的新叶迅速生长，叶重增加快，光合作用积累的养分多，而叶开展度逐渐由大变小。在肥水管理上，要增施肥料，保持旺盛生长的需要，需顺水施硫酸铵20～25kg，或尿素10～12kg。5～6天灌一次水，保持土壤湿度。

油菜生长到55天左右，地上、地下部分处于均势生长期，内叶充实，叶柄肥厚，生长量大，应加强通风透光，特别是保护地栽培，避免温度过高、光照强或丛株互相遮光，导致叶色变黄、叶片营养物质积累少。若土壤湿度过大，根尖部易变褐色，外叶较易变黄，因此，应控制浇水。

② 缺硫黄叶与缺氮黄叶有所不同，缺硫是从幼嫩叶片开始发黄，而缺氮是由老叶向新叶发展。对缺硫油菜可结合中耕每亩施石膏粉5～10kg，促使叶色转变。

③ 酸害造成的黄叶，叶片只黄不枯而后脱落。可每亩施石灰50kg或草木灰50kg，中和土壤酸度，消除酸害。

④ 保证适宜的密度。种植密度影响着产品的质量，因此，要根据种植方式的不同制订不同的适宜密度。春油菜苗保苗5万株以上，行距10～12cm、株距10cm；秋油菜若育苗以4～5片叶为好，每亩3.5万株以上，行距15～20cm、株距15cm；秋冬油菜每亩4万株，行距14～18cm、株距10～13cm；大棚冬油菜每亩6万株以上，行距10cm、株距8cm。

第三章

油菜田间管理技术

第一节 油菜各阶段的田间管理技术要领

🌱 36. 为什么不宜在雨天抢栽油菜？

移栽油菜时，有些农民喜欢在雨天抢栽，认为雨天抢栽不用浇水，又易成活，是一举两得的好事。其实，这种做法是不科学的。因为，下雨天土壤沉浆板结，土层中的水分多、氧气少。如果在雨天抢栽油菜，油菜根系会因缺氧而活力减弱，使吸收养料和水分的能力下降，造成油菜叶片发黄或变红导致早栽不能早发。同时，由于雨天低温多湿，刚栽的油菜苗又植伤较重，抗逆性差，也容易感染多种病害，这些直接影响到油菜的生长发育。

据测定：油菜移栽后，土壤含水量在16%～22%时，油菜植株生长正常；土壤含水量在25%，持续时间4天以上的，烂根株率为1.4%、死苗株率为0.8%；土壤含水量在34.8%～35.1%，持续时间在8～15天的，烂根株率36.6%～40%、死苗株率达29.1%～32.8%。由此可见，土壤含水量愈高、持续时间越长，烂根死苗率就越高。

造成土壤含水量过高的原因很多，归纳起来主要有以下几点：一是移栽田土质黏性重，地下水位高；二是移栽田的排水过迟，湿耕烂整，稀泥移栽；三是畦面过宽，排水沟过浅，"三沟"不通，田间积水；四是移栽时天气多雨，土壤湿度过大；五是抗旱方法不合理，大水漫灌，造成土壤板结和渍水等。

因此，不宜在雨天抢栽油菜。在无雨的天气里或雨过天晴、土壤疏松后移栽油菜，虽然需要浇一定量的定根活棵水，但土壤中的水、肥、气、热协调，可以充分满足油菜生根活棵的需要，促进早活棵、早发苗，有利于夺取油菜的高产、稳产。

37. 如何防止阴雨天油菜烂根死苗?

南方地区的土质黏重，地下水位高，遇上秋冬多雨年份，油菜移栽后常常发生大量烂根死苗现象。油菜烂根死苗，对产量的影响极大。烂根死苗的原因除了选地不当、土壤黏重、地下水位高以外，还有稻田排水过迟、湿耕烂整、稀泥移栽、整地粗放、"三沟"不通、天气多雨或大水漫灌等，造成土壤含水量过高，田间滞水，土壤中空气贫乏，二氧化碳增多，含氧量不足，并产生还原物质使根系中毒腐烂。为了有效地减轻低湿地区稻田油菜烂根死苗的损失，应采取如下改进措施防湿保苗。

（1）改湿耕烂整为干耕干整 即对移栽油菜的稻田，抓住晚稻收割前的 7～8 天疏通沟系、排水落干，力求做到翻耕整地时干而不僵、湿而不糊，改变过去那种临犁排水、湿耕烂整、油菜栽入稀泥的做法。实践证明，干耕干整田移栽后 4 天内土壤含水量保持 25%，烂根死苗株率仅为 0.8%～1.4%。

（2）改宽畦、浅沟为窄畦、深沟 试验证明，坚持窄分畦、深开沟，是改善田间排水条件的重要措施。一般采取 1.7～2m 分畦，畦沟比耕作层低 0.7cm。这样，使土层水位下降，含水量降低，从根本上消除水对菜苗的危害。

（3）改打穴定植为开行摆苗、肥土压根 对土壤黏性重的田块，如在多雨天气采取打穴定植移栽，易造成苗穴积水，不利于成活，油菜苗移栽后易发生黑根腐菀现象；而采用开沟摆苗，再用土杂肥压根，可以避免因打穴定植而造成的根系入土过深、菜苗根部积水、缺氧等不良现象，由于油菜根部疏松透气，移栽后返青快，无烂根死苗现象。细碎肥土压根使菜苗成苗率比打穴定植的提高 15%～40%。

（4）改大水漫灌为人工泼浇抗旱 油菜移栽时如遇干旱天气，不利于菜苗成活，必须采取抗旱措施保苗。但抗旱方法不合理，也容易造成湿害。近年来，通过对浇水淋蔸、沟灌不上畦和大水漫灌三种抗旱方法进行比较，结果显示以浇水淋蔸的活苗率高，其比沟灌和漫灌的活苗率分别提高 22.6% 和 45.6%。实践证明，对久经干旱的油菜地骤然灌水浸泡，容易破坏土壤结构，造成土表板结，并形成"暗渍"，致使菜苗根部滞水，而发生水伤腐根。泼浇可避免土壤浸泡。有条件的可采用喷灌，效果更好。

38. 移栽油菜越冬期的田间管理技术要点有哪些?

油菜从播种发芽、出苗到现蕾抽薹称为苗期，一般约占全生育期的60%。各地冬油菜区移栽后，大田苗期根据气温和生育特点，可分为大田苗前期（彩图11）和苗后期。苗前期一般是从油菜移栽后到12月下旬冬至前后为止，气温由高到低，幼苗只根、叶等营养器官生长；苗后期大约从冬至（12月下旬）至翌年立春（2月上旬），油菜进入越冬阶段，也是全年气温最低的时期，从花芽开始分化起，便进入营养生长与生殖生长同时并进时期，但仍以营养生长占主导地位。在大田苗期加强管理，形成冬发壮苗，使越冬期幼苗生长健壮，养分供应充足，腋芽发育良好，能分化形成较多的一次有效分枝，同时主花序和次分枝花序上将分化发育出较多的花蕾，对增加单株有效一次分枝数和有效角果数，有十分重要的意义。移栽后的苗期管理技术要点如下。

（1）及时浇活棵水 菜苗栽入田后，要及时浇活棵水，促发新根。但应注意保证良好的土壤通气状况，否则易烂根死苗。因此，移栽时水要轻浇，尤其是黏质土壤的田块，遇到土壤过干时，以轻浇的效果最好，不要沟灌和漫灌。

（2）早施苗肥 油菜从苗期到现蕾阶段需要吸收的氮、磷、钾肥占全生育期吸收总量的43%～50%，苗期早施肥是促进叶片生长、增强光合作用、积累较多营养物质、实现壮苗安全越冬的重要措施之一。

一般分两次施苗肥：第一次在移栽后5～7天，看天看地追施活棵肥，如天气少雨干旱或土壤湿度小的田块，每亩用人粪尿500～750kg，或用尿素2～3kg加水1000～1500L浇施，使根、肥、土三者密接，增加土壤湿度；对天气多雨或田间湿度大的田块，则可直接追施速效氮肥。隔10～15天施第二次追肥，每亩用碳酸氢铵10～15kg或尿素5kg兑水1000～1500L泼浇。

苗期施肥要掌握如下原则：要根据品种特性、生长苗势、地力肥瘦、茬口和移栽时间等具体情况，确定施肥时期和用量。春性较强的品种，年前容易抽薹，苗期要适当控制，施肥不宜太多。相反，冬性较强的品种可以多施一些。壮苗、早栽、土质肥的田块可以少施，弱苗、迟栽、土质差的田块要早施、勤施、多施，配合中耕松土，促进早生快发。

（3）勤中耕，早除草　油菜田应进行中耕松土，破除土表板结，改善通透性，提高表土温度。一般移栽油菜成活返青后进行第一次中耕，这次要浅锄，主要是松动根部周围的土壤，使根部通气良好，加速新根生长。第二次中耕可在冬前，结合追施腊肥进行，这次要深锄，使肥料渗入土中，并进行壅根培土。

（4）清沟培土，查苗补缺　油菜移植1周后，结合施第一次苗肥，逐畦检查，发现死苗缺株，应立即用事先留好的预备苗带土补栽。以稻板茬育苗移栽为主的冬油菜区，土壤通气不良，地下水位高，越冬期雨雪天气多，易发生渍害，因此，移植时要做到爽田栽苗，在雨雪来临之前，要抓紧开深腰沟和围沟，清理畦沟，排明水、滤暗水，雨住田干，促使冬季油菜正常生长发育。同时，结合施腊肥进行2～3次中耕培土壅根。培土以7～10cm厚为宜。培土可提高土壤温度，又直接保护油菜根部，有利于根系生长，防止拔根。尤其是高脚苗，培土壅根后可使根颈变短，利于保暖。

（5）保温防冻　越冬期应做好保温、防冻工作，保证壮苗越冬，如培土盖肥、灌水防冻、重施腊肥、叶面喷肥等。使其长势长相达到下述程度：叶色浓绿，叶片厚实，根系发达，根茎粗壮，叶片开展而不下垂，孕蕾而不露，无冻害。

① 培土盖肥　在冻害来临之前，在油菜行间盖一层茅草、稻草等秸秆或在油菜行间培土、覆盖土杂肥，大苗培根、壮苗培心、小苗盖根，可抵挡寒风直接侵袭油菜根部；到气温下降到0℃时，还可在油菜叶片上撒一层谷壳灰、草木灰、火土灰等，以防止叶片受冻。

② 灌水防冻　油菜田在寒流来临前灌一次水，可稳定地温，供给油菜越冬期间的水分，有效地防止干冻；冻后灌水，应在晴天中午进行，以使受冻突起的表土层沉实下去，确保油菜根部与土壤紧密接触。

③ 重施腊肥　越冬前，在油菜行间追施火土灰或土杂肥，可提高土温2～3℃，起到冬施春发的效果。

④ 叶面喷肥　油菜冬前进行叶面喷施磷、钾肥，可提高抗寒能力；在越冬期间喷施磷酸二氢钾、活力素溶液，对缺硼的油菜喷施0.2％硼砂溶液。

（6）**控制早薹**　对早抽薹的油菜，可喷施多效唑药液，每亩用15%多效唑可湿性粉剂 35～50g，兑水 55～75kg，均匀喷雾，控制早薹。

部分半冬性和春性双低油菜品种在暖冬年份或早播早栽情况下，冬季生长过旺，出现年前抽薹开花，这些早薹早花易受冬春寒潮的影响，使蕾薹遭受冻害。对于有可能出现早薹早花的田块，可采取深中耕措施，损伤部分根系，延缓早薹早花现象的发生。对已经受冻的早薹油菜，应及时摘薹，以早摘为好，摘薹要选晴天进行，减少伤口面积。若油菜缺肥，摘薹后须及时施用速效肥料。

（7）**冻后管理**　寒流过后，及时培土扶苗；雨雪天气及早排除田间积水，避免渍水妨碍根系生长。解冻时，对油菜及时撒施一次草木灰或对叶片喷洒一次清水，对防止冻害和失水死苗有效果。

39. 移栽油菜蕾薹期管理技术要点有哪些？

油菜蕾薹期（彩图 12）是从油菜现蕾开始到初花为止的生育阶段，各地区冬油菜区是从 1 月底 2 月初至 3 月上旬，约 30 天。立春以后，气温逐渐回升，光照时间逐渐增长，雨量充沛等自然气候对油菜生长发育有利，油菜生殖生长也加速进行，油菜进入营养生长和生殖生长并进的旺盛生长期，这时是油菜需肥量最大的关键时期。但气温上升不稳定，风雨寒潮频繁，田间湿度大，易导致植株冻害和根系衰弱，使病害发生，严重影响产量。

因此，要根据土质、气候和春前施肥情况，结合苗情，进行科学施肥，可收到事半功倍的效果。特别是冬油菜区，油菜越冬期长，在遭受严重的低温干冻后，大部分叶片冻死，养分消耗多，如不及时追肥，就供应不了营养生长和生殖生长所需养分，对分枝、角果籽粒的发育都有严重影响，造成大幅减产。因此，要及时进行油菜春季田间管理，促进油菜春发稳长，协调营养生长和生殖生长、个体与群体的矛盾，争取枝多、角多、粒多，减轻病虫的危害。移栽油菜蕾薹期管理技术要点如下。

（1）**早施重施薹肥**　一是要看苗、看地、看天合理进行，以早发稳长、不早衰、不徒长贪青为原则。春季温度高、雨水多、地力肥沃、腊肥足，油菜长势强，应少施薹肥；气温低、土壤肥力差、油菜长势弱、薹茎紫红色且有早衰趋势的油菜要早施、重施薹肥。二是要氮钾搭配，在基肥施足磷肥的基础上，增施适量钾肥。三是要掌握施肥时间，对正常实现秋发冬壮的菜苗，薹肥一般在薹高 10～15cm、叶色褪淡落黄时施用，一般每亩施尿素 5～10kg（或碳酸氢铵 10～15kg）、氯化钾 5～7.5kg。施肥方法可采取开沟条施，雨前撒施或结合抗旱撒施后浇水均可，但要避免雨后或清晨叶片有水时撒施，造成肥害伤苗。

（2）补施硼肥　油菜是对硼素敏感的作物（甘蓝型比白菜型油菜敏感，杂交种比常规种敏感，优质品种比劣质品种敏感，晚熟品种比早熟品种敏感），当土壤中有效硼，即水溶性硼含量低于 0.5mg/kg 时油菜就会发生缺硼症状，这种症状花期表现为"花而不实"，当"花而不实"的植株较多时会导致大幅度减产，严重时可能绝收。在缺硼的土壤上增施硼肥，前期可促进发根壮苗，中期促长叶伸薹和增花增果，后期增加产量和含油量。根据有关试验结果，在油菜苗期和薹期施硼的增产效果最好，并可使菌核病的发病率降低，表明硼在油菜上既能防病又有增产作用。在山边沙性田和基肥未施硼肥的油菜田，应在初薹时和初花时两次补喷硼肥，喷用浓度（按硼重量）为 0.1%～0.2%，即 100kg 水用硼砂 100～200g，每亩约用 100kg 水溶液，喷施硼肥应选择晴天下午，喷施后 36 小时内遇降雨应重新喷施。

（3）排水降渍和抗旱保墒　南方油菜区春季后雨水明显增多，易造成田间含水量过高，土壤通气不良，妨碍根系生长扩展，阻碍养料吸收，造成烂根死苗，生长发育不良，容易导致后期早衰和倒伏。同时也利于病菌繁殖和传播，致使菌核病等病害大量发生和蔓延，严重影响产量。因此，要在冬前开沟的基础上，春后及时、全面、彻底地清沟降渍，确保水系畅通，做到雨住田干，严防雨后积水渍害。

北方油菜区，蕾薹期气候干燥，雨量少，常出现干旱，应根据墒情适当灌溉，对春发不利的油菜田块要结合施肥早灌，以水促肥，对水势旺盛的油菜，推迟灌溉。

（4）中耕除草　随着雨水增多气温升高，杂草生长迅速，土壤易板结，因此，在早春油菜封行前应及时中耕除草，疏松表土，提高地温，改善土壤理化性状，促进根系发育。同时中耕有切断菌核病病菌子囊盘柄、埋没子囊盘和减轻菌核病发生的作用。中耕原则为：旺苗深，弱苗浅，田干浅，沙土浅。在中耕过程中应精细操作，不要伤苗、伤叶。

（5）化控防倒伏　油菜蕾薹期是油菜进入营养生长和生殖生长

两旺的时期，但仍以营养生长占优势。在气温高、前期施肥量多、密度大的情况下，营养生长和生殖生长易失调，造成植株生长过旺，田间通风透光差，表现为油菜茎秆嫩绿，叶片较大，从而导致病虫害的发生，植株的过早倒伏，产量显著下降。可采用生长调节剂多效唑，在油菜蕾薹期进行叶面喷施，可有效控制抽薹速度，降低主茎和分枝高度，对叶长、柄长、叶宽均有一定的抑制作用，增强抗倒伏性，降低菌核病的发生程度，提高油菜产量。使用方法为每亩用15%多效唑可湿性粉剂40～50g兑水40L喷雾。

（6）春寒冻害的预防　预防冻害，除选用耐寒品种外，还要科学施用基肥，氮、磷、钾肥要合理搭配。蕾薹严重受冻时，可以选择晴天温度较高时，用利刀割除冻茎，割薹后迅速追施速效肥料，促进分枝抽生，以补偿角果损失。

（7）防治病虫害　油菜蕾薹期菌核病、病毒病、蚜虫、潜叶蝇等病虫害普遍发生，在初花期后1周用50%多菌灵可湿性粉剂500～1000倍液或菌核净可湿性粉剂1000～1500倍液喷洒植株中下部，每次每亩喷洒药液80～100kg，防治菌核病。

40. 移栽油菜花角期管理技术要点有哪些？

油菜花角期是指油菜始花到成熟的一段时期，包括开花期（彩图13）和角果期（彩图14）。开花期只有少量营养生长，以生殖生长为主。抓好油菜开花结角期的田间管理是夺取油菜高产的最后关键。花角期要注意防止油菜营养不足或氮肥过多，通过巧妙地施花肥、粒肥，以减少阴角，防止脱落，提高结角率、结籽数和粒重，提高含油量。此外，要注意抗旱防渍，及时摘除老黄叶，预防倒伏。移栽油菜花角期管理技术要点如下。

（1）巧施花粒肥

① 补施花肥　油菜属于无限花序作物，开花期长，具有边现蕾、边开花、边结荚果的特点，开花结果需要大量养分供应，适量补施花肥，可使油菜多结实，增粒增重。但这时植株高大，施肥不便操作，一般采取根外追肥补充的方法，在初花至终花期选择晴天下午无风天气，用1%过磷酸钙或磷酸二氢钾，0.2%～0.3%硼酸溶液或"喷施宝"5mL兑水50kg进行叶面喷施，间隔7天一次，连续喷2～3次。对长势较差的，可在配好的磷酸二氢钾溶液中加入300g尿素混喷。

②增施钾肥 油菜春季增施钾肥，可以增强抗倒伏、抗病、抗寒、抗渍能力。特别对缺钾土壤、沙质田、杂交水稻田，春季增施钾肥，能收到明显的增产效果。油菜施钾肥，一般在2月下旬至3月上旬进行，亩用草木灰150～200kg撒施，或施氯化钾15kg。

③粒肥 油菜早衰会导致终花期提前，结实率和千粒重下降，产量明显降低。从盛花期到终花期，如果出现早衰、终花提前、叶色淡绿的油菜，在终花期前可采取叶面喷肥的措施，及时补充营养，一般每亩每次用磷酸二氢钾150g和尿素0.5～1kg，兑水75kg稀释后喷布全株，喷施2～3次，可延长角果皮以及薹茎等绿色部位的功能期，从而增强光合作用，满足籽粒饱满的需要。但是凡长势正常，以及茬口衔接较紧的油菜，一般不宜施用粒肥，以免造成贪青迟熟。

（2）清沟降渍 花角期需水量较大，遇旱时应及时灌水，但此时南方油菜区常常雨水较多，造成渍害，使根系生长受阻，引起倒伏，易导致早衰，降低吸收功能，严重时植株枯萎死亡，同时田间湿度过大还会加重病害。花角期雨水较多时，要抓好清沟理墒、清沟排水降湿的工作，控制地下水位，防渍害及病害。干旱少雨时，要保持一定的田间湿度。

（3）摘除老黄叶 摘除老黄叶有利于通风透光，减少病虫来源。通常选择晴天摘除植株下部的老黄叶片，并带出田外，但不能摘太早或太多，否则影响产量。

（4）防治菌核病 菌核病在开花期和角果发育期发生最多。农业防治上，实行水旱轮作，深耕，处理田间残茬，减少病害侵染源；用药剂拌种，播种无病种子；加强栽培管理，提高植株抗病能力。药剂防治上，以在盛花期和终花期各喷1次药效果最好。每亩每次用40%多·酮可湿性粉剂（禾枯灵）100g，50%腐霉利可湿性粉剂50g，或40%多·硫悬浮剂200g，加水75kg配匀后，均匀喷布于植株中下部茎、枝、叶和上部花序上。

（5）打顶促熟 油菜适时打顶能抑制顶端生长，减少无效消耗，减少花角脱落和荫荚不实，增粒增重而增产。打顶还可促使提早成熟，有利于早腾茬口抢季节种植后茬，特别是油菜茬早稻的早插。油菜打顶一般在3月下旬～4月上旬，长势好的重打，摘除顶部花蕾15朵左右，长势差的迟打轻打，摘除花蕾5～10朵，注意打顶应在晴天露水干后进行。

（6）**预防倒伏**　选用抗倒伏性强的品种，合理密植，科学施肥，移栽要适当深些，要开好深沟，降低地下水位，做好各时期的中耕松土，并及时培土壅根等，增强植株抗倒伏能力。

41. 直播油菜冬前及越冬期管理技术要点有哪些？

直播油菜由于播种较迟，冬前有效生长期短，播种后气温相对较低，难以争取较多的临冬绿叶数，所以营养体较小，从而也就限制了春后的有效分枝数。直播油菜在越冬或早春遭受寒流侵袭，常常会发生冻害，由于其苗体小，冬前根系不发达，地上部生长幼嫩，冻害往往比移栽油菜严重。尤其是前茬水稻采用机械收割、秸秆全量或部分还田的田块，由于稻草覆盖较厚，油菜出土后一直生长于一个相对较为温暖的环境之中，虽具有幼苗生长快，能够缓解季节矛盾的优点，但因未经历炼苗过程，长势旺，苗体幼嫩，抗逆性较弱，遇寒流袭击冻害严重，会因叶片细胞内及细胞间隙内结冰，细胞失水，而导致叶片僵化，严重的甚至会出现因失水而全叶萎蔫，导致死苗。直播油菜冬前及越冬期管理技术要点如下。

（1）**施足基肥，追施苗肥**　一般稻后直播油菜在播种时，每亩施腐熟猪粪1000kg或复合肥50kg；稻田套播的直播油菜，在水稻收割后即施用。由于双低油菜对硼肥较为敏感，还应施硼砂0.3kg。没有条件施用农家肥或复合肥的地区，可施用一些速效化肥，但一定要做到磷、钾、硼肥配合施用。

直播油菜追肥，一般在齐苗后追施1～2次薄粪水；在3叶期追施1次壮苗肥。这是因为直播油菜受前茬成熟期限制，播种较迟，应充分抓住5叶期前的较高气温，促使油菜在氮素代谢的旺盛期，吸收较多的氮素，加快细胞的增生速度和出叶速度，使光合面积迅速扩大，开叶发棵，保证油菜在冬前来临时具有一定营养体，为翌年开春后的营养生长和生殖生长奠定基础。追肥数量可根据油菜品种春性以及长势来定，一般每亩追施苗肥为尿素5～7.5kg。春性强的品种和长势弱的油菜宜适当多施；反之，春性弱的品种和长势好的油菜应适当少施。

（2）**配套沟系，适时清理**　直播油菜前茬以水稻田为主，土壤潮湿黏重，而且秋冬交替季节雨水多，喜湿润但不耐渍水的油菜，尤其是播种迟、苗体小的直播油菜，受到影响较大。土壤含水量越高，持续时间越长，烂根死苗率也就越高，对于直播油菜来说，也就失去了意义。直播油菜应强调开深沟，因为直播油菜扎根较深，如果沟系太浅，只能排除地面水和土壤表层水，而不能真正排除居于地下水之上的浅层水，由于浅层水是随水、旱情况而变化的，雨水多时，浅层水水位高，对直播油菜根系的深扎十分不利。

此外，在天气干旱的情况下，开好深沟还能为沟灌抗旱、快灌快排创造条件。直播油菜一般要求隔 2～3 畦开 1 条畦沟，沟深 30cm 左右；田块当中开腰沟，沟深 40cm 左右。机械播种的直播油菜，在播种时每畦的畦沟虽已由机械直接开好，但由于机械作业时需在田头田尾转向调头，所以畦头畦尾与外围沟的连接处还应采用人工开通开好。同时，为防止沟系坍塌等造成沟系堵塞，还应做好沟系的清理工作，确保沟系畅通。

（3）化学调控，培育壮苗　油菜在 3～4 叶期使用多效唑或烯效唑具有十分显著的矮化株型、增叶壮根作用，可使叶色转深，叶缘增厚，绿叶和叶面积增加，根颈增粗，叶间距缩短，抗逆性增强。这项技术措施对于直播双低油菜来说甚为重要。对于前茬水稻为全量或部分秸秆还田的田块，使用多效唑或烯效唑培育壮苗，增强抗逆能力，是一项必不可少的关键技术。使用方法是：12 月中旬，直播油菜达到 4 叶时，每亩用 15％多效唑可湿性粉剂 50g，兑水 50L，叶面喷雾。

（4）防治虫害　直播油菜，尤其是播种较早的直播油菜，往往蚜虫危害较重，应做好蚜虫防治工作。

42. 直播油菜春季和春后管理技术要点有哪些？

直播油菜进入春发阶段后，与移栽油菜一样，植株营养生长加速，并由开春前的营养生长为主，转入蕾薹期的营养生长与生殖生长并进，至开花期的生殖生长占优势，一直到终花期的营养生长基本停止。虽增长迅猛，但受其越冬营养体的限制，个体仍然偏小。而且，蕾薹期和花期都较移栽油菜短。直播油菜盛花期以后，根系活力同样会逐渐下降，具光合优势的叶片也逐渐被日益增大增厚的角果层所取代。因此，角果层的大小、厚薄等直接影响到油菜籽粒产量的高低。据研究，直播油菜的结角层厚度可达 80～100cm，但角果主要集中分布在中上部的 40cm 范围内；大角果的经济性状好于小角果；随着结角层的下移，无籽角果增加，有籽角果减少，角果经济性状变差。在高产栽培上，应通过栽培措施改善结角层受光条件，使结角层中上部形成大角果。直播油菜春季和春后的主要管理技术要点如下。

（1）薹肥蕾施　双低油菜春性较强，春发期间易出现营养生长过旺的现象，影响油菜产量的提高。此外，薹茎抽生过高，也不利于机械收割。薹肥蕾施可以促使春发势较强的双低油菜品种的间短柄叶在薹茎的伸长期和充实期能合成较多的碳水化合物，而不使薹茎过分伸长，从而有效地控制油菜的无限生长，适应机械收割对油菜个体生长的要求。同时，薹肥蕾施使直播油菜在薹期分枝抽出时即能获得充足的养分，并为直播油菜在一生中的第二个营养积累高峰积累有效养分奠定了基础。因此，能促进一次有效分枝和大中角果的形成，以及单株有效角果数的增加，保证直播油菜有一个较为合理的个体和群体生长环境，为夺取油菜高产奠定基础。薹肥施用量一般为每亩尿素10kg 左右。

（2）清沟排渍　土壤水分过多，对直播油菜机体的各器官都会造成损害，尤其不利于根系的生长和保持根系的活力。春季雨水多的年份，有时会导致控水不长，油菜僵、老、红、瘦，春季不发；有时则会造成水发疯长，因营养生长过旺，影响生殖生长。同时，直播油菜由于密度较高，遇多雨年份，田间湿度过高，易造成菌核病的发生。所以，春季防涝渍是确保直播油菜春发稳长、保持根系活力、控制菌核病发生、不早衰的重要条件。防涝渍的主要措施是：经常清理田内外沟系，保持沟系畅通无阻，防止雨后田间积水。

（3）适时收获　目前，直播油菜的收获方式已由单一的人工收获，发展到部分地区尝试开展小型机械收获。常见的有两种机械收获方式：一是分段收获，先由人工或割晒机切割铺放，利用作物后熟机理晾晒后再用联合收获机捡拾、输送、脱粒、秸秆还田；二是联合收获，利用油菜专用收获机或稻麦联合收割机进行收获。

🌼 43. 如何做到油菜秋发？

（1）选用品种　秋发栽培要求选用增产潜力大、抗逆性强、高产、稳产的中迟熟甘蓝型油菜良种。

（2）早播种　油菜一生中的总叶片数与分枝的分化、生长存在密切的线性关系，提早播种，能充分利用温光资源，有助于形成较多的主茎总叶数，从而分化形成更多的分枝和角果数。通常以油菜进入花芽分化始期与越冬始期基本同步为准，来推算播种期，此时油菜抗寒性最强，而且还不会导致早薹早花现象发生。目前生产上油菜品种多为主茎40叶左右，长柄叶约占一半的品种。当长柄叶全部抽出时，花芽开始开花。因此，高产油菜以冬前叶龄达到20叶左右为宜。育苗播种期在9月上旬最好。

在适期播种的基础上，采取有效措施培育健壮苗。健壮苗的主要指标：株型矮壮，根系发达，根颈短，粗0.6～0.7cm，最大叶柄长不超过叶长的1/2；苗龄30～40天，叶龄7～9叶，具有6～8片绿叶，苗高18～20cm；叶色浓绿，老嫩适度；无病虫害。主要措施包括：培肥苗床，精整畦面，苗床面积与大田面积比例为1：（5～6）；每亩播种量0.5～0.6kg，每亩苗床留苗8万株左右，均匀播种。

（3）早间苗、早定苗 一般苗床间苗2～3次，第一次在齐苗时进行，主要是间除丛苗，不使幼苗密集丛生；第二次在出现第一片真叶时进行，要求叶不搭叶，苗不靠苗。苗距3～5cm。出现3片真叶时进行定苗，苗间距以6.7～8.3cm为宜。去弱苗留壮苗，去小苗留大苗，去杂苗留纯苗，去病苗留健苗，去密苗留匀苗。

（4）早追肥 苗期的追肥次数和施用量应视幼苗生长情况确定。2～3片真叶时，如果叶色由绿转黄发红，生长缓慢，应立即追肥（尿素3kg/亩）提苗。生长到5片真叶根系比较发达时，应适当控制肥水，促使秧苗老健，达到壮苗移栽的标准。

（5）早治病虫 油菜苗期是治虫的关键时期，因此治虫一定要治早、治小，力争把害虫消灭在发生初期和部分地块。油菜苗期主要加强蚜虫、菜青虫等害虫的防治。在油菜初花至盛花期，加强对菌核病等病害的防治。

（6）促矮壮 在油菜3叶期喷15%多效唑可湿性粉剂50g或5%烯效唑可湿性粉剂20g，兑水50kg，能促使油菜壮根、增叶、茎脚变矮，防止徒长。经过多效唑或烯效唑处理过的大壮苗，移栽到本田之后，还能有效地防止油菜早薹早花现象。有利于高产稳产。

（7）早栽苗 适期播种后，当菜苗达到预期的适宜叶龄时，应及时移栽。适期早栽，有助于油菜及早活棵长根，充分利用冬前有效生长期。移栽过迟、过早均不利于形成秋发冬壮的高产群体。生产上，在前作让茬后要求及时开沟、整地、作畦施肥。一般要求移栽苗龄30～40天，10月上中旬大量移栽，以充分利用秋季较高气温，快活快长，12月底达到秋发的标准。移栽密度为每亩6500～7500株。生产上，实行大小行搭配种植，有利于改善通风透光条件，特别是生育后期结果层中下部的光照条件，同时也便于后期田间行走操作管理。

（8）**防寒保温，降渍防旱** 冬油菜经历从冬季至早春季节，常遇到旱、涝、冬季低温和倒春寒天气，易对各器官的生长造成不同程度的伤害，甚至造成大量死苗。在秋发冬壮栽培条件下，由于播种期早，施肥量大，冬前营养生长旺盛，器官组织比较柔嫩，容易遭受损害。因此，应加强抗逆应变，在冬、春季节及时清沟理墒，提高排灌能力，降渍抗旱。越冬前每亩用15%多效唑可湿性粉剂60～80g兑水化控1次促壮抗冻。

44. 油菜冬发的措施有哪些？

（1）**选用适于冬发的油菜品种** 中熟品种对低温要求不甚严格，对温度的适应范围比较大，这类品种苗期生长较快，较容易达到冬发水平，比较稳定，且抗寒性较强，春后生长势强，产量也高，是油菜冬发的较好品种。

（2）**适时早播** 适时早播是保证油菜"冬发"的关键。油菜的适宜播种期应根据不同地区的气候条件、品种特性和栽培制度等决定。在长江中游地区，一般要求在9月中旬播种，使油菜越冬前长出17～20片真叶（绿叶数为10片左右）。

（3）**增施有机肥** 做到合理施肥，即应做到施足基肥，基肥追肥并重，重施冬苗肥，早施催薹肥。基肥施用充足，苗期生长良好，为枝多果肥打下基础。油菜基肥用量一般占总施肥量的50%～60%。施肥结合中耕或抗旱，早施勤施。在越冬前重施一次腊肥，以保证越冬期间根系生长和花芽分化对养分的需要，能起到越冬防寒的作用，对春后生长发育有利。春后则应看苗早施薹肥。

（4）**培育大壮苗移栽** 留足苗床，要求苗床面积与大田的比例为1∶5；在丘陵山区有旱地的，可安排芝麻、花生、大豆茬作苗床；整地施肥，适时早播，稀播匀播，加强苗床管理，及时间苗、定苗，防止高脚苗。抗旱保苗，防治病虫害，特别是蚜虫，不仅危害菜苗，而且传播病害，应及时用药防治。

（5）加强田间管理　抢早移栽，合理密植，在种植方式上，宜适当放宽行距，缩小株距，或采取宽窄行的方式，这样有利于通风透光，对油菜生长发育有利，也便于田间管理。冬前中耕 1～2 次，进入越冬时适当培土，保证菜苗安全越冬。

🌱 45. 油菜冬季管理技术要点有哪些？

油菜冬季管理对夺取油菜优质高产十分重要，主要应当把握好以下几点。

（1）及时查苗补苗　无论是移栽油菜还是直播油菜，都要做好查苗补苗工作，发现有病虫苗、伤苗和死株要及时补栽。遇到有较大面积缺苗的情况时，可用密集菜苗进行带土移苗补栽，并立即对移栽苗浇定根水，加强管理促进大面积平衡生长。

（2）早施壮苗肥，抓好化学除草　油菜苗期生长时间较长，需要养分多，移栽油菜田如果已施入底肥，壮苗肥应施入速效化肥，如每亩施尿素 5～7.5kg；如果未施底肥的应每亩施入复合肥 30～40kg、尿素 3～5kg、硼砂 1～1.5kg。施肥后结合中耕松土，用土将肥料覆盖在油菜根系周围。

直播油菜间苗定苗后，要及时早施壮苗肥，每亩用碳酸氢铵 10kg 加尿素 4kg 兑水泼施，或每亩施用稀薄人畜粪尿水 1500～2000kg，或每亩追施油菜专用肥 10～12kg，充分利用越冬前后这段较高温度的时段，促长绿叶片，促根茎增粗。同时，田间管理上要抓好化学除草，每亩用 5%精喹禾灵乳油 25mL，兑水 40kg 喷雾，防除田间一年生和多年生杂草。

（3）中耕培土　结合中耕进行培土、松土，不仅可以使土壤疏松、提高土温，达到有效保护根系生长的作用，还可以对油菜的生长产生一定的抑制作用，可以有效防止油菜早薹早花。同时，松土还可以改善土壤的透气性能，有利于油菜植株的正常生长。

一般要求中耕培土 2 次，第一次结合施追肥进行，第二次结合施腊肥进行。中耕培土适当用细土培蔸，减少漏风伤苗，能促进根系发育良好。尤其是在雨后或浇水后更应及时中耕，春节后完成最后一次中耕，深度一般以 7～10cm 为宜。

（4）重施冬肥（腊肥）　油菜施用腊肥有双重作用，一方面保温防冻，另一方面可供应越冬期和抽薹开花期的营养，保证后期平衡生长。施用腊肥应以农家肥为主，一般每亩用土杂肥1200～1500kg，或半腐熟的厩肥1000～1200kg，或火土灰肥900～1000kg，拌和草木灰100kg在油菜封行前施于行间株边。油菜苗情生长势较差的，可适量补施速效氮肥，以12月下旬至1月上旬施用为宜。肥料施用后要及时结合中耕，将肥料掩入土中。

油菜对硼肥的需求量大，因此要多施硼肥，防止因缺乏硼肥而影响植株生长，不利于油菜过冬。

（5）冬灌 入冬以后如久晴少雨、土壤发白，在极端气温出现前应进行灌水或浇水，可以有效增加土壤热容量，缩小昼夜温差，改善田间小气候，防止干冻死苗情况的发生。注意灌水不能太多，以防造成渍水。寒流来临前，气温在5℃左右时，灌一次水，以稳定地温，防止干冻。

板茬免耕油菜可采取沟灌，灌水至沟深三分之二即可，不能漫灌和久灌，以免油菜根系缺氧，冻后灌水应在晴天中午进行，使受冻突起的表土沉实，确保根系和土壤紧密结合。

（6）清沟排渍 对地下水位高的油菜田，要严格控制地下水位，以防渍害以及病虫害，要注意清沟排渍，避免渍水成冰，加重冻害。雨水较多时要清沟排水降湿，确保水系畅通。少雨时，要保持一定的田间湿度。

（7）撒施草木灰 利用草木灰疏松多孔、吸热性能强等特点，在霜冻出现前，在地面撒施一层草木灰或谷壳灰，能提高地面土温。天气骤变，其他措施来不及时，可在叶面撒施一层草木灰或谷壳灰防冻。

（8）及时摘除早薹早花 因品种春性偏强、播种过早、秋冬季气温高、天气干旱、播种密度大、移栽偏迟等因素，容易造成油菜早薹早花，抗寒抗病能力下降，容易受冻，导致死株、死蕾，因此要加强对早薹早花的防治。

① 喷施多效唑 对有早薹倾向的油菜田，应在植株叶面均匀喷施100mg/kg多效唑药液，以抑制植株过快生长，促进植株矮壮。

② 及时摘薹 对已早薹早花的油菜田，要及时摘除主薹，减少营养物质无效消耗，促进一、二次分枝形成，弥补产量损失。一般在晴天摘薹，寒潮来临时不宜摘薹，以免伤口受冻腐烂和感染病菌。摘

薹后，每亩施尿素 2～3kg，促进植株健康生长。

（9）喷施叶面肥 对黄叶多、暗黑褐色或紫红色叶片较多的二、三类油菜田，应在追肥后及早用 0.3% 磷酸二氢钾、0.1% 硼肥等叶面肥喷施，连喷 2～3 次，间隔期 5～7 天。或喷用油菜易于吸收的中微量元素，促使叶片转化，促使二、三类苗升级。

（10）病虫防治 油菜上害虫主要是蚜虫、黄曲条跳甲、菜青虫等，吸取油菜叶片汁液，造成菜苗瘦弱枯黄，并引发油菜病毒病。当百株油菜有蚜虫 500 头以上，或田间有蚜株率在 20% 以上时，立即开展药剂防治，每亩可用 10% 吡虫啉可湿性粉剂 30g 喷雾，可兼治菜青虫、黄曲条跳甲等害虫。病害主要有菌核病、霜霉病等，防治时要适时适量用药，保证油菜健康越冬。

46. 油菜春季管理技术要点有哪些？

春季是油菜生长最旺盛的季节，也是油菜形成产量的关键时期。此阶段若管理得当，对油菜增加有效分枝、增加有效角果数、减轻病害、延缓衰老、提高千粒重、提高产量均有显著作用。油菜春季田间管理，应掌握以下几点。

（1）追肥 在施肥方面，主要是巧施蕾薹肥。对基肥不足，又没有追施腊肥，苗较弱、长势差的油菜，应该早施、重施蕾薹肥；对长势一般的油菜，蕾薹肥的施用时间应推迟到明显起薹，即薹高 13～15cm 时追施；对长势过旺的油菜，蕾薹期应控制施氮，可以撒施草木灰或喷施磷酸二氢钾，补充磷、钾肥。

（2）保花 一般在蕾薹到初花期，每亩用优质硼砂 100g，兑水 40～50kg，抢晴天喷雾 1～2 次，每次间隔 7～10 天。油菜盛花期如果遇到干旱天气，除了喷硼外，还应该适当浇水，增加田间空气湿度，提高土壤中肥料的有效性，满足油菜旺盛生长期对水肥的需求，这对保花增角有显著作用。另外，在油菜开花期，用拉绳或竹竿等工具进行人工辅助授粉，对提高结角率、增加角粒数和千粒重也有一定效果。

（3）防倒伏 首先，春季要结合中耕除草培土固根、清沟排渍，增强油菜根系活力与抗倒能力；其次，在蕾薹期要控制施氮，防止油菜长势过旺、组织柔嫩、植株过高、患病倒伏；再次，要加强对菌核病防治，确保油菜茎秆坚挺，不被菌核病破坏；最后，对地边的油菜从花期开始牵绳拦护，防止地边油菜率先倒伏。

（4）**防渍** 开春后，雨水逐渐增多，应及时排水防渍，春后必须清理"三沟"，排除田间积水，以消除渍害。

（5）**防冻** 一是要合理施肥，加强管理，使油菜生长健壮，增强抗冻能力；二是要控制油菜生长发育进程，不能让油菜过早抽薹开花，对早薹、早花的植株要打顶摘心，喷施多效唑，促发分枝、增强抗寒能力；三是对冻伤的油菜薹要抢晴摘除，摘薹时保留薹桩 10cm 左右，同时追施速效氮肥，促进油菜早发新枝、尽快恢复生机；四是做好后期叶面喷肥，增加油菜角粒数与千粒重，尽量减少产量损失。

（6）**防病** 防病是油菜春季管理的重点。应及时摘除油菜基部老叶、病叶、黄叶，改善田间通风透光条件；在油菜易感病季节撒施"黑白灰"（石灰与草木灰的等量混合物），恶化病菌孢子萌发与生长环境，此做法对控制油菜春季病害也有一定作用。油菜春季病害有菌核病、霜霉病、白粉病、病毒病，应对症用药，及早防治。

（7）**治虫** 春季油菜蚜虫繁殖加快、活动频繁，且传播油菜病毒病，应适时早治。防治蚜虫关键是要抢在蚜虫扩散前，将药剂喷到蚜虫群居危害的重点部位，如叶背。蚜虫多的地方要适当重喷，尽量将其消灭在点片发生阶段。

🌱 47. 冬油菜栽播推迟如何防病虫促春发？

冬油菜若遇秋季连续阴雨天气，播栽期推迟，越冬期又遇冰雪低温，冬春季节性干旱，大部分苗情长势偏弱。油菜管理应以"促进春发、防病治虫、防灾减损"为重点。

（1）**增施薹肥促春发** 油菜秋冬季生长量普遍不足，促进春发是油菜苗情转好的关键，也是预防倒春寒和后期脱肥早衰的重要措施。一般田块可在 3 月初，每亩施尿素 6～8kg 或硫酸铵 12～15kg。对冬春季节性干旱较重田块，应抢雨天追施或结合补水浇施。对迟播田块，薹肥施用应注意氮磷钾平衡，防止偏施氮肥导致后期倒伏。

（2）**清理沟渠防涝渍** 长江流域春季雨水偏多，如前茬为水稻，土壤含水量会更高。田间湿度大，不仅不利于油菜根系生长发育导致后期易早衰和倒伏，而且加重病害发生和传播。要在冬前开好"三沟"的基础上，开春后及时清理沟渠，保持"三沟"畅通，确保雨停田干无积水。

（3）**防病治虫提单产**　油菜产区越冬期若低温雨雪天气多，植株普遍易受冻，抵御病虫能力下降，后期有病虫害加重发生的可能。建议采取"一促四防"措施，于初花期喷施适宜药剂，促进生长结实，预防病虫为害。对于冬春季节性受干旱影响的地区，一般蚜虫发生较重，要在抽薹开花期选用适宜药剂防治。有条件的地方可推广无人机或大型机械喷雾，提高防效和效率。

48. 怎样防治油菜早薹早花?

　　油菜早薹早花现象（彩图15），是指油菜在冬前和冬季抽薹、开花的一种不正常的现象。这种现象与品种特性、播种期、移栽期、秋冬季气候以及营养状况等条件有密切关系。一般晚熟甘蓝型油菜品种很少在年前开花，而早中熟品种在冬前或冬季开花的现象常有发生。早播种的多，晚播的少；同一播种期弱苗的多，高脚苗、老僵苗的多，苗势壮的少；旱地油菜多，晚稻茬的油菜少；冬季气温偏高的多，偏低的少；移栽后管理不及时，养分不足，营养生长不良，生殖生长提前，也容易发生早薹早花现象。早薹早花使油菜在冬前消耗了体内大量养分，抗寒抗病能力明显下降，容易受冻，导致死株、死蕾，若不积极采取措施，对产量将造成一定影响。因此要加强对早薹早花的防治。

　　（1）**适时播种**　根据品种的不同特性选择适宜的品种并确定好适宜的播种期。冬性强、成熟迟的品种可以适当早播；春性强的品种要适当晚播，因此在购买种子时一定要看清说明或向零售店人员咨询品种特性。及时间苗定苗，加强秋冬管理，开深沟、勤松土，适当增施肥料，及时浇水抗旱，使油菜保持旺盛的营养生长，相应可延迟和推迟生殖生长的过程。

　　（2）**中耕松土**　对有迹象出现早薹早花的田块要尽早中耕松土，进行8~10cm的深耕，可切断一部分根系，对油菜的生长产生一定抑制作用，从而推迟抽薹进程。松土还可切断土壤毛细管，减少水分蒸发，增强土壤透气性能，有利于油菜植株的正常生长。

　　（3）**合理追肥**　结合中耕松土，及时追施速效氮肥，以弥补植株体内的营养不足，延迟油菜营养生长向生殖生长的过渡，防止早薹早花。但施肥要根据苗的不同而有所不同，如播种早、植株生长旺盛并且已经抽薹的，一般不宜施肥；对于黄瘦的抽薹苗，就应及时重施速效氮肥，这样不但能预防或减轻抽薹、开花，而且有利于春后生长发育。越冬期间，在阴雨过后应抢墒适时适量补施肥料，每亩施尿素3～4kg、氯化钾2～3kg，开花前每亩根外喷施0.2%的硼砂水溶液50kg。

（4）化学调控 对早栽、生长特别旺或即将抽薹的田块，要加强化学调控，通过喷施多效唑等生长延缓剂，控制上部生长，促进根系的生长，延缓生育进程，增强抗寒抗逆能力。每亩用15%多效唑可湿性粉剂30～50g兑水50kg均匀喷雾。同时，可在地面撒施一层草木灰，以提高地面土温。

（5）及时摘薹 摘薹具有促进分枝、增加果荚数、提高产量的作用。对已早薹早花的油菜田要及时摘除主薹，从11月中旬至立春前现蕾开花的植株要坚决打薹，发现一株摘除一株。减少营养物质无效消耗，促进一、二次分枝形成，弥补产量损失。

当油菜薹抽出并长到10～23cm时是摘薹最好的时机，最好用快刀割除，不能手摘除，尽量缩小伤口面积，以利于伤口愈合，可用消过毒的小刀片斜割摘去10～13cm薹为度。摘薹宜在晴天中午气温较高时进行，在寒潮到来时不宜摘薹，以免伤口受冻腐烂和感染病菌。摘薹后必须及时追施速效肥料，一般每亩追施尿素2～3kg，或人畜粪尿1500kg，以促进伤口尽快愈合和分枝迅速萌发，弥补摘薹带来的损失。

49. 怎样对油菜打薹促进增产？

实践表明，无论是白菜型、芥菜型还是甘蓝型油菜，正确打薹都能表现出显著的增产效果，增产率在15%～25%。打薹后，能使植株及单株各分枝生长整齐，花期集中，因而成熟一致，便于收获。打薹后，能使分枝生长健壮，秆矮、节短，大大减少了菌核病等病害的危害和蔓延。

油菜打薹原则上是打早不打晚，打壮不打弱，打肥不打瘦，打稀不打密。具体操作时要按照油菜的品种、长势、密度和肥力来确定。从品种来说，分枝性较强的匀枝型品种，可进行打薹；从密度上来说，亩株数在6000棵左右的适宜打薹。打薹应在初蕾期进行，若在主薹的第一朵花将要开放时才摘心，增产效果不明显。打薹长度以3.5cm左右为宜，占薹高的1/5～1/3。打薹时应选择在晴天露水干后进行，否则易感染病菌或受冻害。

50. 如何防止油菜蕾薹期早春疯长？

开春以后，油菜生长加快，管理不当易疯长（彩图 16）。

（1）主要表现　封行早、短柄叶过大且翻转、"平头高度"过高、薹茎易开裂、棵间荫蔽、湿度大。油菜疯长以后，往往使抽薹肥难以施下，导致后期营养不足。因此，必须加以控制，防止菜苗过旺，出现疯长。

（2）防止措施

① 控制春季肥料　油菜疯长的主要原因是施肥不当。一般冬发型油菜，冬季用肥过多，春季气温回升以后，肥效得力，发挥上劲，油菜加速生长，使油菜株型超过正常生长的长势长相，因此，根据前期投肥情况，严格控制春季氮肥的施用，特别是施返青肥要慎重，以少施或不施为宜。

② 控制叶片数量　高产油菜需要较大群体。每亩产 200kg 的田块，一般早春（2 月中旬）油菜主茎绿叶数达 15 片左右，地面全部覆盖为理想的长相。但疯长的油菜，单株主茎绿叶达 20 片以上，叶片互相遮盖，叶色绿中带白，棵间荫蔽严重。将油菜根部的黄叶和老叶摘掉，可改善通风透光条件，降低荫蔽度，促进油菜健壮生长。同时，要清沟防渍，降低田间湿度和地下水位，健根防倒伏。

③ 控制生长速度　疯长油菜出叶速度快、叶片大，每亩可用 15% 多效唑可湿性粉剂 150g 兑水 50kg 喷洒，可控制生长，减慢出叶速度，达到控旺促壮的目的。

51. 如何防止油菜薹花期出现裂秆？

春后气温回升，肥水过多、猛发疯长的油菜，往往把茎皮撑破，使茎秆开裂（彩图 17），俗称"裂秆"。这种不正常的现象大多出现在薹花期。

（1）表现症状　茎秆开裂后，茎秆表面的蜡质层、角质层和表皮组织受到破坏，病菌容易侵入，引起病害；开裂的部分，输导系统破坏，阻碍了秆内养分和水分的输送，分枝、蕾花缺乏养分、水分，不孕花增多，蕾果脱落增加，影响产量。此外，油菜裂秆后，植株抗倒伏能力减弱，易断秆绝收。

（2）产生原因

油菜裂秆，主要是薹肥施用不当引起的，薹肥施用过量，造成油菜疯长猛发，茎秆内细胞分裂速度加快，而茎秆表皮细胞分裂却相对较慢，因而秆内细胞与表皮细胞之间形成了一种挤压力，一旦这种挤压力超过表皮细胞的承受力，油菜茎秆即出现开裂现象。

此外，缺硼会加重油菜的茎秆开裂。

春季油菜处于茎段快速抽薹生长期，此时如遇寒潮气温陡降而后又快速恢复的天气，叶片受冻披垂后可快速恢复；茎表皮细胞受冻则不同，轻度裂口能够恢复，但重度裂口深至茎内部，由于薹茎细胞含水量高，地表土壤含水量适中，地下土温上传快，因此低温对根系影响小，茎的增粗生长还在继续，随着茎内光合产物的不断充实积累，裂口渐渐被迫张开，造成茎段膨大，随着压力的增加和时间的延续，最后使有的膨大茎段变成扁平状。

（3）诊断方法 春季气温回升的二、三月，长势好的油菜主茎中下部，或少部分油菜的基部叶柄出现裂口。早熟品种比晚熟品种的茎裂口发生率高，长势旺、年前已进入薹期的田块发生率高。

（4）防止措施

① 选用良种 长江流域宜选用半冬性品种，提早播种避免使用偏春性的早熟品种。

② 适期播种 半冬性品种直播一般以在 9 月底至 10 月中旬播种为宜。

③ 激素调控 遇暖冬年，对播种早、长势偏旺、冬前提前抽薹的田块，每亩用 15% 多效唑 40～50g，兑水 50kg 均匀喷雾，控制地上部生长，促进植株矮壮。

④ 稳施薹肥 油菜施用薹肥，是为了进一步促进油菜春发稳长，壮薹增枝和多结角、结大角等。由于蕾薹期是油菜营养生长和生殖生长双旺时期（营养生长仍占优势），也是油菜一生中生育矛盾最易激化的时期，要正确妥善地处理好这一矛盾，就必须做到稳施薹肥。

稳施薹肥要因地制宜，结合油菜自身长势、当地土壤营养条件及前阶段肥水投入等情况全盘考虑。要求既要保证有利于油菜早发稳长，不早衰，又要防止导致植株贪青疯长，晚熟和加剧病虫害。一般来说，对腊肥和春肥充足、土壤肥力条件良好及返青时植株长势旺盛的油菜田，应适当晚施、轻施薹肥；对腊肥和春肥不足、土壤肥力条件差及返青时长势弱的田块，应适当早施、重施薹肥。油菜薹肥的种类，以速效性氮肥为主，一般可每亩施用尿素 8～10kg 或碳酸氢铵 25～30kg。

⑤ 防治菌核病 薹茎裂口后更利于病菌侵入危害，增加了油菜菌核病重发的概率。在油菜初花期，即油菜主茎 80% 开花时，进行第一次喷药防治，隔 5～7 天再用药一次。

此外，为了更有效地预防油菜裂秆，在稳施薹肥的基础上，应注意经常清理田间沟系，降湿防病，促进油菜早发稳长，长而不旺。

对已经出现裂秆现象的油菜，增施磷、钾肥可减轻开裂程度，并要加强防病工作，减少病害蔓延。

52. 油菜二次开花是不是种子问题，如何防止？

油菜终花以后，叶腋内的休眠芽有可能重新成长二次开花，俗称开"返花"。油菜二次开花是一种反常现象。这种花消耗养分较多且不能结实，对油菜产量影响较大。油菜二次开花现象在生产中经常出现，一小部分原因是种子问题。如果是种子问题，在后期开花过程中可以去观察开花是否正常，若花是正常的就不能认为是种子问题、是不育株。非种子原因主要是生产中的栽培不当。

（1）发生原因

① 后期氮肥施用过多 有机肥、钾肥施用太少，氮肥施用太重或太迟，碳氮比例失调，致使油菜在生长过程中出现营养过剩，茎叶柔软，木质化程度低，引起植株倾倒，叶腋里的休眠芽得到充分的阳光和养分，便成长开花。

② 蚜虫危害 油菜花序受蚜虫危害，推迟了花期，或者大分枝花序受害不能开花，重新长出小分枝开花，便形成二次开花。

③ 缺硼 缺硼经常会导致植株生长发育不良，次生分枝丛生，后期大量二次开花的现象。缺硼造成植株不能正常生长，矮缩、分枝长不出，肥料养分不能吸收导致开花时又继续长分枝开花，影响正常的受精结实。硼是受精的一个重要营养元素，所以缺硼很可能会导致田间出现大量的开花不结实现象。这种二次开花问题不是种子的原因，除非田间的植株生长不好，高矮不一。

④ 品种混杂或种性退化 植株生长参差不齐，这种油菜也会二

次开花。由于杂交种的不育株含量过高，国家规定杂交种的二级种的最低标准要高于83％，只允许17％的植株开花不正常结实，否则，则是伪劣种子。

⑤ 倒伏　严重倒伏后油菜容易出现返花。

（2）防止措施

① 选用良种　保证品种纯度。

② 培育壮苗　培育壮苗可提高植株的整体素质，增强其抗逆性和抗倒伏性。

③ 合理密植　适当密植可使植株间相互支撑，并能抑制潜伏芽的萌发，减少分枝。

④ 科学管水　越冬前做好中耕除草培土工作，春后做好清沟沥水工作，促进根系发育，提高其代谢功能，增强抗倒伏性和抗病性。

⑤ 合理施肥　腊肥应在"小寒"前后施用，要防止偏施氮肥，注意增施磷钾肥，以增强茎秆的抗倒伏能力。钾肥不仅可以增强茎秆的强度，提高抗倒伏能力，而且能提高组织细胞液的浓度和渗透压，增强抗病和抗寒性，并且能增加油脂的含量。油菜吸钾量与吸氮量大体相等，因此，一定要施足钾肥，一般每亩施用硫酸钾或氯化钾7.5～10kg。油菜缺硼易产生"萎缩不实病"，除基施硼砂外苗期还可喷施硼砂，也可每亩用硼砂500g掺在肥水中追施，或者施用含硼的油菜专用复合肥。

⑥ 及时防治蚜虫　防止蚜虫危害油菜花序。发生蚜虫危害时，及时用药防治。

53. 油菜早衰的表现有哪些？

油菜早春脱力是一种早衰现象。油菜早衰的表现症状有如下几点。

① 叶片呈现紫绿色，新生叶片小而挺直，叶肉变薄，表现出明显缺氮症状。

② 茎基部细小瘦弱，茎皮皱缩，皮色青中带紫。

③ 生长速度明显转慢，主要是出叶不快。据测定，油菜进入返青期，在正常的情况下，生出一片新叶需8～10天，而脱力的油菜苗需15天左右。油菜早春脱力会导致腋芽退化，造成有效分枝节位上升和分枝数减少，对产量影响极大。

54. 如何防止油菜早衰?

防止油菜早衰,在栽培上应认真分析造成早春脱力的原因,采取相应的措施。

(1)增施肥料 油菜是需氮作物,在缺氮情况下,叶色会变淡发红,尤其是冬发型油菜,个体大、群体足、长势强、耗肥多,在早春气温回升时,生长速度加快,如果氮素供应与油菜生长不协调,就会出现叶色落黄,早春脱力,影响春发。

因此,可根据油菜缺素情况,有针对性地补充肥料,即在1月中下旬施一次肥料,每亩用碳酸氢铵25~40kg开穴施肥,或用猪牛栏粪肥1500~2000kg开沟条施,使其在早春得力助长。如果没有施用腊肥或施用量不足的,则要早施返青肥,力争在2月上旬或中旬前施下,每亩用尿素8kg,或碳酸氢铵20~25kg,促进春发稳长。

(2)中耕松土 抢在苗小时中耕松土和施肥,以促进中后期次生根的发生和下扎,增加新生根的比例,增强根系活力,提高吸肥能力,同时还可提高中后期的油菜抗倒伏能力。

(3)清理沟系 长期潮湿的田块,根系发黑,根毛脱落,吸肥能力差,生长受阻,地上部分就会萎缩无力。清理沟系,排除渍水,以降低土壤湿度,有利于根系的正常生长发育,使地上部生长健壮。同时,在清理沟系时可将沟系的松土覆盖与行间培土壅根同时进行,促进根颈稳健生长,防止倒伏。

(4)根外追肥 通过根外追肥,能补充油菜因开花结果时间长而造成的养分不足,从而提高角果数和增加粒重。一般每亩混合喷施0.5%尿素水溶液和0.2%~0.3%磷酸二氢钾溶液50~60kg。油菜对硼敏感,对缺硼土壤增施硼肥是防止油菜"花而不实"的有效措施,因此,在喷施尿素和磷酸二氢钾液肥时,可先用温水将硼砂溶解后,再掺入到尿素液中喷施,蕾花期喷施0.2%~0.3%硼砂溶液,对提高油菜结实率、增加产量有显著的效果。

(5)防治病虫害 病虫危害是加重油菜早春脱力早衰的一个重要原因。应抓紧防治油菜菌核病、霜霉病和白锈病。防治菌核病除采取农业防治措施外,还应在初期至盛花期用40%菌核净可湿性粉剂1000~1500倍液喷雾。防治霜霉病、白锈病,应在抽薹期摘除基部老叶和病叶,植株初见"龙头"症状时立即剪除并烧毁,并喷施 50％甲基硫菌灵可湿性粉剂 800～1000 倍液,隔 5～7 天 1 次,连续 2～3 次。

55. 油菜分段结实的原因有哪些?

油菜分段结实的症状是:有效花序段部分花蕾尚未开放即黄化脱落,或能正常开花,但不能正常发育成结实的角果即枯萎脱落,有的花即使能发育成角果,但都是仅有 1～5 粒的"萝卜角果"(彩图 18)。油菜分段结实可导致单株无效角果上升,产量下降,一般要减产 10％～15％。其产生原因如下。

(1)不良环境条件的影响 油菜开花、结角果适宜的气温是 18～22℃,若气温超出适宜的范围,如气温高于 25℃会使花器发育不正常,花瓣缩小,不能正常展开。同时若气候干旱,还会使光合作用和蒸腾作用失去平衡。当温度低于 9℃时又会影响正常受精授粉,使花粉生活力降低,影响胚珠正常发育,使花朵受精不良,产生不结籽或结籽很少的阴角,从而在花序主轴上出现一段结角正常、一段花蕾脱落,分段结实的现象。同时,油菜开花期高温少雨、持续干旱造成花器发育不正常,不能正常开花。因此,高温、低温、阴雨及持续干旱等不良天气都会造成油菜蕾果脱落。

(2)土壤缺硼 油菜是需肥较多、耐肥性较强的作物,油菜开花期呼吸强度大,尤其在盛花期需要消耗大量的养分。当养分供应不足时就会导致花蕾脱落。尤其在缺硼情况下,油菜生长发育受阻,受精授粉受到影响,出现"花而不实"、结实率降低或籽粒不饱满的现象。

(3)栽培管理不当 种植密度过大,花果期植株过早荫蔽,通风透光不良,下部分枝发育不好,土壤水分和施肥量过多或过少,偏施氮肥等都会导致蕾果脱落和无效角果增多,出现分段结实。

(4)病虫害的危害 油菜菌核病,常年感病株率 8％～30％,一般减产 10％～30％。在油菜开花结荚期发病,多在植株主茎的中下部发生,病茎成段变白,髓部蚀空,阻碍水分和养分的输送,造成蕾果脱落,部分枯死,当油菜长势过旺而倒伏时,病害更加严重。此外,霜霉病和白锈病的危害,也是花果脱落或阴角秕粒的原因。害虫主要有黄曲条跳甲、蚜虫、茎象甲,油菜在苗期和显蕾开花时均可受到危害，严重时减产幅度较大。

56. 防止油菜分段结实的措施有哪些?

（1）**适期早播，培育壮苗**　适期早播的油菜，有较长的幼苗生长期，可使油菜形成较大的营养体。对油菜的花序和花芽分化、单株角果数和角果粒数的增多极为有利。早播的油菜生育期略提前，能躲过花角期高温和干旱造成的不良影响，且分枝多、结果多、粒多，无效的花蕾角果少，产量高。一般地区以 9 月中下旬播种、10 月中下旬移栽为好。苗龄 25～30 天。育成有 6～7 片绿叶、高 20～23.3cm、根颈粗 0.6～0.7cm 的壮苗。移栽时，要用磷肥蘸根，火土粪壅蔸，浇好定根水。以促使壮苗早发。移栽密度：棉地套栽的每亩栽 6000～7000 株，稻田每亩栽 8000～10000 株。

（2）**合理施肥**　合理配方施肥，防止偏施氮肥，注重增施磷、钾、硼肥。油菜对硼反应很敏感，特别是在缺硼的土壤中增施硼肥，是防止油菜"花而不实"的有效措施。具体使用方法：每亩用硼砂 250～500g，与干细土充分拌匀，在播种前直接穴施作基肥或种肥。作追肥时，硼砂先用温水溶解，再均匀地兑入清粪水或尿素水中，于苗前期淋施。叶面喷施，用 0.2%～0.3% 硼砂溶液于苗期、薹期喷施。

（3）**建立良好的群体结构**　合理密植，充分利用光、热、水、肥等资源，采用"中群体、壮个体、保角数、增粒数"的增产途径，达到群体与个体充分协调。田间密度应根据不同的地力条件、品种特性和播期，掌握瘦田宜密、肥田宜稀、早熟宜密、晚熟宜稀的原则，每亩油菜播量以 400g 为宜。

（4）**及时防治病虫害**　油菜菌核病的发生已成为制约油菜高产稳产的重要因子。对油菜菌核病的防治，要认真贯彻"预防为主，综合防治"的方针。首先轮作倒茬，避免连作。其次选用抗病品种，种子不带菌，田地不荫蔽，在油菜蕾薹期至初花期，用 30% 菌核净可湿性粉剂或 50% 多菌灵可湿性粉剂 500～1000 倍液喷雾，效果很好。防治霜霉病、白锈病，在抽薹期剥除基部老叶、病叶，初见"龙头"时，立即剪除，集中烧毁，并喷 50% 硫菌灵可湿性粉剂 800～1000 倍液。隔 5～7 天施 1 次，连续防治 2～3 次。可取得良好的效果。

（5）**适期补浇二水**　油菜花期如遇高温少雨持续干旱，可通过灌水改善田间小气候，使油菜处于低温多湿的环境，延长开花时间，增加花序角果期，减少落花落蕾。但后期浇水量不宜大，避免引起贪青晚熟，不宜在风雨天浇水，以免倒伏。

（6）合理倒茬　合理轮作，避免重茬，消灭菌源。利用秸秆还田，改善土壤理化性质，增加土壤的通透性，提高土壤肥力，并在秋冬作物收获后，做到及时秋翻，有利于蓄水保墒，促进土壤熟化，有利于根系生长，并将地整成待播状态，为来年油菜生产奠定基础。

（7）选育优良品种　优良品种是作物高产稳产的保证。种子饱满，生活力强，丰产性能好，播后出苗整齐、健壮。选用抗病性较强的包衣种子，可有效防治油菜苗期黄曲条跳甲的危害，以利于油菜的正常生长。

（8）化控与锄草　油菜地杂草主要以野燕麦、野油菜、苦苣菜等单、双子叶杂草为主，用高效氟吡甲禾灵、草除灵进行化学防除，结合人工锄草，确保田间无杂草。避免杂草与作物争光、热、水、肥，促进植株健壮生长，增加分枝，为丰产打好基础。对群体密度过大的地块，喷施多效唑控制群体株高，增多分枝数，降低分枝部位，防止倒伏，增角增粒。

57. 油菜形成阴角的原因有哪些，如何预防？

（1）表现症状　正在开花的花朵受精不良，形成的不结籽或结籽很少的无效角果称为阴角。

（2）发生原因

① 持续低温　冬油菜在春季常遇"倒春寒"袭击，如气温下降到 $10^{\circ}C$ 以下，油菜开花数明显减少，开花受精受阻，花粉活力下降影响胚珠正常发育；光合产物供应严重不足，蕾果脱落，阴角增多。

② 种植过密或倒伏　如果油菜种植密度过大，田间过早出现荫蔽，基部通风透光不良，茎秆柔嫩，后期早衰，导致阴角增多。如果发生后期倒伏，阴角现象会更加严重。

③ 养分不足　油菜胚珠受精发育期养分供应不足，胚珠就会萎缩而造成阴角，或形成秕粒。如缺硼造成角果结实率降低。

④ 病虫危害　油菜生长中后期，如果菌核病、霜霉病、白锈病等病害发生严重，使油菜正常的光合作用遭到破坏，养分供应不足，阴角就会增加。油菜开花结实期，如果遭到潜叶蝇危害，叶片早枯，植株早衰，或者中后期蚜虫较多，大量从叶片上转移到花蕾部危害，

都会造成阴角明显增加。

（3）预防措施

① 选用抗病性强，耐春季低温、阴雨的优良品种。

② 根据当地气候条件适期播种移栽，尽量使油菜现蕾开花期避开持续阴雨与倒春寒天气。

③ 培育壮苗，合理密植，防止中后期群体密度过大，通风透光不良。

④ 施足底肥，配方施肥，避免偏施氮肥，冬春季节再看苗追肥，确保油菜年前壮苗越冬，年后早发稳长，后期生长稳健。

⑤ 加强病虫害防治，确保油菜后期秆壮不倒，落色正常。

58. 油菜收获前裂角的原因有哪些，如何预防？

（1）表现症状　油菜角果在外力作用下开裂的现象称为裂角。生产上种植的甘蓝型油菜成熟时特别容易裂角，一般造成产量损失 10% 左右；当气候比较干热时，产量损失可高达 50%。为了避免裂角，通常采用提前收获的方法，但提前收获又会使籽粒含油量下降，种子中叶绿素含量过高，影响食用油品质。

（2）发生原因

① 品种特性不同　不同类型油菜的角果抗裂能力不同，甘蓝型油菜裂角落粒最为严重，芥菜型油菜（彩图 19）次之，白菜型油菜较耐裂角落粒。

② 冠层结构不合理　在油菜冠层内，由于冠层的自然运动导致角果间碰撞，或与茎秆、分枝碰撞引起裂角。

③ 油菜抗病虫能力差　油菜感病、遭遇虫害引起倒伏的植株，易裂角。

（3）预防措施　种植抗裂角能力强的品种。合理密植，构建适宜的冠层结构。注意油菜病虫害的防治。用生长素的类似物处理，降低纤维素酶活性，延迟角果开裂。

59. 如何通过加强油菜生产的田间管理保障油菜的质量安全？

按照中华人民共和国农业部 2011 年制定的 NY/T 1996—2011《双低油菜良好农业规范》。应从以下四个方面确保油菜生产的质量安全。

① 实施单位应建立质量安全管理规定来保证各项操作的有序实施。

② 质量安全管理由以下部分构成。

a. 各管理部位和各岗位人员的职责。

b. 有文件规定的各个生产环节的操作，包括适用于管理人员的质量管理文件和适用于生产者的操作规程。

质量管理文件的内容应包括：组织机构图及相关部门、人员的职责和权限；质量管理措施和内部检查程序；人员培训规定；生产、加工、销售实施计划；投入品（含供应商）、设施管理办法；产品的溯源管理办法；记录与档案管理制度；客户投诉处理及产品质量改进制度。

操作规程应简明、清晰，便于生产者领会和使用，其内容应包括：从育秧到收获、贮藏的生产操作步骤；采用生产关键技术的操作方法（如果适用），如育苗移栽或直播、施肥、病虫草害防治、收获等。

c. 有与操作规程相配套的记录表。

③ 可追溯系统由生产批号和生产记录构成。双低油菜生产批号应以责任单元中生产的双低油菜品种为基本单位，并作为生产过程中各项记录的唯一编码。生产批号以保障溯源为目的，可包括种植产地、基地名称、产品的类型、田块号、收获时间等信息内容。应有文件进行规定。

生产记录应如实反映生产真实情况，并能涵盖生产的全过程。基本记录格式见表4～表12。

表4　田块土壤概况

生产基地名称			
检测单位		检测日期	
土壤类型		pH	
有机质/%		速效氮/%	
速效磷/%		速效钾/%	
汞/(mg/kg)		镉/(mg/kg)	
铅/(mg/kg)		砷/(mg/kg)	
铬/(mg/kg)		有效硫/(mg/kg)	
与国家标准符合情况说明			
污染发生情况说明			

记录人：　　　　　　　　　　　负责人：

　　年　　月　　日　　　　　　　年　　月　　日

表 5　灌溉用水概况

生产基地名称			
水来源			
检测单位		检测日期	
汞/(mg/kg)		pH	
铅/(mg/L)		镉/(mg/L)	
铬/(mg/L)		砷/(mg/L)	
氮化物/(mg/L)		氯化物/(mg/L)	
氰化物/(mg/L)		有效硫/(mg/L)	
与国家标准符合情况说明			
污染发生情况说明			

记录人：　　　　　　　　　　　　　　　负责人：
　年　月　日　　　　　　　　　　　　　年　月　日

表 6　双低油菜生产汇总表

基地名称						
地块编号	生产者	种植品种	面积/hm²	油菜籽产量/kg	生产批号	上个油菜生产季作物名称

记录人：　　　　　　　　　　　　　　　负责人：
　年　月　日　　　　　　　　　　　　　年　月　日

表 7　双低油菜育苗记录表

基地名称		品种名称	
育秧人	上个油菜生产季作物名称		种子量/(kg/hm²)

农事记录

操作事件	日期	使用投入品浓度（配比）	使用量/（kg/hm²）	完成请打"√"

记录人：　　　　　　　　　　　　　　　负责人：
　　年　月　日　　　　　　　　　　　　　　年　月　日

表 8　双低油菜生产记录表

基地名称		品种名称	
地块编号		生产者	

农事记录

操作事件	日期	使用投入品浓度（配比）	使用量	完成请打"√"

记录人：　　　　　　　　　　　　　　　负责人：
　　年　月　日　　　　　　　　　　　　　　年　月　日

表 9　双低油菜籽贮存记录表

仓库地点		品种名称		保管人		
仓库号	进库		出库			生产批号
	日期	数量	日期	数量	目的地	

记录人：　　　　　　　　　　　　　　　负责人：
　　年　月　日　　　　　　　　　　　　　　年　月　日

表 10　双低油菜籽检测记录表

批号	来源	样品数量	检测项目					检测人
			芥酸	硫苷	蛋白质	含油量	……	

记录人：　　　　　　　　　　　　　　　　负责人：
　　年　月　日　　　　　　　　　　　　　　　年　月　日

表 11　双低油菜籽运输记录表

批号	日期	运运方式	始发站	到达站	数量/袋	规格/(kg/袋)	收货单位

记录人：　　　　　　　　　　　　　　　　负责人：
　　年　月　日　　　　　　　　　　　　　　　年　月　日

表 12　双低油菜籽贸易和销售记录表

批号	日期	销售人	产品名称	数量/袋	规格/(kg/袋)	购买人姓名和地址

记录人：　　　　　　　　　　　　　　　　负责人：
　　年　月　日　　　　　　　　　　　　　　　年　月　日

　　基本情况记录包括：田块/基地分布图，地块图应清楚地表示出基地内田块的大小和位置、田块编号，田块的基本情况；操作人员岗位分布情况。如环境发生重大变化或双低油菜生长异常，应及时监测并记录。

　　双低油菜生产过程记录包括以下几种。

　　农事管理记录。农事管理以农户和田块为主线，分育秧和种植两部分，将双低油菜生产的操作顺序进行记录。记录可采用预置表格形式，生产者打"√"或填写日期，表示完成该项工作，特殊处理由安全管理人员另行记录。根据所采用的生产技术，育秧记录主要包括品种、浸种日期、浸种药剂、催芽条件、育秧方式、基土处理等；种植记录主要包括品种、移栽秧龄、移栽日期、耕作方式、病虫草害发生防治记录、投入品使用记录、收获日期、产量、干燥方法、贮存地点和其他操作。

农业投入品进货记录。包括投入品名称、供应商、生产单位、购进日期和数量。

肥料、农药的领用、配制、回收及报废处理记录。

贮存记录。包括生产批次及其构成、仓库地点、贮存日期、品种、批号、进库量、出库量、出库日期及运往目的地等。

④ 其他。农药和化肥的使用应有统一的技术指导和监督。生产使用的设施和设备应有定期维护和检查。对人身安全有威胁的设备，在使用前应对其安全性进行检查。

第二节　油菜施肥技术疑难解析

60. 油菜的需肥特点有哪些？

油菜吸肥力强，但养分还田多，所吸收的80％以上养分以落叶、落花、残茬和饼粕形式还田。优质油菜在营养生理上又具有对氮、磷、钾需要量较大，对磷、硼反应敏感的特点。据测定，油菜每亩产量为100～150kg，每生产100kg油菜籽需吸收氮9～11kg、磷3～3.9kg、钾8.5～12.8kg，需吸收的氮、磷、钾比例为1：0.5：1。

在一定生产水平下，生产相同质量的产品，油菜对氮、磷、钾的需要是水稻、小麦和玉米的3～5倍。油菜对磷、硼肥特别敏感，在土壤有效磷含量低于5mg/kg时，油菜会出现明显的缺磷症状，在生长的任何时期缺磷都会对产量造成严重影响。油菜对土壤有效硼的需求量比其他作物高5倍左右，生产上应特别注意施用硼肥。油菜不同生育期对氮、磷、钾的需求不同，对氮素的吸收有两个高峰期，即苗期和薹期；油菜薹期吸钾量约占整个生长期的一半，前期缺钾会导致死苗或严重减产，所以油菜花期以前充足的氮、钾素营养是高产的关键；油菜对磷的需求量随个体的增长而增加，不同生育期比较均衡，开花至成熟时需要量占全生育期的一半以上。

（1）优质油菜对营养元素的需求特点

① 对氮素的需求　氮素是油菜植株器官中蛋白质、叶绿素及许多重要有机物的组成成分，在生理代谢中非常重要。缺氮造成植株矮小，叶色淡，重则变红、枯焦，茎秆纤细，分枝小，根系不发达，花芽分化慢而少，蕾花量少，角果、角粒发育不良，产量较低。氮素的多少对油菜籽品质有一定的影响。角果成熟期氮素供应过多，会使菜籽中蛋白质含量增加，而含油量随之降低。同时，油分中的芥酸、亚麻酸、亚油酸含量有微小增加，而种子中硫苷含量有所降低。

② 对磷素的需求　油菜对磷素的需求量比氮素少，但优质油菜对磷反应敏感。磷素在油菜生理代谢中非常重要，磷素是核蛋白、磷脂、核酸及活性酶的组成部分，决定着细胞的增殖和生长发育。缺磷时油菜植株根系明显减少，吸收力弱；叶片、分枝发育和花芽分化受阻，光合作用减弱，角果、角粒数少，产量低。在北方冬油菜区，磷素供应充足还可提高油菜营养体内可溶性糖含量，增加细胞液浓度，增强细胞壁弹性和原生质黏性，减少胞间水分蒸腾，提高油菜越冬抗寒能力。

③ 对钾素的需求　钾素以离子状态参与体内碳水化合物的代谢和运转。缺钾时植株生育迟缓，下部叶的叶尖枯焦；茎秆细弱易倒，分枝小，千粒重低。

④ 对硼及其他微量元素的需求　油菜需要的微量元素较多，但对生长发育影响较大的是硼元素，其次是钼、锰、锌等元素。硼不是油菜植株体内有机物的组成部分，但在油菜的生理代谢中具有重要作用。它可以增强油菜的抗旱、抗寒和耐病性，增强油菜茎叶等器官的光合作用，促进碳水化合物的正常运转。尽管其他营养元素充足，仍不能消除缺硼症状。优质油菜和杂交油菜对硼反应更为敏感。

微量元素钼、锰、铜、锌等对油菜的生长发育都有重要作用，如促进光合作用，加速新陈代谢，增强抗旱抗寒能力等。因此，在缺乏这些元素的土壤上，施用相应微肥，可以起到良好的增产作用。

（2）油菜生长发育各阶段对肥料的需求特点

① 秧苗阶段　在适时播种的情况下，该生育期一般为 35～40

天。此阶段气温较高，一般出苗后 4～5 天长 1 片叶，吸收的氮素占全生育期的 7.2%，吸收的磷素和钾素分别占全生育期的 2.2% 和 5.6%。该阶段吸收的养分虽然不多，却是培育壮苗的物质基础。

② 大田苗期阶段　此期从移栽后到现蕾前，一般 100 天以上。如为直播油菜，苗期为 130 天左右。苗期干物质积累占总干物质的 20% 以上，吸收的氮素占全生育期吸收氮素总量的 36%，磷素和钾素各占 20%。这个生育阶段的时间最长，并经历约 2 个月的低温阶段。越冬前要吸收较多的营养元素，是需肥的重要时期。

③ 薹期阶段　自现蕾后到始花期，是油菜营养生长和生殖生长两旺，以营养生长为主的时期。油菜生长迅速，抽薹生枝，叶面积大幅度增长，到盛花期叶面积指数为全生育期最大值。花芽分化由弱到强，由慢到快，特别是第一次分枝上的花芽分化数急增。这个阶段约经历 30 天，是全生育期吸收氮素和钾素最多的时期。其中，吸收氮素占全生育期的 45.8%，吸收磷素占 21.7%，吸收钾素占 54.1%。此阶段氮、磷、钾营养供应充足，对单株有效分枝和角果数有重要影响。

④ 花期到成熟期　此阶段指始花到成熟所经历的日数，一般是 50 天以上，是生殖生长最旺盛时期。此期对氮钾养分的吸收积累相对较少，但对磷的吸收量为全生育期的最高峰，吸收的磷素占全生育期的 58.3%，氮素占 10.3%，钾素占 21.7%。该时期以氮素代谢为主，磷素的同化和积累在茎部、角果中达到高峰。角果表皮和茎的光合作用所积累的有机物质逐渐转移到种子中贮存。据分析，成熟期种子内氮素和磷素含量各占植株总含量的 1/2 左右。但是，如果后期施用氮素过多，会造成贪青，种子不饱满，秕粒增多，脂肪含量下降。而此期需要充足的磷素，以促进种子中脂肪的合成与转化，提高种子含油量。

61. 油菜怎样施基肥?

油菜植株高大，需肥量多，应重视基肥。基肥不足，幼苗瘦弱，即使大量追肥，也难弥补。

（1）基肥施用比例　油菜虽然中后期吸肥量较多，但生育初期对肥料十分敏感。因此，施足基肥、培肥地力是培育壮苗的基础，也是油菜一生需肥的保证。在施肥较多的情况下，基肥可占总肥量的70%左右；在施肥量中等水平时，基肥也要占50%；施肥量较少时，基肥可适当少施，占总肥量的30%～40%，以利于提高肥料利用率。

基肥占肥量的比例（主要是对氮素肥料而言），还与土壤特性、气候条件和肥料种类有关。如气温低、土质黏重，保肥力强，土壤比较贫瘠，基肥可占50%～80%。土质肥沃，基肥中人粪尿比例较大，冬季气温高，土壤养分分解较快的地区，基肥可占30%～50%，否则容易导致植株的徒长。

（2）基肥的施入深度　应施于根系最集中的土层。在一般耕作条件下，直播油菜的主根可入土40～50cm，深耕和干旱地区可达100cm以上，但支根和侧枝，尤其在主根受损害以后，大多分布在土表下20～30cm以内。当幼根入土2cm左右时，便开始长出根毛，吸收土壤中的养分和水分。由上可见，油菜基肥应以普遍撒施为主，并耕翻至20～30cm的耕作层内，化学磷肥和钾肥移动性小，可作为基肥1次集中（条施或穴施）施用。

（3）磷矿粉是油菜施用的好基肥　油菜根系的另一特点是，能够分泌较多的有机酸，能吸收较多的钙和能够溶解难溶性磷，故油菜生育后期吸收利用难溶性磷肥如磷矿粉的能力强。磷矿粉含磷量较多，但磷的活度差，一般作物难以利用，却是油菜的好磷肥。南方几种主要土壤每亩施用磷矿粉50kg，可增产油菜籽6～20kg。磷矿粉肥效一般与用量成正比，每亩用量50～60kg即可取得很好的增产效果。

（4）施足钾肥对油菜非常重要　油菜全生育期严重缺钾，虽能开花，但不能结实。钾肥作基肥施用效果最好，比腊肥和春肥每亩分别增产35.5kg和52.6kg，因此钾肥必须作基肥施用，如来不及作基肥，也应作苗肥。总之钾肥早施增产作用大。

（5）施肥种类和数量　基肥应以有机肥及难溶性矿质磷肥为主，配合施用少量的氮素化肥，使其在油菜整个生育期中缓慢地释放养分，不断地满足生长发育的需要。

有机肥主要是牲畜粪、土杂肥、塘泥、饼肥等。用量视肥质而定，一般每亩施用3000～5000kg，同时施入5～7.5kg氮素化肥（尿素11～16kg或硫酸铵25～27kg）、过磷酸钙20～30kg和氯化钾5～10kg。在缺硫的土壤中，每亩施入过磷酸钙20～30kg或硫黄粉2kg

作基肥可防止油菜缺硫。在严重缺硼的土壤中，还应加入0.5kg硼砂作基肥（如果土壤严重缺锌，还可加入硫酸锌1～2kg作基肥）。

62. 油菜怎样施种肥？

种肥，即在油菜播种或移栽时，将肥料集中施在行内或穴内的一种经济施肥方法。在基肥不足的情况下，施用种肥有良好的效果。据试验表明，每亩用2.5kg硫酸铵拌油菜种子的比未拌种的增产23.2％。不少地方用磷肥和氮肥加一些有机肥拌种，使油菜种子大粒化，不但起到种肥的效果，而且有利于机械播种和对密度的控制。但大粒化的种子要求土壤水分充足，否则不易发芽。

油菜苗期对磷特别敏感，油菜真叶期缺磷，叶小叶少，仅能抽薹，不能正常现蕾开花，严重时颗粒无收。油菜3～5叶期是磷的营养临界期，油菜在这个时期所受缺磷的损害，即使后期获得正常的磷供应也无法补救。甘蓝型中熟油菜一般在5叶前进入花芽分化，因此油菜营养临界期与花芽分化无关。施用速效性磷肥作种肥，增产效果非常显著。

苗期及生育前期，油菜利用难溶性磷的能力不强，种肥只能用速效性磷肥。种肥应以磷钾肥为主，生产中普遍施用过磷酸钙、硫酸钾、土粪、渣肥、草木灰等，也有用牲畜粪水、人粪尿等作为种肥的。单独用过磷酸钙作种肥时，应加细土混合后再与种子混合。机播时，应制成颗粒肥，如氮磷、氮磷钾、磷钾复合颗粒肥。严重缺硼的土壤如果未施硼肥作基肥，每亩可加0.5kg硼砂或硼酸作种肥，对全苗、壮苗以及提高油菜返青成活均有良好效果，增产作用显著。

63. 移栽油菜怎样进行苗床施肥？

随着两年三熟制、一年两熟制和一年三熟制油菜面积的扩大，各地油菜的育苗移栽面积也迅速扩大。施肥是壮苗的重要措施之一。

（1）施足基肥　一般瘦地、水稻土、黏土和沙土结构不良，应适当多施肥，每亩苗床多用人畜粪2000～3000kg作面肥，结合整地施于表土层，有利于出苗和幼苗生长。有的高产油菜区，播种前每亩用过磷酸钙25～30kg、氯化钾5～6kg撒施土面，与表土层混合，撒播种子后每亩再用优质带渣牛粪1500～2000kg兑水泼浇，使苗床充分湿润，保证发芽所需水分，可使种子发芽快，出苗齐，根系发达。如土壤肥沃，有机质充分，可适当减少用肥量。

（2）苗期追肥 油菜出苗后，幼苗密集，特别是 3 叶期，需要吸收较多的养分。幼苗缺肥出叶迟缓，幼叶细小，叶色淡绿，叶缘发红，苗子僵老，此时必须及时追肥。苗床追肥的要点是前期适当促进，勤施，满足体内氮素需要，促根展叶。

5 叶期适当控制肥水，不使发棵太旺造成拥挤，并提高植株体内糖分含量，逐渐积累养分，使根茎发达。

苗齐追肥可结合间苗进行，既能及时补给养分，又有稳根镇土作用。

根据幼苗生长势，一般每次每亩用腐熟人畜粪水 500～600kg，兑水多少视土壤墒情而定。如苗势差，可在二次追肥时每亩加施硫酸铵 5～6kg 或碳酸氢铵 6～7kg。5 叶期后不追肥。

移栽拔苗前 7 天左右再施一次"起身肥"或"送嫁肥"，每亩除施人畜粪水外，每亩加施碳酸氢铵 8～10kg，促使幼苗多发新根，移栽后易于成活，并保持土壤湿润，便于起苗。干旱时，每隔 2～3 天浇灌一次，可增加抗旱能力。

🌱 64. 油菜怎样施追肥？

油菜不同于其他作物，如果基肥不足，尤其是有机肥施用量少时，需要多次追肥。

（1）苗前期追肥 冬油菜年前生长时期为苗前期。苗前期应追施提苗肥和活棵肥。

① 提苗肥 直播油菜，待全苗后，结合间苗进行追肥，以促进幼苗生长健壮。

② 活棵肥 指移栽油菜后所施的肥，目的是保证幼苗成活，及早生根及返青，缩小移苗后的"假活"天数，减少移栽后死叶数，以达到冬发标准。移栽油菜 7～10 天活苗后，每亩施尿素 5～10kg（或人粪尿 1000kg），也可将尿素混入人粪尿浇施。在缺磷缺钾土壤中，如果基肥未施磷钾肥，应补施磷钾肥。栽后 25 天左右视苗情再追适量尿素促苗。

（2）苗后期追肥 油菜在越冬的期间为苗后期，苗后期应追施腊肥、开盘肥。

① 腊肥　腊肥是油菜进入越冬期施用的肥料。长江中下游地区，冬季气温低，地上部分生长缓慢，但地下部分仍在生长，施用腊肥可促根开盘，增加对土壤的覆盖，促进肥土融合，增强油菜的抗寒能力，减少冻害。

据研究，重施腊肥可使叶面积显著增加，促进翌春油菜发棵长叶。腊肥一般在 12 月中下旬～翌年 1 月上中旬施用，与中耕结合进行，以迟效有机肥（厩肥、泥肥、饼肥等）为主，一般每亩用腐熟猪牛粪草 1000～1500kg。施于植株根部或油菜行间，再进行中耕培土。如果油菜生长过旺，可少施或推迟施。腊肥用量多少还要根据基肥和种肥的施用情况而定，如果基肥、种肥施用量不足，腊肥就得重施和早施。对于缺肥的田块或长势差的三类苗，可配合增施少量的氮素化肥。

② 开盘肥　冬油菜为低温和长日照作物，冬油菜中的甘蓝型品种在出苗后 60 天，开始花芽分化，植株基部形成大量腋芽，形成盘状，即为盘期。此期追施氮肥可提高产量 24.1%，追肥以速效氮肥为主，每亩应追施腐熟人粪尿 500～750kg（或尿素 5～7.5kg）。

（3）蕾薹期追肥　蕾薹肥是在油菜抽薹前或刚开始抽薹时施用，供蕾薹期吸收利用的肥料。春后油菜进入蕾薹期，是营养生长和生殖生长并进期，是需肥最多的时期，也是增枝增角的关键时期。蕾薹肥施用不当也会带来不利的影响，因此要根据基肥、苗肥的施用情况和长势，酌情稳施蕾薹肥。蕾薹期外部的长相，应是封行不见垄、薹青略带红。薹高 33cm 左右时，花蕾与顶叶同起，不应是菜薹独冲。当营养不足、达不到上述指标时，重施薹肥可促使光合面积增大，扩展根系，壮薹枝多，以达到增角增粒的目的。

蕾薹肥施用期一般在 1 月下旬～2 月上中旬，具体施用情况在薹高 5～10cm 时视长势而定，长势旺的迟施少施，长势弱或脱肥田应早施、重施，一般每亩施人粪尿 750～1000kg（或尿素 7～10kg）。严重缺磷土壤，磷肥必须在冬前作苗肥或基肥来施用。而蕾薹期多用磷肥，延长了营养生长期，致使分枝、叶片及叶面积增加，不利于油菜的生殖生长，导致成熟期延迟。如果土壤缺硼，在苗后期至抽薹期喷施 0.2%硼砂 2～3 次，有良好效果。干旱少雨时，要肥水结合，以水调肥。多雨地湿时，要穴施或结合中耕条施。

（4）花期追肥　油菜为无限花序，花芽多，但顶部花芽易脱落，主要原因是营养分配不均。花肥的主要目的是减少花芽退化脱落，增加花序结角数。油菜空粒形成的主要原因也是营养不足。从始花到终花后 15 天之间的营养状况是决定每角粒数的重要条件，所以花肥对增粒增重也有作用。

花肥施用技术：肥要巧施，长势旺、薹期施肥量大的可以不施或少施；对早熟品种不施或在始花期适量少施；看气候，如雨量适宜，通风透光好，花肥效果也好，而阴雨、低温则花肥加剧荫蔽而降低肥效。一般视前期施肥量和油菜长势确定施肥时期、数量和种类。前期施肥多、长势好的可结合病虫防治根外喷施磷、钾肥（即 0.3% 磷酸二氢钾溶液）；长势差的地块除磷、钾肥外再每亩加施尿素 3～4kg 兑清水喷施 1～2 次。

（5）适当应用细菌肥料 细菌肥料，简称菌肥，是用人工方法培养某些有益生物制成的生物肥料。细菌肥料本身并不含营养元素，而是以细菌生命活动的产物来改善作物的营养，或发挥土壤潜力，或刺激作物生长，从而促进作物生长发育。菌肥种类很多，有根瘤菌剂、固氮菌剂、磷细菌剂、复合菌剂等。菌肥可与化肥配合施用，施用方法可采取基施、拌种、蘸根、叶面喷施等。

65. 水田三熟移栽油菜怎样施肥？

油菜虽然需要较多的养分，但又可通过油菜作物本身把大量养分归还给土壤。菜籽中的氮磷钾可以以饼肥的形式还田，落花落叶和根茬中的氮磷钾直接遗留在田间，只有茎秆荚壳中的氮磷钾随作物带走，如果把茎秆、荚壳作堆肥或直接还田，则油菜所吸收的养分基本上都可归还给土壤。且油菜为圆锥形根系作物，根系入土深，又比较发达，能使土壤深层的养分富集到耕作层中，因此油菜是水旱轮作的理想作物。

由于水田三熟油菜移栽季节迟，耕作质量差，土壤养分少，反映到生长发育上一般是苗期生长慢，年前植株小，年后产量低。水田三熟油菜高产的关键是壮苗移栽，提高栽苗质量（假活现象不超过 5 天，死叶不多于 2 片），而合理施肥显得非常重要。

（1）重施基肥 早晚稻连作之后，土壤养分消耗很大。为了高产，必须重施基肥，并增大年前追肥量。三熟油菜每亩产 150kg 油菜籽，需每亩施农家肥 4000～5000kg、硫酸铵 20kg。其中，年前施肥量占 70%～80%，以促进发棵越冬。此外，还需施过磷酸钙 20～25kg、硫酸钾 20～25kg 作基肥。

（2）注重苗期追肥　移栽时，结合浇定根水，每亩用尿素 3kg 兑水施定根肥。在移栽成活返青后，施提苗肥，每亩施尿素 15kg。越冬期增施有机肥，防治冻害，每亩施用草木灰 100kg（或稻草渣 150kg，或其他有机肥），覆盖行间和油菜根颈部，防冻保暖。

（3）早施薹肥　在冬发基础上，争取春化，就要早施薹肥。试验表明，每亩施氮磷复合肥 7kg，比不施薹肥的增产 31.8%。薹肥要早施，以利于春发，一般于油菜返青前（1 月 20 日前）追施，并以速效肥为主，可亩施尿素 10kg，于雨前撒施，也可配合施用迟效肥，做到薹肥花用，同时还要避免薹肥施用过猛，以免造成贪青、疯长、迟熟、病多甚至倒伏，而降低产量。缺硼的土壤还要喷施硼肥。

66. 直播油菜怎样科学施肥？

直播油菜的主根一直向下生长，故入土较深，能耐旱，且不易倒伏。但其须根数量较少，吸收下层水分和耕作层内土壤营养物质的能力较弱。直播油菜不经过移栽后的生长停滞阶段，抗病、抗冻害能力强。直播油菜播种较迟，越冬前生长较缓慢、生长量小，要通过施足基肥、早施追肥及春后重施早薹肥等措施，促进油菜的冬壮春发，才能获得高产。

（1）根据油菜对肥料的需求施肥　一是油菜的生育期长，需肥量大，所需肥料比禾本科作物高 3～3.5 倍；二是油菜的营养临界期在开花期；三是油菜基肥约占施肥总量的 40%。基肥应立足于抢施，前茬较早的，每亩抢墒施用腐熟精制农家肥 1500kg（或生物有机复合肥 75kg，或高效无机复合肥 50kg），同时配施"持力硼"250～300g，播种较迟的油菜用尿素 3～4kg 作种肥。

（2）追巧追早，及时到位　油菜对磷的需求临界期在苗期，此时缺磷对油菜中后期的营养、生育及产量影响很大，即使中后期补磷也不能弥补苗期缺磷的损失。由于磷能在油菜体内反复利用，施得愈早，吸收愈早，效率愈高。油菜施磷，既可促进油菜早熟 2～3 天，又可提高含油量 0.5%～2.4%。因此，油菜在幼苗 5 片真叶前，必须施用足够的磷肥。薹花期是油菜营养的最大效率期，需肥量在一生中所占比例最大，因此，抽薹至开花期必须及时追肥，做到蕾施花用。

（3）平稳施肥，施足施好　为了主攻油菜秋发冬壮，5 片真叶期前，每亩要追施尿素 5kg 提苗，补施磷肥 20～25kg。为了提高肥效，应氮磷混施，开沟深施或穴施，随意撒施会造成肥料流失。

油菜花芽分化时，要追开盘肥，此时以追速效氮肥为主，每亩应追腐熟人粪尿 500～750kg，或尿素 5～7.5kg。直播油菜薹肥应适量早施，做到"见蕾就施"（薹高 5cm），促春发稳长，弥补前期的生长不足；偏迟施用，易引起薹期徒长，不利于稳产、高产，一般每亩追施尿素 7.5～10kg 配施磷酸二铵 2.5～5kg，或施三元复合肥 15～20kg。为防早衰，后期还要追施尿素 3～5kg，并要喷施硼肥 1～2次，同时，还可混喷"惠满丰"活性液肥 500 倍液，可发挥抗寒、抗逆、促进早熟的综合功能。

67. 冬油菜施腊肥的作用有哪些，如何科学施用腊肥？

冬油菜施用腊肥是一项重要的增产措施。

（1）主要作用

① 保温防冻　施含磷钾较多的农家肥作腊肥，可提高地温 2～3℃，提高植株细胞的含钾量，增强细胞的持水力，使植株在低温下不易结冰，免遭冻害。另外，增施有机肥还可提高土壤溶液中盐分的浓度，减轻油菜根系的受害程度。

② 促进油菜蕾薹期生长发育　油菜蕾薹期是油菜吸收磷钾养分最多的时期，施用腊肥能保证此期磷钾养分的供应，从而促进油菜生长发育，增加有效分枝和角果数。

③ 腊肥春用　油菜花期和成熟阶段是生殖生长最旺盛的时期，对磷的吸收量达到高峰，占全生育期的 60% 左右，同时也要吸收一定数量的氮素和钾素。春季气温回升快、湿度大，如果施用速效性化肥会导致植株疯长，造成倒伏和病害发生。而施用以有机肥为主的腊肥，能源源不断地释放养分，供油菜后期生长发育使用，从而达到促进油菜春发稳长的目的。

（2）施用方法

① 腊肥的施用量因苗情而定　苗情好，多施粗肥，以保温为主；苗情差，则多施精肥，以供给养分为主。一般每亩施土杂肥 1200～1500kg（或腐熟猪牛粪肥 700～800kg），配施过磷酸钙 10～15kg。

因缺氮过早落黄的油菜，每亩加施腐熟的人粪尿 400kg（或尿素 5～6kg）。

②腊肥的施用时间要因肥因苗而定　体积较大的土杂肥、猪牛栏粪肥早施，必须在油菜封行前，田间便于操作时施下。加水淋施的速效性化肥或人粪尿，一般从冬至到小寒期间施用。施肥必须结合中耕培土壅根，将肥料埋入土壤中。

68. 开春后如何对冬油菜进行追肥？

开春后，冬油菜进入营养生长和生殖生长的旺盛时期，它需要吸收大量的养分，应根据土质、气候和春前施肥情况，结合苗情进行科学追肥。

（1）早施春肥　早春追肥能补救油菜冬季生长的不足，促进多分枝，早现蕾。特别对基肥不足，又未施腊肥的油菜，早春补施追肥是夺取高产的关键。一般亩用尿素 5～8kg（或碳酸氢铵 10～15kg）。

（2）巧施薹肥　油菜蕾薹期是营养生长和生殖生长两旺时期，也是搭好高产架子的关键时期。适时适量施好薹肥，增产幅度可达 17%～26%。施用时间在抽薹前或者抽薹初期，以薹高 5～10cm 时施用最为适宜。在 2 月底前后施薹肥。薹肥施用过早，肥效不能在蕾薹期发挥应有的作用，后期容易脱肥早衰；反之，主茎和分枝高度均增加，后期不仅易倒伏，而且贪青迟熟，易患菌核病。薹肥要求占油菜一生总施肥量的 30%，每亩施纯氮 5～6kg，最好施用复合肥。

施用时，要掌握"两看两定"原则。即一看品种类型定施肥先后，白菜型品种生育期短，单株生产力低，应早施少施；甘蓝型品种可适当迟施、重施。二看苗情长势定施肥数量，前期施肥量多、长势弱的田块要重施，要求在油菜叶面上无水时施肥，并以条施为宜，切忌早晨露水未干时追肥。

（3）叶面喷硼　油菜对硼十分敏感，而且需要量大。越冬油菜若遭遇严重持续干旱，会给油菜的正常生长与发育带来较大影响，由于持续干旱会使土壤中"硼"的有效性大大降低，作物根系无法吸收，进而导致油菜植株缺硼，"花而不实"，严重减产，因此对受旱油菜要特别注意补施硼肥。即使在播种或移栽时已经基施过硼肥的油菜田块，花期仍然需要叶面喷硼。

油菜叶面喷硼，应抢在蕾薹至初花期，亩用 0.1% 的"速乐硼"

或 0.5％的硼砂水溶液 60kg，均匀喷施 2～3 次。若硼肥用量不足或用液量不够，则达不到应有的增产效果。另外，还要注意选购硼肥的质量，防止因使用伪劣硼肥导致劳而无功。

（4）增施钾肥 为提高油菜抗倒伏、抗病、抗渍能力，施用钾肥有明显效果，特别对缺钾土壤如沙质田、水稻田春季增施钾肥，能收到明显的增产效果，时间在 2 月下旬～3 月中旬，可每亩撒施草木灰 150kg 左右（或氯化钾 15kg）。

69. 连作油菜通过哪些施肥措施也可达到高产？

油菜生产大多是在连作条件下进行的，如集中产棉区的棉地套栽油菜、稻田移栽油菜等。油菜连作，菌核逐年累积，会加重菌核病的发生而减产，导致土壤缺钾和缺硼，降低连作地油菜产量。根据连作油菜地块的特点，应针对性采取一些措施，以使油菜获得连年丰收。

（1）增施钾肥 目前推广的甘蓝型油菜，对钾的需求量大。杂交晚稻田连作油菜的土壤中极易缺钾，已成为油菜高产的障碍。油菜缺钾，前期表现一般不明显，当表现缺钾时，正值生长后期，无法补救，因此油菜施钾应从前期入手，要求在油菜移栽成活后，施第一次壮苗肥 10 天后，每亩施用氯化钾 6～7.5kg，加人畜粪水肥 100～150kg，兑水 1000kg 泼施。2 月底结合松土培蔸，用上述方法再补施一次钾肥。如果钾肥不够，也可每亩施用草木灰 100～150kg，可收到良好的补钾效果，能使植株增高、分枝增多、果多粒多、产量增加。

（2）重施腊肥 连作油菜施用腊肥具有双重作用，既可在冬季保温抗寒，又可在春季壮薹增枝，促进春后稳长。一般每亩油菜地施土杂肥 1200～1500kg 或腐熟厩肥 700～800kg，或火土灰 900～1000kg，于 12 月下旬或 1 月上旬施于油菜行间，施后中耕培土，将外露的根颈和腊肥一起覆于根际。

（3）理墒排渍 春后气温升高，雨水增多，连作地油菜一定要清理好"三沟"，对未开沟的田块要突击开挖田内沟，对已开沟未配套的田块应加深疏通，保持沟系畅通无阻。结合清沟，做好覆土壅根，以增强根系活力，防止土壤渍水油菜闭气烂根。

（4）补施硼肥 目前推广的双低油菜、杂交油菜均对硼肥敏感，尤其是连作油菜，移栽时没有施硼的，要结合施腊肥补施硼肥，一般每亩施硼砂 300～400g，棉地连作油菜可增至 750g。在春后薹期应对连作油菜连续喷硼 2 次，每次间隔 7～10 天，每次每亩用硼砂 100g，兑水 60～70kg 喷雾。

（5）中耕摘叶　春后 2 月下旬至 3 月上旬对油菜地中耕，可控制杂草生长，埋没菌核病病菌初发的子囊孢子，提高土壤通透性。油菜开花中后期，及时打掉靠近地面的黄叶和老叶，减少病害传播途径，同时可改善田间通风透光条件。对长势好的油菜，开春抽薹后，结合喷硼，每亩用 15% 多效唑可湿性粉剂 30g，兑水 50kg 喷雾，可矮化植株，增强连作油菜的抗寒抗倒伏能力。

（6）防治病虫　在菌核病中等发生年份，在盛花期用药防治两次；中等偏重和大流行年份，在盛花期及终花期分别用药防治一次，可每亩每次选用 50% 腐霉利可湿性粉剂 75～100g，或 25% 咪鲜胺乳油 30～40g，或 2% 宁南霉素水剂 120～180mL 等兑水 30～45kg 喷雾防治。均匀喷到植株各部位。对油菜田蚜虫的防治宜选用吡蚜酮、吡虫啉等有效农药喷杀。

70. 如何搞好冬油菜的精准施肥？

（1）油菜施肥存在的主要问题　有机肥施用不足、秸秆还田率低；施肥中氮、磷、钾养分比例不协调；部分地区土壤酸化较严重和缺乏硼等微量元素。

（2）油菜科学施肥应坚持四项原则　根据测土配方施肥结果，确定氮磷钾肥合理用量和配比；增施有机肥，提倡有机无机结合和秸秆还田；移栽油菜基肥深施，直播油菜种肥同播，肥料集中施用，提高养分利用效率；酸化严重土壤增施碱性肥料或石灰，土壤缺乏有效硼，适量补充硼肥。

（3）施肥建议　不同的目标产量，不同的施肥量。

目标产量 200kg/亩以上的区域，每亩施肥总量（折纯）为：纯氮 13～15kg、五氧化二磷 4～6kg、氧化钾 7～9kg、硼砂 1.0kg。

目标产量 100～200kg/亩的区域，每亩施肥总量（折纯）为：纯氮 10～13kg、五氧化二磷 3～5kg、氧化钾 5～7kg、硼砂 0.75～1.0kg。

氮肥总量的 50% 作基肥，20%～30% 作越冬苗肥，20%～30% 作薹肥；钾肥总量的 60%～70% 作基肥，30%～40% 作薹肥；农家肥或商品有机肥、磷肥和硼肥作基肥。

（4）技术要点

① 施足基肥　油菜植株高大，需肥量多，应施足基肥。基肥以有机肥为主、化肥为辅。

a.施用数量　一般每亩施用农家肥 1000～1500kg（或商品有机肥 100～200kg），油菜专用配方肥或通用型复混肥 30～40kg 加硼肥 0.5～1kg。

b.施用方法　结合耕翻整地，将农家肥、配方肥（或复混肥）与硼肥耕翻入 20～30cm 的耕作层内，切忌施肥过浅，以免造成油菜中后期脱肥。

② 早施苗肥

a.施用数量　利用冬前短暂的较高气温，早施苗肥，促进油菜的生长，达到壮苗越冬。施用数量，每亩施尿素 5～6kg。基肥如未施磷、钾肥，每亩可施用高氮的三元复混肥或油菜专用配方肥 8～10kg。

b.施用时期　一般在定苗时或 5 片真叶时施用，春性强的品种或冬季较温暖时应早施，冬季气温低可适当推迟。

c.施用方法　移栽油菜趁墒穴施，直播油菜条施或趁雨撒施。11月下旬，可结合壅根培土追施腊肥，每亩撒施草木灰或碎秸秆 50～100kg，起到蓄水保墒、增温防冻的作用。

③ 稳施薹肥　油菜薹期是营养生长和生殖生长并进期，也是增枝增蕊的关键时期，需肥最多。要根据基肥、苗肥的施用情况和长势稳施薹肥。

a.施用数量　基肥、苗肥充足，植株生长健壮，可少施或不施薹肥；基肥、苗肥不足，有脱肥趋势的应早施薹肥，一般每亩施用尿素 8～10kg 或高氮复混肥、油菜专用配方肥 15～20kg。

b.施用时期　一般在抽薹中期、薹高 15～30cm 时施用；长势好的，可在抽薹后期、薹高 30～50cm 时施用，要注意防止花期疯长而造成郁闭。

c.施用方法　移栽油菜趁墒穴施，直播油菜条施或趁雨撒施，应在早晨露水干后施用。

④ 巧施花肥　油菜抽薹后边开花边结荚，种子的粒数和粒重与开花后的营养条件关系密切。对于长势旺盛、薹期施肥量大的可以不施或少施；对于早熟品种不施，或在始花期少施。

施用方法和数量，在开花结荚时期，每亩叶面喷施 0.1％～

0.2%的尿素加 0.2%磷酸二氢钾溶液 50kg。缺硼地区或基肥未施用硼肥的田块，在苗后期、抽薹期应各喷施一次 0.2%硼砂水溶液，防止"花而不实"，提高油菜产量。

71. 如何防止油菜缺钙?

钙在作物体内主要分布在叶中，老叶比幼叶含量更多，钙是构成细胞壁的重要元素，可通过影响细胞分裂中细胞壁的形成来影响细胞伸长和根系生长。钙在作物体内易形成不溶性的钙盐沉淀而固定，成为不能转移和不能再度利用的养分。钙是油菜生长必需的营养元素，油菜在生长过程中带走大量的钙，一般情况下，土壤中的钙都能供应油菜生长，但是对于那些油菜高产区和土壤受淋洗严重的地区，土壤中的钙不足以供给油菜生长。

（1）缺钙症状 植株矮小，幼叶失绿、变形，叶缘下卷出现弯钩状，下部叶片边缘焦枯，严重时生长点坏死，叶尖和生长点呈黏化果胶状。顶花易脱落。结角期花序顶端弯曲，生长点受损，严重时坏死，呈"断脖"症状（彩图 20）。缺钙根系常变黑腐烂。

（2）缺钙原因

① 土壤和气候因素 我国油菜主产区有较大面积位于长江流域及以南地区，温湿条件导致土壤高度风化和淋溶，土壤含钙量通常较低，土壤酸性强，影响了钙的有效性。沙质土壤含钙量也较低。干旱或长期降雨、阴湿天气也影响油菜对钙的吸收。

② 施肥因素 过量氮、磷、钾肥的施用均会造成养分不平衡而缺钙。例如，氮肥的过量施用会降低土壤中钙的有效性，引起作物缺钙症。

③ 水分供应失调 当土壤过干或过湿时，在多雨季节过后接着干旱，或骤然遭受干旱的情况下，易造成钙的大量流失，有效钙含量降低，影响对钙的吸收。土壤干旱，使得土壤溶液浓度提高，减少了根系吸水从而抑制钙的吸收，易产生缺钙症状。春季田间渍水易引起开花期油菜缺钙。

（3）补救措施 施用生石灰是维持耕层土壤结构，保持油菜高产的必要措施。一般每亩向油菜田表层撒 66.7～100kg 生石灰，油菜根际 pH 上升，还可减少病虫害的袭击。

72. 油菜缺硼症状表现在哪些方面?

硼是油菜不可缺少的微量元素，土壤缺硼，油菜常常出现"花而不实"的现象。不同油菜品种对硼的需求量存在较大的差异，一般是甘蓝型油菜品种大于白菜型或芥菜型油菜品种。甘蓝型油菜品种对硼特别敏感，但不同甘蓝型油菜品种对硼的需求也是不同的，一般地，按照需求量由大到小，排序为甘蓝型杂交双低油菜＞常规杂交甘蓝型品种＞双低品种＞常规油菜品种，因此甘蓝型油菜可以作为土壤缺硼的指标作物。一般土壤中有效硼＜0.3mg/kg时即出现缺硼症状。我国湖北、湖南、江西、浙江、云南、贵州、陕西等省都发现因土壤缺硼而普遍发生"花而不实"造成油菜大面积减产的现象。油菜缺硼一般减产20%～30%，严重发病地区则造成大面积翻耕毁种。

（1）油菜不同部位的缺硼症状　油菜缺硼时，其根、茎、叶、花、蕾、果都不能正常生长发育，特别是角果会因花器退化而出现"阴角"，形成"花而不实"，导致菜籽产量明显降低。

① 根　在苗期土壤严重缺硼时，幼根停止生长，没有根毛或侧根，根皮变褐色或发黑，皮层龟裂。木质部空心，呈黄褐色。有时根茎下面很粗壮。

② 叶　缺硼在苗期表现为幼叶失绿变褐，蔓延至整个生长点，易成死苗。薹期叶中部先变暗绿色，叶质增厚，易脆、倒卷、皱缩，叶缘先变为紫色后变为蓝紫色，叶片提前脱落。甘蓝型油菜从叶缘扩展到全叶出现紫红色。越冬阶段，红叶多出现在中下部。开花期以后，中上部功能叶也因缺硼呈现紫色。正常油菜叶片含硼量在20mg/kg以上，而缺硼油菜叶片含硼量常＜10mg/kg。

③ 茎　缺硼油菜薹茎延伸缓慢或发生纵向折裂，茎顶端生长停滞，严重时木质部空心呈黄褐色或出现根肿。缺硼严重的茎秆中下部皮层出现纵向开裂。有的出现油菜独薹不分枝，独薹上开的花小而僵，结出的角果也是小而僵硬。

④ 花果　油菜"花而不实"是缺硼的典型症状。在花果期表现为花序顶端花蕾褪绿变黄，萎缩干枯或脱落，开花不正常，不结籽或形成仅有少量籽的畸形角果，产量锐减或绝收。

（2）油菜不同时期缺硼的表现症状

① 苗期　根系发育不良，生长慢，须根少；根尖端生有小型瘤状物；根颈膨大，严重的表皮变褐色，皮层龟裂甚至坏死，易死苗。油菜移栽后现青迟缓，不长新叶，叶片畸形，小而肥厚，叶缘倒卷皱缩，叶脉褪绿转黄，叶色暗绿无光泽，叶边缘至整个叶片变紫或紫红色。严重缺硼的病株幼叶逐渐枯萎至死。

油菜僵苗主要原因是缺硼，与土壤环境条件有关，土壤的水分过多、土壤板结、土壤贫瘠，根系无法吸收养分都会导致僵苗。

② 蕾薹期　根茎膨大，根部出现空心，根表皮黄褐色。叶质增厚而脆弱，叶边缘倒卷，叶面隆起，凹凸不平，叶片褪绿变成蓝色紫斑。花朵色泽不鲜艳，花瓣干枯皱缩，个别柱头伸出后即枯萎，不能正常开花。薹茎发育不正常，生长缓慢，薹短薹细，有时出现"茎裂"现象。植株矮化，底部腋芽开始分枝。严重缺硼的田块蕾薹期发生死苗现象。

③ 开花期　根部和叶片症状同前两个生育期。主花序和分枝花序明显矮化，顶端萎缩。开花偏迟，无明显终花期。花粉粒、柱头、子房发育不完善，开花进程慢或开花不正常，形成"花而不实"，不能正常形成幼果。

④ 角果期　由于胚珠萎缩，不能形成正常的种子和角果，一般角果长至 10mm 左右即枯萎而大量脱落。少数角果畸形，种子籽粒大大减少而且大小不均匀。由于角果大量脱落，养分集中，少数种子比正常种子还要大，但大多数种子因胚珠发育不完善而变小。这个时期再生分枝不断抽出成丛生分枝，开花不已，直至正常植株的角果已成熟，缺硼病株仍继续"开花而不结实"，其他根、茎、叶器官症状与前几个生育期相似，但根肿不明显，茎秆折断，中上部功能叶也呈现紫红色，光合效率降低。

73. 油菜田如何全程施用硼肥促进增产？

施用硼肥可促进油菜增产，特别是缺硼严重的土壤施用硼肥，增产效果更加显著，多年的实践证明，少则增产 20%，多则增产 30% 以上。硼肥的施用方法有基施、叶面喷施、浇施、种子处理和配合施用等。当前各地销售的硼肥主要有硼砂、硼酸等，但以硼砂为主。

（1）**基施**　在油菜播种或移栽前将硼肥施入土壤中，供给作物整个生长发育的需要，有利于满足油菜全生育期对硼素的需要，肥效长，且节约用工，在严重缺硼土壤上，增产效果尤为显著。每亩用 0.5～1kg 硼砂与 15kg 干细土或有机肥、化肥混合均匀，作基肥开沟条施或穴施。施用时，由于硼对种子发芽和幼根生长有抑制作用，应避免硼肥与种子直接接触。不宜深翻或撒施硼肥。土壤施用硼肥有较长后效，一般只需每隔 3～4 年施用一次。

（2）**浇施**　将硼肥与人畜粪水肥或化肥水溶液混匀，于播种时浇入播种穴内作为基肥或在油菜生长前期、中期浇到油菜苗上作追肥，浇施硼肥的效果较干施或叶面喷施的效果更好。

（3）**种子处理**　用 0.1% 的硼砂溶液浸种 6 小时，或 1kg 种子用 4g 硼砂拌种。但由于硼素对种子发芽有抑制作用，使用硼肥拌种浸种要慎重，一般情况下不宜使用。此外，在移栽油菜时，用 0.1% 的含硼水溶液蘸秧根，有一定增产效果。上述两种方法，具有技术要求严格、操作不便、费工的特点，故在生产上很少应用。

（4）**叶面喷施**　叶面喷施具有省肥、作物吸收快、施用时期灵活等特点。叶面喷施的时期宜早不宜迟，油菜开花后叶面喷施硼肥的增产效果不显著。应在苗后期（花芽分化前后）和抽薹期（薹高 15～30cm）各喷一次 0.1%～0.3% 硼肥水溶液，这是喷硼的关键时期。如用硼砂，先以 40℃ 温水溶解，再用水稀释。如用"速乐硼"，则可在任何温度下快速溶解喷施。

用量以喷雾均匀、叶面充分湿润有水滴为宜。一般苗期每亩用肥液约 50kg，后期 80～100kg。

喷硼应选择晴天傍晚或早晨进行。因为这时相对湿度大，气孔张开有利于油菜吸收到体内。在干燥和大风时不宜喷施。喷施后 36 小时内遇降雨应重新喷施。叶面喷硼虽然有显著的增产效果，但在严重缺硼地区或土壤上，如喷施次数少，常不能及时保证油菜对硼的需要量，因而喷施效果低于基施硼肥。

（5）**配合施用**　硼肥与有机肥和氮、磷肥配合，发挥配合施肥的增产潜力。每亩施优质农家肥 1000～2000kg 作基肥。在中低产土壤上，在每亩施硼肥 0.5kg 的同时，氮肥配合适宜用量为 12.5～17.5kg［氮、硼肥比值（25～35）∶1］；磷肥的适宜用量为 6kg（磷、硼肥比值 12∶1）。

硼肥的适宜用量根据土壤类型和缺硼状况而定，一般来说沙质土壤缺硼严重的地块应施用硼肥的上限量，缺硼不严重的地块应施用硼肥的下限量。

74. 油菜缺硼后的补救措施有哪些？

油菜一旦出现缺硼症状，应及时施硼补救。为减少油菜的"花而不实"，提高油菜产量，在没有施用硼砂的田块，必须采取以下补救措施。

① 油菜施腊肥时每亩加硼砂 1kg，与肥料混合施用。

② 苗期（或 1 月份之前）、开春抽薹 10～15cm 时，分别每亩用硼砂 50～100g，加水 50kg，配成 0.1%～0.2%浓度的硼砂溶液，或用"速乐硼"50～75g 兑水 50kg，配成 0.1%～0.15%浓度的"速乐硼"溶液，进行叶面喷施。

③ 花期开花 60%～80%时，可结合防治菌核病每亩以硼砂或"速乐硼"100g、磷酸二氢钾 100g、50%多菌灵可湿性粉剂 100g，兑水 75～100kg 喷施。每隔 10 天喷施一次，共 2 次，可以明显减少菌核病和"花而不实"的现象。

75. 如何防止油菜肥害？

作物如果在生育阶段施肥不恰当，就会引起肥害，肥害在育苗、大田栽植中时有发生，南方发生尤多，其危害程度不亚于病虫危害。

（1）症状 肥害常见的有外伤型和内伤型两种。

① 外伤型肥害 是指由肥料外部侵害所致，造成油菜的根、茎、叶的外表受伤害。如氨气过量可致油菜出现水渍状斑，输导组织坏死，茎秆出现褐黑色伤斑，严重的朽住不长或枯死。

② 内伤型肥害 是指施肥不当，造成植株体内离子平衡受到破坏引起的生理伤害。如氨气过量吸收，造成叶肉组织崩溃，叶绿素解体，光合作用不能正常进行，最后植株死亡，影响产量和质量。

（2）发生原因

① 气体毒害 当氨气在苗床或大田中浓度高于 5mg/kg 时，油菜等叶类蔬菜茎叶出现水渍状斑，致细胞失水；当氨气浓度高于 40mg/kg 时，造成急性伤害，输导组织坏死，叶绿素解体，茎、叶

间出现明显的褐黑色点或块状伤斑。生产上施用碳酸氢铵、氨水、尿素都可发生。尿素是酰胺态氮肥，于土壤中在尿毒酶的作用下，水解成碳酸氢铵，然后再分解产生气态氨，遇有高温条件，土壤含水量低于 20%，这时气态氨易沉积在苗床或土壤表面，造成气体毒害。浓度、沉积时间与为害程度成正相关。

② 浓度伤害　施用化肥或有机肥过量都会造成浓度伤害。当土壤中盐分浓度高于 3000mg/kg 时，植株吸收养分和水分的功能受抑，细胞渗透阻力大，从而出现浓度伤害症状。生产上化肥干施，有机肥过量或未充分发酵腐熟，这些肥料在空气、水分、温度作用下，分解出大量有机酸和热量，致油菜等白菜类蔬菜的根系经不住高酸、高热的作用而发生肥害。尤其是过量施用，致土壤有效氮含量超负荷，浓度过高，造成烂种和烧苗。有的发生亚硝酸的积累而引起毒害。

③ 拮抗作用　过量施用钾肥会引起土壤中钾素含量多，这将妨碍对钙、镁和硼等元素的吸收而出现缺素症。

（3）防治方法

① 改革施肥方法　提倡施用酵素菌沤制的堆肥和腐熟有机肥，采用分层施或全层深施法。将下茬蔬菜生产所需肥料按总量的 60%～80% 在整地时分层施入土壤中，也可按当年计划茬口及施肥总量，在深翻时一次性施入，采用配方施肥技术，掌握好氮、磷、钾三要素及微量元素的配方，施后要根据土壤干湿程度确定是否浇水，一般要保持土壤湿润，使肥料充分腐熟。切忌干施后立即播种或定植。

② 科学施用化肥　菜田每亩年用量标准为碳酸氢铵 25kg、硫酸铵 15kg、尿素 10kg，施用时必须考虑天气、土壤、苗情、化肥理化性质，因地制宜加以掌握，使其既能充分发挥肥效，又能节约成本，有效防止肥害的发生。有条件的尽量减少化肥施用量，生产无硝酸盐污染的蔬菜。提倡施用涂层尿素、长效碳酸氢铵、控制缓释肥料、包裹肥料、硅酸盐细菌生物钾肥等。

③ 提倡生物肥料与化肥混合施用　生产上长期施用化肥的菜田，土壤微生物减少，也会造成有机质分解受阻，不仅营养物质易流失，同时降低了有机肥等资源利用率。因此，把生物肥料和化肥混合施用可改良长期施用化肥的土壤，不仅弥补生物肥料中含氮量不足的缺陷，还可使化肥不流失。菜田每亩可穴施"绿丰"生物肥 50～80kg 或喷施"垦易"微生物活性有机肥 300 倍液。

④ 药剂防治　必要时施用"惠满丰""促丰宝""保丰收"等多元素叶面肥。施用"惠满丰"时亩用量250～500mL，稀释400～600倍液，或施用"促丰宝"活性液肥Ⅰ号400～500倍液。

第三节　油菜用水技术疑难解析

76. 油菜田如何做到合理灌溉与排水？

（1）合理灌溉　油菜生育期长，营养体大，枝叶繁茂，结实器官多，一生中需水量较大，土壤中水分含量是影响油菜产量的重要因素。水分供应充足、适量，油菜根部土壤水分环境好，土壤中水、肥、气、热相互协调，则根系发育良好，吸肥、供肥能力强，能提供植株正常新陈代谢所需要的养分，根、茎、叶生长发育正常，形成丰产株型而获得高产。当降雨偏少或灌溉不当造成土壤缺水时，油菜苗期表现为下部叶片萎蔫、变黄然后脱落，抑制幼苗生长；花期则表现为花蕾脱落、花朵数量减少；角果期表现为幼嫩角果脱落、单株角果数减少。因此，合理灌溉是保证油菜高产稳产的重要措施。

（2）合理灌溉的原则　油菜产区要根据当地的气候条件、土壤条件、栽培水平、自然降雨特点、水利资源等因素综合考虑，制订出适宜的灌溉时间、灌溉量及灌溉方法。

① 适宜的灌溉时间　首先根据油菜各生育时期的需水特性，其次是要掌握油菜需水时期的自然降雨情况，最后是要检查土壤中水分含量是否充足。

② 适宜的灌溉量　主要是根据当时的自然降水量、灌溉前后可能产生的自然降水量以及土壤中的实际含水量来确定。即是指一次灌溉后的水分能满足油菜某一生长时期对水分的需求，既不需要多次灌水，也不需要因灌水太多而排水。

③ 灌溉方法　通常采用漫灌法、沟灌法和喷灌法三种方法。

（3）及时排水

① 排水的作用　一是油菜田因降雨多或灌溉不当，造成土壤中水分过多而产生渍涝现象，导致根系吸收不到充足的氧气，其活力降低，供肥力减退，影响地上部植株的生长发育，植株还极易倒伏。二

是由于土壤中严重缺氧，会滋生各种病原菌，恶化土壤理化性状，对油菜根系的正常发育十分不利。因此要及时清理沟渠，排出田间多余的水分，为油菜生长发育创造良好的土壤环境条件。

② 排水的方法　田间主要采用明沟排水。排水沟一定要开在油菜田的最低处，田间积水会自然流出；灌溉时的水沟也可用于排出积水。

77. 如何进行油菜的水分管理？

根据油菜的需水特点及各产区的气候条件，北方冬油菜区及旱寒区油菜的水分管理应以灌水为主，江淮流域应注意灌排结合。油菜灌溉、排水主要掌握以下环节。

（1）浇好底墒水　油菜种子在吸收占本身重量 60％ 的水分时才能萌发出苗，若土壤墒情不足，则出苗不齐，甚至不能出苗。因此，油菜在播种前土壤墒情较差时，应浇底墒水。一般浇水应提前 7～8 天进行，灌水后及时耕耙整地。旱地要注意及时耙耱，蓄水保墒，力争足墒下种。

稻油两熟地区，为保证油菜正常播种，对于排水不良的烂泥田，可在水稻收获前 7～10 天于四周开沟排水；若残水难于排干，可采用高畦深沟栽培方式，这种方式有利于降低地下水位，促进根系发育和产量的提高。

（2）灵活灌苗水　苗期水分管理应做到"十六字"：浇水保苗、灌水发根、以水调肥、以水调温。具体来说，要适时灌溉培育壮苗，播种出苗期若遇干旱，整地时灌水整地，播种后每亩浇施 1500～2000kg 猪牛粪水（泼施），保证安全出苗和出全苗、齐苗。移栽时和移栽后立即每亩用稀薄猪牛粪水 2000kg 左右加尿素 3～4kg 兑水浇窝，确保成活快、返青快。移栽苗开始生长或直播苗 3 叶期以后，引水沟灌，每亩先撒施尿素 2～3kg，再灌水，促进菜苗根系生长及对养分的吸收。灌水量可根据土壤质地，保水性能和苗情而定。沙质土壤保水性较差，可适当多灌水；壤土、黏土保墒性较好，可适当少灌。

（3）适时灌冬水　油菜冬灌是北方冬油菜产区越冬保苗的一项重要措施。冬灌不仅是由于冬春干旱少雨，蒸发量大，需要补充土壤水分，供油菜吸收利用，而且通过冬灌可稳定和提高土壤温度，达到防冻保苗的目的。北方冬季气温较低，对油菜越冬威胁很大，灌水可增加土壤含水量，提高土壤的比热和土壤导热性能，避免土温下降过快，保持土温平稳，从而大大减轻冻害，保证油菜安全越冬。据调查，在严寒年份冬灌的地块油菜死苗率仅 2.7％，未冬灌的油菜田死苗率达 26.9％。

油菜冬灌要做到适时，灌水过早，起不到冬灌的作用；浇水过晚，气温低，土壤结冰，反而加重冻害。对于生长正常的油菜，冬灌的时机以土壤封冻前 10～15 天，日平均气温下降到 5℃时（即小雪前后）较好。对于长势差的油菜，可适当早灌，以促进生长。

（4）灌好蕾薹水　开春油菜现蕾以后，随着气温不断升高，枝叶生长日渐加快，对水分需求量显著增加。水分供求状况是否良好关系到植株营养体的大小和角果的多少。

油菜蕾薹期，南方地区的雨水明显增多，油菜对水分的需求基本得到保证。此时的水分管理的重点是在冬前开沟的基础上，及时清理沟系，以防降水过多发生渍害。如果发生早春干旱，应根据土壤墒情适时灌水，可结合施蕾薹肥进行浇水，水肥并用，促进油菜生长，搭好丰产架子。

（5）稳浇开花水　油菜开花期，生长发育旺盛，不仅需水量较多，而且对水分反应敏感。此期缺水，对植株光合作用和植株开花数、角果数有很大影响。

北方春季一般干旱少雨，气温升高较快，蒸发量较大，因此，及时灌水是增花增角的有效措施。

但长江流域时常阴雨连绵、低温寡照，造成土壤含水量过高，通气不良，不利于油菜根系发育。田间湿度过大，有利于油菜菌核病的发生。因而应保持沟系畅通，确保降水后能及时排干，降低田间湿度。

花期如遇干旱，灌水应根据土壤肥力和植株长势而定，若土壤肥力高，生长繁茂，田间郁闭严重，可推迟灌水或不灌，以水控肥；相反，植株长势差则应早灌、多灌，以水促肥。一般开花期可灌水 1～2 次。

（6）补灌角果水　角果期保持土壤适宜的水分不仅可以增加结角数，使角果满尖，而且粒饱籽重，也有利于后茬作物播种。油菜角果期地温急剧上升，蒸发量大，若土壤干旱，可适时灌溉。

油菜角果期雨水偏多的南部产区易发生渍害，植株受渍早衰，影响产量、品质，因此，要做好开沟排水工作，降低地下水位，加速径流排水，减少土壤含水量，增强根系活力，以利于活熟到老。

油菜角果发育成熟期，常有高温艳阳、干热风劲吹的天气，易造成高温逼熟、千粒重降低、产量和品质下降，角果发育期水分适宜能提高粒重，保证品质，酌情灌水不能忽视。

78. 为什么说"冬水是油菜的命，春雨是油菜的病"？

油菜耐旱性较差，移栽的油菜根系分布较浅，如果冬季水分不足，在干冻的条件下，根、叶生长和花芽分化都会受到阻碍。直播油菜遇干旱，出苗不齐，缺苗断垄严重。一般秋冬干旱，气温高，蚜虫多，危害严重，如不及时抗旱会造成死苗、缺棵，影响产量。

在移栽时普遍浇足定根水，有的连续浇2～3次，有的兼施少量粪肥兑水浇施效果更好。旱情严重的时候，采用沟灌抗旱，将水引灌入畦沟，灌水到沟深的2/3，不淹畦面，慢慢渗入土中，浸透以后立即将沟内的余水排干，并在土壤干湿适宜的时候松土保墒，可以较长时间起到抗旱作用。切忌淹灌、漫灌和久灌，以免土壤缺氧。油菜灌水时易出现土体下沉、伤害根系的现象，最好采取淋水的方法，并结合施肥一并进行。对引水抗旱确有困难的旱地油菜，要挑水抗旱，增加土壤墒情，促进油菜生长。同时，大力推广用稻草、麦秸秆、树叶等覆盖行间的方法，以减少土壤水分蒸发，提高抗旱能力，且预防冻害。

长江中下游地区春季一般雨水偏多，油菜地里长期处于高温多湿的环境，病菌生长繁殖快，容易发生菌核病、霜霉病和白锈病，因此油菜春后生长时期的排水防渍工作不能忽视，无论是水田和旱地，移栽或直播的油菜，都要有畦沟，以利于排水，尤其是晚稻茬的油菜田，晒土时间短，土壤结构差，更要深沟窄畦，降雨前后都要进行清沟排渍。

79. 移栽油菜时用全田灌溉取代浇定根水需要注意什么？

移栽油菜时，特别是大面积移栽油菜后，生产上常有用全田灌溉取代浇定根水的做法，如有的为节约人工，采用园林绿化用的洒水车喷雾洒水代替浇定根水。播种大面积的油菜浇定根水会很不值得，采用全田灌溉则更实用更实际。

这种方式需要注意在播种比较早、气温比较高、天气干旱时使用。若近期下雨，可等天晴再进行灌溉。在播种油菜的晚期，温度低、出芽慢、水分蒸发慢时则不能使用。后期不提倡全田灌溉，前期可以。灌溉时要注意技术，使用时沟应深些，水灌得少些，让其慢慢渗透。水渗透后则及时放掉水。天干旱可渗透时间长些，天冷灌少许后要及时放掉，一般一夜即可。

第四节　油菜用药技术疑难解析

80. 油菜生产常用的农药品种及安全间隔期有哪些?

按照中华人民共和国农业部 2011 年制定的 NY/T 1996—2011《双低油菜良好农业规范》，油菜生产可使用的农药品种及安全间隔期见表 13。

表 13　油菜生产常用的农药品种及安全间隔期

农药名称	最多使用次数	安全间隔期/天	备注
精喹禾灵	1	—	杂草 3～6 叶期喷施
精吡氟禾草灵	1	—	春季油菜 3～5 叶期喷施
精噁唑禾草灵	1	—	油菜 2～4 叶期喷施
草除灵	1	—	油菜移栽后 7 天喷施
烯草酮	1	—	杂草 2～4 叶期喷施
烯禾啶	1	—	杂草 2～5 叶期喷施
乙草胺	1	—	移栽后土壤喷施
喹禾糠酯	1	—	油菜 5～6 叶期施药，茎叶喷雾
双酰草胺(雷克拉)	1	—	开春油菜转青初期至开盘前施
抗蚜威(辟蚜雾)	2	14	—
腐霉利 (速克灵/二甲菌核利)	2	25	—
异菌脲	2	50	—
溴氰菊酯		5	

81. 多效唑在油菜生产上的应用有哪些？

多效唑是一种植物生长调节剂，使用成本低廉。油菜大田期巧施多效唑，可起到事半功倍的效果（彩图 21）。

（1）培育油菜壮苗

① 适当提早播种，适当稀播　多效唑有延缓幼苗生长发育的作用，因此，应用于培育壮苗，必须比常规育苗播种提早 3～5 天；每亩播种量不超过 0.5kg，以保证合理的密度。并在 1 叶期开始间苗，去弱留壮，做到叶不搭叶。到 3 叶期定苗。

② 施足基肥，加强管理　一般在播种前每亩苗床施土杂肥 500～750kg、人粪尿水 750kg、过磷酸钙 20～25kg、氯化钾或硫酸钾 5～7.5kg。喷施多效唑后 4～5 天开始叶片变为浓绿，但仍要注意追施提苗肥，以防止造成营养不良、茎部叶片发黄，生长发育受阻，追肥一般每亩用尿素 5kg（或人粪尿水 500kg）。使用多效唑后秧苗叶色浓绿，易招引多种害虫危害，必须加强防治。

③ 适期施药，保证质量　油菜使用多效唑培育壮苗，要掌握施药时期和药液浓度，注重施药质量。培育壮苗喷施的最佳期为 3 叶期，使用太早因幼苗太小，会抑制过度，影响正常生长发育；使用过迟，又会影响培育矮壮苗的效果。用 15% 多效唑可湿性粉剂 50～67g，兑水 50kg 喷雾，注意不要多喷、重喷，也不要漏喷。对苗床地肥、苗旺的可适当早喷；反之，要适当推迟喷施时期、降低喷施浓度。

（2）苗期施用多效唑抗旱　入冬以后，降雨少，冬初由于气温高，还可能出现干旱，对油菜生长不利。出现干旱时，如能灌水抗旱的可采取灌水抗旱方式。如不能灌水抗旱的，可结合挑水淋施多效唑，增强抗旱效果。油菜苗期施用多效唑后根系发达，叶肉增厚，叶绿素含量增加、叶片肉质、多汁，细胞液浓度增高，对外界吸水性强，蒸腾作用减轻，细胞稳定性增强。油菜返青活棵，生长正常后，亩用 15% 多效唑可湿性粉剂 50g 兑水 50kg 喷雾于叶片上。使用多效唑可提高抗旱能力，但不能完全代替浇水，要注意挑水淋蔸，需要注意油菜返青活棵期不能使用多效唑。

（3）冻前施用多效唑抗寒　1 月份是全年气温最低时期，常出现 0℃ 以下低温，对油菜有一定程度的冻伤，特别是冬前气温较高，油菜植株休眠较浅，冬末骤然降温，还易导致较严重的冻伤。在冬前使用多效唑，可显著提高植株的抗寒能力，主要表现为植株矮壮，叶色浓绿，叶片肉质多汁，细胞液浓度高，细胞内不易结冰，细胞稳定性好，同时根系发达。具体使用方法是：一般在 12 月中旬前后气温较高时，每亩用 15% 多效唑可湿性粉剂 70g 兑水 50kg，配成溶液将植株喷透。大田苗期使用过多效唑的丘块不宜再用多效唑。

（4）直播油菜薹期施用多效唑增分枝　直播油菜，特别是迟播的直播油菜常常分枝节位高、单株一次分枝少。而在薹期施用多效唑可显著降低直播油菜分枝节位。据试验，油菜薹期施用多效唑，可降低分枝部位 4～15cm，有效一次分枝增加 1.2～1.6 个，单株角果数增加 40～60 个，每亩增产 10～15kg。在薹期选晴好天气，每亩用 15% 多效唑可湿性粉剂 100g 兑水 75kg 均匀喷施。最好是晴天下午 4～5 点以后喷洒，喷洒后 8 小时内遇雨应补喷一次。

（5）油菜生长的其他时期　在油菜生长发育的 5 叶期，喷施多效唑能促进移栽后早生快发，增加花芽数和复花数；发现油菜冬前早花，合理喷施多效唑能有效延缓生殖生长，促进新生枝芽；在谢花结荚期，看情况喷施多效唑，能提高结实率和延缓衰老。要求施用时最好安排在日照减弱和温湿度稳定时，这样效果会更好。

82. 油菜过量喷施多效唑的危害有哪些，如何预防？

（1）表现症状　施用后植株出现矮小、畸形，叶片暗绿卷曲、哑花等现象，基部老叶提前脱落，幼叶扭曲、皱缩，生长停滞、萎缩，甚至枯死。由于多效唑药效时间较长，对下茬作物也会产生影响，导致不出苗、晚出苗、出苗率低、幼苗畸形、不开花结果等。

（2）发生原因　多效唑为三唑类植物生长调节剂，是由赤霉素合成的抑制剂，主要是抑制植物体内赤霉素的生物合成，减慢植物生长速度，控制作物茎干的伸长，缩短作物节间。适当应用可促进植物矮壮、增加分枝、促进植物花芽分化、提高抗逆性以及提高产量，但过量施用则会对植株产生药害，污染土壤并在土壤中残留。

（3）诊断方法　多效唑施用浓度超过 400mg/kg。

（4）预防措施　根据说明书严格控制施药量；应选择田间肥水水平高、播种早、密度大的旺长油菜，幼苗 3～4 叶期喷施；用药的浓度为 150mg/kg，每亩用 15% 多效唑可湿性粉剂 100g 兑水 100kg，均匀喷施地上部分。矮小瘦弱油菜苗不宜施用。如出现多效唑用量过多的现象时，可采用增施氮肥或喷洒赤霉酸进行解救。

83. 什么是油菜"一促四防"，其技术要点有哪些?

我国油菜生产普遍存在土壤缺硼、菌核病发生严重、后期高温逼熟等灾害问题，而传统油菜防灾防病技术繁琐低效。根据油菜生产特点，在初花期叶面喷施"速效硼"、杀菌剂、磷酸二氢钾，可实现油菜"一促四防"，有效促进油菜后期生长发育，防"花而不实"、防菌核病、防"老鼠尾巴"、防高温逼熟，确保油菜高产稳产。其技术要点如下。

（1）药肥配方

① 长江流域产区　主要为降低油菜菌核病和增加千粒重。每亩可一次性混配喷施以下几种药剂：40%菌核净可湿性粉剂（或250g/L咪鲜胺乳油）100g/亩＋磷酸二氢钾100g/亩＋"速效硼"（有效硼含量>20%）50g/亩。机动喷雾器亩用药液量12~15kg/亩，一般手动喷雾器不少于30kg/亩。（注：咪鲜胺不但抗菌核病能力最强，而且能在叶片形成保护膜，可持久防止菌核病侵染）

② 北方春油菜产区　在预防菌核病的基础上应增加防治蚜虫的药剂：40%菌核净可湿性粉剂（或250g/L咪鲜胺乳油）100g/亩＋磷酸二氢钾100g/亩＋"速效硼"（有效硼含量>20%）50g/亩＋25%吡蚜酮悬浮剂24g/亩。机动喷雾器亩用药液量12~15kg/亩，一般手动喷雾器不少于30kg/亩。

（2）防治时间　油菜初花期是"一促四防"的关键时期，即从全田油菜开始开放第一朵花至全田有25%植株开花的时期。喷施时间最好选晴天无风10：00以后和17：00前无露水时。要注意喷洒均匀，尤其是要注意喷到下部叶片。应留意气象预报，避免喷施后24小时内下雨，导致油菜"一促四防"效果降低。

（3）防治方式　建议由各地植保专业队的机动喷雾器统一喷施。

84. 植物生长调节剂在油菜生产上的应用有哪些?

（1）赤霉酸　盛花期用20mg/kg赤霉酸溶液喷施，可提高油菜单角结实率，增加油菜籽产量。用赤霉酸蘸根，可以明显促进油菜根、叶的生长和腋芽及花芽的分化，可在苗床移栽前蘸根，药液浓度为 15～20g 药剂兑 1000kg 水。

（2）三十烷醇　用三十烷醇浸种，可以明显提高种子发芽率，为早出苗和培育壮苗创造条件，浸种浓度为 0.05～0.5g 药剂兑 1000kg 水。在油菜盛花期用三十烷醇喷洒叶面，能增加光合产物，减少落花，增强同化产物向籽粒中的分配，使单株角果数和每果粒数增加，从而提高收获指数，喷雾剂量为 0.5g 药剂兑 1000kg 水。

（3）复醇素　为三十烷醇等 6 种醇的混合物。始花期和盛花期，用 2mg/kg 复醇素溶液喷雾，可提高结荚率，增加籽实的千粒重。

（4）矮壮素　有 50％水剂和 65％粉剂，适合在盛花期喷雾，药液浓度为 1000kg 水加 0.5～1kg 药剂。

（5）丁酰肼（比久）　85％可溶粉剂，可在盛花期喷雾，药液浓度为 1000kg 水加 0.5～1kg 药剂。

（6）乙烯利　40％水剂，可在盛花期喷雾，药液浓度为 1000kg 水加 0.5～1kg 药剂。

（7）烯效唑　作用机制与多效唑相同，但作用效果是多效唑的 6～10 倍，而且易降解，残留少，对环境更为安全。生产上拌种用量以占种子重量 0.05％的 5％烯效唑可湿性粉剂为宜，3 叶期叶喷的浓度为 30mg/kg，仅为多效唑浓度的 1/3，商品用量为每亩 6.7g。

（8）ABT 增产灵　一类复合型植物生长调节剂，可提高种子发芽率，加速幼苗生长，有一定增产效果，无有毒物质的残留。一般用浓度为 30～50mg/kg 的药液与种子按 1：10 进行拌种后闷种 24 小时再播种，效果较好。也可与多效唑混合使用。

（9）叶面宝　苗期至薹期喷雾，药液浓度为 1000kg 水加 80～125g 药剂。

（10）增产菌　在油菜上应用具有促进生育，提早成熟，增强防病、抗病能力，提高产量，改进品质等作用。生产应用以拌种为主，拌种加抽薹期叶喷效果更好。拌种用量为增产菌浓缩液每亩 5mL 或增产菌可湿性粉剂每亩 5g；抽薹期叶面喷洒用量为增产菌浓缩液每亩 10mL 或增产菌可湿性粉剂每亩 10g。

（11）植保素　苗期喷雾，药液浓度为 1000kg 水加 100～150g 药剂。

（12）绿享天宝（DCPTA）　为无毒、无残留、无公害的强力高效增产剂，直接作用于细胞核，调控作物的生长基因，提高光合作用和酶的活性，增强作物对养分的吸收能力，从而达到显著增产、改善品质的目的。在油菜上使用，宜在抽薹开花初期，一般可喷洒 1 次，用量为每亩 20mL，兑水 30L，如结合防病治虫进行，也可掌握此用量。

（13）增油素 油菜专用产品，能促进油菜生殖生长，提高其产量，油菜花期结合防病加入增油素处理有较好的增产作用，直播油菜单株隐花阴角减少、结荚数明显增加，每荚粒数呈增加趋势，千粒重基本没有变化。使用增油素后，菌核病发病率也明显下降。在油菜的花期结合防病，每亩添加 100g 增油素喷用。

（14）赤·吲乙·芸苔（碧护）

① 培育壮苗 油菜丰产，培育壮苗是基础。秋播以后如遇旱情，极易出现缺苗断垄、出苗不均匀、苗瘦苗弱等现象。赤·吲乙·芸苔能促进根系发育，给植物一个强大的根系，诱导作物产生大量的细胞分裂素和维生素 E，提高油菜抵御干旱能力，使苗齐苗壮。可在油菜苗期（4 叶期）结合防治小菜蛾、蚜虫等害虫的杀虫剂混配。用 0.136％赤·吲乙·芸苔可湿性粉剂 7500～10000 倍液叶面喷雾，可提高秧苗素质，使叶柄粗短、叶色浓绿、无病虫害，促发分枝，促进植株健壮生长。对于育苗移栽油菜，如果缓苗期过长，就会严重影响油菜早发，降低油菜产量，可在移栽后叶面喷施 0.136％赤·吲乙·芸苔可湿性粉剂 15000 倍液，明显缩短缓苗时间，为培育壮苗打基础。

② 缓解油菜冻害 油菜在冬前基本上是以营养生长为主，并开始进行花芽分化。越冬低温往往会造成油菜叶片不同程度的冻害。防御措施除适时灌好冬水、壅根培土、盖施腊肥外，叶面喷施 0.136％赤·吲乙·芸苔可湿性粉剂 5000 倍液＋甲壳素，能提高油菜抗寒性，有预防冻害发生和促进冻后恢复的双重效果。

③ 防治"花而不实" 油菜只开花不结实的主要原因是花期硼素不足，防止油菜"花而不实"的有效措施是补充硼素，保证油菜花期硼营养的充足。宜于苗期、蕾薹期和初花期分别喷施 1 次浓度为 0.02％的硼砂溶液。可采用 0.136％赤·吲乙·芸苔可湿性粉剂 15000 倍液加优质、含量高的硼肥混合喷施，以提高硼肥的吸收利用率，提高结实率。

④ 抑制菌核病 菌核病是油菜生产上的最主要病害，可造成油菜减产10%～30%。药剂防治时，选用赤·吲乙·芸苔＋菌核净、多菌灵、硫菌灵等复配制剂，于初花至盛花期用药。赤·吲乙·芸苔可提高农药药效，抑制病菌孢子萌发，促进病后细胞修复。

⑤ 提高油菜产量 在合理密植的条件下，增加单株角果数的关键是增加一次分枝角果数。赤·吲乙·芸苔能促进培育壮苗、增加主茎叶片数，提高一次分枝成枝率和促进花蕾分化，从而增加角果数。在现蕾抽薹至开花期喷施赤·吲乙·芸苔与硼肥的复配液，可促使花好、角大、荚大、籽粒饱满，减少结稀瘪荚瘪粒的数量，提高结实率，增产幅度高达20%以上。

在使用植物生长调节剂时，应注意植物生长调节剂不能替代水肥等油菜生长发育的基本营养条件，只是起一定的辅助作用，即使是促进生长的调节剂，也必须在有足够多的水肥的基础上，方能发挥其调节作用。

植物生长调节剂在极低的浓度下就能表现明显的生理效应，高浓度则可造成药害，因此必须掌握药剂的浓度，从经济、安全、有效的角度综合考虑施用剂量和次数。

配制时，一定要现配现用，因为许多生长调节剂在水溶液中不稳定，容易分解失效。要根据不同植物生长调节剂的种类、药效持续时间和使用目的等，掌握正确的使用时期和方法。

混用时，必须了解混用药剂间是否有增强作用或拮抗作用，与农药混用时，要了解两者的化学性质和物理性质，避免因使用不当而造成某种物质失效或增大副作用，如丁酰肼不能和铜制剂农药混用，乙烯利和赤霉酸不能与碱性农药混用。分别使用时也要相隔1周以上。

第四章

油菜主要病虫草害全程监控技术

第一节　油菜主要病害的识别与防治

🌱 85. 如何防治油菜菌核病？

油菜菌核病（彩图 22～彩图 24），又称菌核软腐病、茎腐病，俗称"白秆""麻秆""霉莛""烂秆病""搭叶烂"等，是对油菜危害最大的一种真菌性病害，在我国分布十分广泛，只要是种植油菜的地方都会出现这种病，而且每年发生的情况不一样，轻重不一样，尤其在长江流域及其以南地区经常发生。油菜菌核病是由一种真菌引起的病害，从苗期到成熟乃至收获后的堆垛上都可以发生，但以盛花期后（3 月中下旬）发病最盛，茎部受害最重。一般年份发生率为 10%～30%，严重的达到 80%以上，减产 10%～70%，油分降低 1%～5%。

油菜菌核病病菌属于子囊菌亚门盘菌纲的核盘菌。病菌以菌核在土壤、病株残体、种子中越夏（冬油菜区）、越冬（冬、春油菜区）。菌核在干燥条件下可以存活 4～10 年。开花期和角果发育期降水量多、阴雨连绵、相对湿度在 80%以上均有利于病害的发生和流行，也是油菜菌核病连年加重的最主要因素。长江流域冬油菜区一般在 3～4 月份油菜花期严重发病，茎枝感染造成收获前植株或分枝死亡。在春油菜区，花朵于 6 月下旬开始发病，7 月上旬出现高峰期。

（1）实行轮作，清洁田园　因为菌核病属于土传病害，病菌主要存在于土壤内，所以最好与水稻轮作，因为菌核在水中浸泡 1～2 个月后就会腐烂，如果是旱地轮作就要 3 年以上可以消灭菌核病的病菌。苗床、大田不连作和不与白菜、萝卜等十字花科蔬菜轮作是首要的防治措施。

油菜收获后，将在田间、路旁和脱粒场等处的病残体彻底清除，集中烧毁（如用作堆肥必须高温发酵）。

（2）防止种子带菌 在油菜收获时，选无病或性状优良的植株取其主轴中段留种，或在播种前先筛去混杂在种子中的菌核，然后用 0.5～0.75g 食盐或 0.5～1kg 硫酸铵兑水 5kg 选种，除去上浮的秕粒和菌核，用清水洗干净后再播种。也可用 50℃ 温水浸种 10～20 分钟，晾干播种。

（3）加强田间管理

① 深耕 秋季深耕有减少田间有效菌源数量的作用。深耕必须翻压表土，将病菌表土翻到土壤下层。深耕深度在 30cm 左右。耕翻最好在油菜收获后进行。

② 种植抗病品种 甘蓝型油菜抗病最强，白菜型比较差，甚至全部发病。

③ 清沟降渍 春季雨水增多，油菜田易遭受渍害，轻则影响油菜根系的呼吸作用与吸收能力，重则造成油菜烂根、烂茎，影响产量，且因田间湿度大，易发病流行，要及早清沟降渍。

④ 合理密植 一般高肥力的田块每亩 8000 株左右为宜。

⑤ 合理施肥 均衡施用氮磷钾肥，增施硼、锰、锌等微肥，春季给油菜增施钾肥，可增强植株抗病能力，一般在 2 月下旬～3 月上旬进行，每亩用氯化钾 5～6kg，选择晴天下午兑水浇施油菜根部。也可在现蕾期至开花期，根外喷施磷酸二氢钾溶液。

⑥ 摘除老黄叶和病叶 一般在 3 月底至 4 月中旬，在油菜盛花期至终花期，及时把黄、老、病叶摘除，以减少病原，改善田间通风透光条件。摘老叶应在晴天露水干后进行，摘下的老叶要集中带到田外销毁。

（4）土壤处理 50% 福美双可湿性粉剂 200g 拌土 100kg，或 50% 多菌灵可湿性粉剂、70% 甲基硫菌灵可湿性粉剂每平方米 8～10g 兑土 20 倍混匀撒施。夏季土壤干燥后进行灌溉可促进菌核腐烂。

（5）生物防治 每克盾壳霉孢子粉加 1L 水，配制成 10^6 个/g 的孢子悬浮液。每亩孢子粉用量为 50～100g，在油菜花期施用效果最好。

木菌霉 TV-36，配制成麦麸菌粉（$5×10^8$ 个/g），于苗期土壤施用一次（0.5kg/亩），抽薹期喷雾一次（0.5kg/亩）。

（6）**药剂防治** 一般田块提倡在油菜盛花期（3月上中旬）和终花期（4月上中旬）各防治一次，喷药时在保证药液喷布植株各部位的前提下，重点喷洒植株中下部茎叶。长势好的油菜田、连作旱地和渍水地，应作为重点防治对象，分别在初花、盛花和终花期各防治一次。在防治油菜菌核病时，可在药液中加入少量"速乐硼"（或硼砂），同时防治油菜"花而不实"。

油菜菌核病病菌已普遍对多菌灵类药剂产生了抗性，使用菌核净、腐霉利、咪鲜胺、乙霉威、丙环唑单剂及其复配剂等效果较好。可选用50％异菌脲可湿性粉剂1500倍液，或40％菌核净可湿性粉剂800～1000倍液、40％菌核净·多菌灵可湿性粉剂83～125g/亩、25％戊唑醇水乳剂35～70mL/亩、40％戊唑·多菌灵可湿性粉剂50～60g/亩、50％甲基硫菌灵可湿性粉剂500倍液、40％多·酮可湿性粉剂100～140g/亩、40％多·福可湿性粉剂80～100g/亩、36％丙唑·多菌灵悬浮剂80～100mL/亩、50％乙烯菌核利可湿性粉剂1000倍液、50％腐霉利可湿性粉剂2000倍液、50％腐霉·福美双可湿性粉剂130～180g/亩、40％多·硫悬浮剂400～500倍液、25％咪鲜胺乳油40～50mL/亩、50％乙霉威可湿性粉剂100g/亩、25％丙环唑乳油25～30mL/亩、50％菌核·福美双可湿性粉剂80～100g/亩等，兑水50～60kg喷雾防治。

86. 如何防治油菜病毒病？

油菜病毒病（彩图25），又名油菜花叶病、毒素病、萎缩病，是油菜上的主要病害之一，全国各油菜产区均有发生，以冬油菜区发生较为普遍，一般造成减产20％～30％，严重者在70％以上，种子含油量降低7％，发病愈早，损失愈重。

油菜从苗期到成株期均能感病，油菜类型不同，病害症状差异很大。甘蓝型油菜感染了油菜病毒病，最初在新叶的叶脉间发生油渍状的小斑点，以后逐渐成黄色斑块，开花后长出的新叶病斑扩展很快，成为花叶，下部叶片变黄脱落，到发病末期，茎叶出现坏死病斑，变成褐黑色，最后枯死。

病毒病由芜菁花叶病毒、黄瓜花叶病毒、烟草花叶病毒和油菜花叶病毒等病毒单独或复合侵染所引起。油菜苗期是易感病期，病害发生与气候条件、栽培管理也有很大的关系，在一些冬油菜产区，油菜自出苗后 1 个月，月平均气温在 16～19℃，相对湿度在 77％以下，月降水量少于 33mm，有利于蚜虫繁殖危害，加速病毒的传播。一般高温干旱利于发病，相对湿度在 80％以上不利于发病。

（1）选用抗病品种　一般甘蓝型油菜比芥菜型、白菜型油菜抗病性强，且产量高。因此，在病毒病发生严重的地区，应尽可能种植甘蓝型油菜，并选用在当地推广的抗性较强的品种。

（2）控制病毒源　病毒的寄主较多，除十字花科蔬菜外，还有杂草，病毒病普遍发生的原因就是有充足的毒源存在。应将田间杂草铲除干净，并将杂草用于沤肥，以减少病毒病毒源，这是减少病毒病发生的关键。

（3）改善耕作制度　油菜田尽可能远离十字花科菜地；调整播种期，北方冬油菜区和长江流域冬油菜区应根据当地气候特点、油菜品种特性及油菜蚜虫发生情况来确定适宜播种期，既要避开蚜虫发生盛期，又要防止播种过迟造成减产。雨少天旱应适当迟播，多雨年份可适当早播。在长江流域和东南沿海地区，甘蓝型油菜以 9 月下旬以后播种为宜，白菜型油菜则宜在 10 月份播种。

（4）加强田间管理　集中育苗，苗期要勤施肥，不偏施氮肥；及时间苗，剔除病苗；田间发现病株及时拔除，清除发病中心；科学施肥，增施磷钾肥，提高植株抗病力；合理灌溉，雨后及时排水，降低田间湿度。

（5）种子处理　用 25％种衣剂 2 号 1∶50 或 40％萎锈灵悬浮剂 1∶100 拌裹油菜，30 天内可防控蚜虫、地下害虫为害，对防治病毒病有效。

（6）治蚜防病　蚜虫体小，又在叶背危害，初期往往被忽视，如等油菜苗出现斑点再防治，已造成损失，必须在苗床期及时用药防治。移栽油菜时，在需移栽前 2～3 天，在苗床上喷起身药，用 10％吡虫啉可湿性粉剂 2000～2500 倍液，或 50％抗蚜威可湿性粉剂 2000～3000 倍液喷雾，这样既可节省用药量，又可推迟减轻大田苗期因蚜虫传毒的病毒病害。田间利用黄色诱杀。蚜虫繁殖能力强，有翅蚜可能从另一块地迁飞而来，大田、苗期应每隔 5～7 天施一次防治蚜虫的药，连喷 3～4 次，以达到彻底消灭蚜虫的目的。

（7）药剂防治　发病初期喷洒 0.5％菇类蛋白多糖水剂 300 倍液，或 1.5％烷醇·硫酸铜（植病灵）乳剂 1000 倍液、2％宁南霉素水剂 200～300 倍液、5％菌毒清可湿性粉剂 400～500 倍液、混合脂肪酸 100 倍液、20％吗胍·乙酸铜可湿性粉剂 300 倍液、2％氨基寡糖素水剂 600～800 倍液，隔 10 天喷 1 次，连续防治 2～3 次。还可加入生长调节剂如腐植酸微肥 500～800 倍液。既能调节植株生长，又能控制病情发展。

🌱 87. 如何防治油菜霜霉病?

油菜霜霉病（彩图 26、彩图 27），俗称龙头、发瘦、癫病，是由土壤、病株残体和种子传播的真菌性病害，以长江流域、东南沿海受害重，春油菜区发病少且轻。三种油菜类型中，白菜型油菜发病最重，芥菜型油菜次之，甘蓝型油菜最轻。一般发病率 10％～30％，严重发病可达 80％以上，种子含油量降低 0.3％～10.7％。主要危害叶片，其次为花梗、角果和茎秆等。

病原为寄生霜霉菌，属鞭毛菌亚门真菌。气温 8～16℃、相对湿度高于 90％、弱光利于该菌侵染。生产上低温多雨、高湿、日照少利于病害发生。长江流域油菜区冬季气温低，雨水少，发病轻，春季 4～5 月气温上升至 10～20℃，遇多雨潮湿天气，田间湿度大极易发病或引致薹花期该病流行。

（1）农业防治

① 因地制宜种植抗病品种　现在很多推广的甘蓝型油菜品种具有较强的霜霉病抗性，选用大面积推广品种替代老品种就可能减轻霜霉病的危害。

② 轮作倒茬　避免重茬或与十字花科蔬菜轮作，不要在十字花科蔬菜地上连作育苗。提倡与大小麦等禾本科作物进行 1～2 年轮作，或水旱轮作，可大大减少土壤中卵孢子数量，降低菌源量。

③ 加强田间管理　适期播种，不宜过早；合理密植，以利于田间通风透光，防止田间郁闭；采用配方施肥技术，合理施用氮磷钾肥，提高抗病力；春季清沟排渍，注意雨后及时排水，防止雨水滞留和淹苗；及时摘除下部的老黄叶，减少植株间的互相传播，改善株间通风透光条件，降低田间湿度，减少病菌繁殖。摘除的病叶应带出田外，作饲料或堆肥。收获后结合深翻整地，清除田间病残体，减少来年菌源。

（2）种子处理　播种前精选种子，并进行种子消毒处理。播种前用 10％盐水选种，淘汰病种、瘪粒，选出的种子用清水漂洗后晾干播种。也可用种子重量 1％ 的 35％ 甲霜灵可湿性粉剂拌种。或用种子重量 0.4％ 的 50％ 福美双可湿性粉剂或 75％ 百菌清可湿性粉剂拌种。

（3）**药剂防治** 重点防治旱地栽培的白菜型油菜，一般 3 月上旬抽薹至初花期，是霜霉病防治的关键时期。调查病情扩展情况，当病株率达 10％ 以上时，可选用 40％ 三乙膦酸铝可湿性粉剂 150～200 倍液，或 75％ 百菌清可湿性粉剂 500 倍液、72.2％ 霜霉威水剂 600～800 倍液、40％ 烯酰吗啉水分散粒剂 800～1000 倍液、72％ 烯酰·锰锌可湿性粉剂 600～700 倍液、64％ 噁霜·锰锌可湿性粉剂 500 倍液、36％ 霜脲·锰锌悬浮剂 600～700 倍液、58％ 甲霜·锰锌可湿性粉剂 500 倍液、70％ 乙铝·锰锌可湿性粉剂 500 倍液、10％ 多抗霉素可湿性粉剂 1000 倍液、40％ 百菌清悬乳剂 600 倍液，每亩喷兑好的药液 60～70L，隔 7～10 天喷 1 次，连续防治 2～3 次。

也可选用复配剂：75％ 百菌清可湿性粉剂 500 倍液＋72.2％ 霜霉威水剂 600～800 倍液，或 70％ 代森锰锌可湿性粉剂 500 倍液＋25％ 甲霜灵可湿性粉剂 500～700 倍液、65％ 代森锌可湿性粉剂 500 倍液＋50％ 烯酰吗啉可湿性粉剂 1000～1500 倍液等喷雾防治。

在霜霉病、菌核病混发地区，可选用上述药剂与 10％ 多抗霉素可湿性粉剂 1000 倍液等混合施用。

在霜霉病、白斑病混发地区，可选用 40％ 三乙膦酸铝可湿性粉剂 400 倍液＋25％ 多菌灵可湿性粉剂 400 倍液。

在霜霉病、黑斑病混发地区，可选用 90％ 三乙膦酸铝可湿性粉剂 400 倍液＋50％ 异菌脲可湿性粉剂 1000 倍液，或 90％ 三乙膦酸铝可湿性粉剂 400 倍液＋70％ 代森锰锌可湿性粉剂 500 倍液，兼防两病效果优异。对上述杀菌剂产生抗药性的地区可改用 72％ 霜脲·锰锌可湿性粉剂 600～700 倍液。提倡施用 69％ 烯酰·锰锌可湿性粉剂 900～1000 倍液。

88. 如何防治油菜白锈病？

油菜白锈病（彩图 28、彩图 29），又名"龙头病""龙头拐"，是一种由病株残体、带病种子传播的真菌性病害，冬油菜区发生普遍，以云贵高原、青海、上海和江浙等地区发病严重，流行年份发病率 10％～50％，产量损失 5％～20％，含油量降低 1.0％～3.29％。除油菜外，还可危害白菜、萝卜、芥菜、甘蓝等十字花科蔬菜。叶、茎、角果均可受害，常与油菜霜霉病并发在同一花轴上。

病原为白锈菌，属鞭毛菌亚门真菌。若冬季温度偏高，翌年春季2～3月份温度回升缓慢，或春季出现倒春寒，会削弱油菜的抗病力，则病害出现早、易流行。2～4月降雨量大、雨日多，田间相对湿度高，田间排水不良、连作地的病害发生重。

（1）农业防治

① 因地制宜选用抗白锈病的油菜品种　三种类型油菜中，芥菜型抗病性最强，甘蓝型次之，白菜型最弱。但每一类油菜都有抗病品种可供选择使用。

② 轮作倒茬　避免油菜连作，提倡与水稻或非十字花科蔬菜进行2～3年以上轮作，有利于减少土壤中的菌源。

③ 加强田间管理　田间及时摘除老病叶和"龙头"，带出田外销毁；科学施肥，施足基肥，增施磷钾肥，以防止贪青倒伏，提高植株抗病力；合理灌溉，深沟窄畦，雨后及时排水，降低田间湿度，形成不利于病菌侵入和蔓延的环境条件；收获后结合深翻整地，清除田间病残体，减少来年菌源。

（2）种子处理　选用无病种子，并在播种前进行种子处理。可用10％盐水选种，将下沉的种子清水洗净后晾干播种。

（3）药剂防治　油菜薹高17～33cm或始花期开始喷药，以后每隔5～7天喷一次，共2～3次。在多雨年份，应适当增加喷药次数。

可选用40％灭菌丹可湿性粉剂500～600倍液，或50％福美双可湿性粉剂300～500倍液、75％百菌清可湿性粉剂1000～1200倍液、40％三乙膦酸铝可湿性粉剂200g/亩、64％噁霜·锰锌可湿性性粉剂500倍液、75％甲霜灵可湿性粉剂300～600倍液、58％甲霜·锰锌可湿性粉剂500倍液、70％乙铝·锰锌可湿性粉剂500倍液、65％代森锌可湿性粉剂500～600倍液等喷雾防治。药剂防病时可结合霜霉病的防治选用药剂，防治次数和间隔天数与霜霉病相同。

此外还可选用65％甲硫·乙霉威可湿性粉剂1000倍液或50％乙霉·多菌灵可湿性粉剂800～900倍液，可兼治油菜白斑病。

🌱 89. 如何防治油菜软腐病？

油菜软腐病（彩图30），又名"根腐病""空胴病"，属细菌性病害，在全国各油菜产区均可发生和危害，以冬油菜区发病较重。寄主植物除油菜外，尚有大白菜、小白菜、芜菁、芥菜、甘蓝、萝卜等十字花科蔬菜，另外还可侵染瓜类、辣椒、马铃薯等。芥菜型、白菜型油菜上发生较重，油菜整个生育期均能发生，一般在抽薹后危害严重。

病原为胡萝卜软腐欧文氏菌胡萝卜软腐致病变种，属细菌。害虫多的田块病害也重，这是由于昆虫在油菜上取食造成伤口，又可携带病菌传播感染。秋冬温度高，而春季又偏低的年份往往发病重。

（1）农业防治

① 因地制宜选用抗病品种。

② 轮作　重病地避免连作，实行水旱轮作，或与禾本科作物实行 2～3 年轮作。

③ 加强田间管理　合理掌握播种期，采用高畦栽培，防止冻害，减少伤口。播前 20 天耕翻晒土，施用酵素菌沤制的堆肥或充分腐熟的有机肥，提高植株抗病力；合理灌溉，雨后及时开沟排水；发现重病株连根拔除，带出田外深埋或沤肥，病穴撒石灰消毒；收获后及时清除田间病残体，减少来年菌源。

（2）除虫防病　可针对田间害虫种类，喷施杀虫剂，减少害虫传病。

（3）药剂防治　及时检查，发现病株及时拔除、烧毁。病穴及其邻近植株淋灌 90% 敌磺钠可湿性粉剂 500 倍液，每株（穴）淋灌 0.4～0.5L。

发病初期，可选用 50% 代森铵水剂 500 倍液，或 75% 百菌清可湿性粉剂 600～700 倍液、50% 多菌灵可湿性粉剂 800～1000 倍液、2% 氨基寡糖素水剂 200～350 倍液、90% 新植霉素可溶粉剂 4000 倍液、47% 春雷·王铜可湿性粉剂 900 倍液、30% 碱式硫酸铜悬浮剂 500 倍液、53.8% 氢氧化铜干悬浮剂 1000 倍液、14% 络氨铜水剂 350 倍液等喷雾防治，隔 7～10 天 1 次，连续预防 2～3 次。油菜对铜制剂敏感，要严格控制用药量，以防药害。

90. 如何防治油菜白斑病？

油菜白斑病（彩图 31），是油菜上常见真菌性病害，在北方油菜区和长江中下游及湖泊附近油菜区均有发生和危害，油菜整个生育期均可受害，主要危害叶片，多雨季节发病重，植株长势弱发病重，常造成减产和品质变劣。寄主植物除油菜外，还有芥菜、青菜、白菜、萝卜、甘蓝等十字花科蔬菜。

病原为芥假小尾孢，属半知菌亚门真菌。此病对温度要求不太严格，5～28℃均可发病，适温11～23℃。春暖多雨地区发病较重。在北方油菜区，本病盛发于8～10月，长江中下游及湖泊附近油菜区，春、秋两季均可发生，尤以多雨的秋季发病重。

① 因地制宜选用抗病品种。无病株留种或选用无病种子。

② 轮作倒茬　可与非十字花科作物实行3年以上轮作。

③ 种子处理　用50℃热水温汤浸种20分钟，捞出阴干后播种。或用种子重量0.4%的75%百菌清可湿性粉剂或50%福美双可湿性粉剂拌种。

④ 加强田间管理　适期播种，中熟品种以适期早播为宜；注意平整土地，高畦种植；科学施肥，增施基肥，避免偏施氮肥，提高植株抗病力；合理灌溉，雨后及时排水，减少田间积水。收获后及时深耕，清除田间病残体，减少来年菌源。

⑤ 药剂防治　发病初期，可选用75%百菌清可湿性粉剂600倍液，或50%苯菌灵可湿性粉剂1500倍液、25%多菌灵可湿性粉剂400～500倍液、40%多·硫悬浮剂800倍液、70%代森锰锌可湿性粉剂500倍液、50%乙烯菌核利可湿性粉剂600～800倍液、50%异菌脲可湿性粉剂800倍液、50%甲基硫菌灵可湿性粉剂500倍液、50%混杀硫悬浮剂600倍液等喷雾防治，对上述杀菌剂产生抗药性的地区要改用65%甲硫·乙霉威或50%乙霉·多菌灵可湿性粉剂1000倍液，每亩喷兑好的药液50～60L，隔15天左右1次，共防2～3次。

也可选用复配剂50%苯菌灵可湿性粉剂800～1500倍液＋50%福美双可湿性粉剂500倍液，或50%多菌灵可湿性粉剂600～800倍液＋70%代森锰锌可湿性粉剂800倍液喷雾防治。

91. 如何防治油菜黑斑病？

油菜黑斑病（彩图32、彩图33），是油菜的常见真菌性病害之一，在全国各地均有发生，以东北、华北等地发病较重，尤其在温室和大棚中对油菜栽培影响很大。寄主植物除油菜外，尚有芜菁、萝卜、芥菜、白菜等十字花科蔬菜。主要为害叶片、叶柄、茎和角果。

病原为多种交链格孢，属半知菌亚门真菌。本病流行与品种、气候和栽培条件关系密切。白菜型油菜最易感病，甘蓝型较抗病，芥菜型油菜中植株矮、分枝低、生长茂密、叶面蜡层薄的品种不抗病，反之，则抗病。油菜开花期遇有高温多雨天气，潜育期短，易发病。

（1）农业防治

① 选种　因地制宜选用抗病品种。从无病株上采留无病种子。

② 轮作　黑斑病仅危害十字花科蔬菜，所以，与瓜类、豆类、葱蒜类等蔬菜轮作2～3年，防病效果明显。

③ 加强田间管理　清理田园，将病残体集中烧毁或深埋，并及时摘除病叶，均可减少田间菌源数量。合理密植，施足基肥和磷钾肥，适量灌水，大棚内加强通风，降低昼夜温差等，均有一定的控病作用。

（2）种子处理　播种前精选种子，并进行种子消毒。

① 温汤浸种　用恒温50℃热水浸种20～30分钟，立刻移入冷水中降温，晾干后播种。

② 药剂拌种　可用种子重量0.4%的50%福美双可湿性粉剂或0.2%～0.3%的50%异菌脲可湿性粉剂拌种，或用咪唑霉（按每千克种子需2.5g）拌种。或用40%甲醛100倍液浸种25分钟，洗净晾干后播种。

（3）药剂防治　在油菜开花期，病害发生初期，可选用75%百菌清可湿性粉剂600倍液，或80%代森锰锌可湿性粉剂500倍液、75%百菌清可湿性粉剂600倍液、64%噁霜·锰锌可湿性粉剂500倍液、47%春雷·王铜可湿性粉剂900倍液、77%氢氧化铜可湿性粉剂600倍液、50%异菌脲可湿性粉剂1500倍液、10%苯醚甲环唑水分散粒剂1000～1500倍液、43%戊唑醇悬浮剂2000～2500倍液、70%甲基硫菌灵可湿性粉剂600～800倍液、40%多菌灵悬浮剂600～800倍液、14%络氨铜水剂350倍液、30%碱式硫酸铜悬浮剂500倍液、12%松脂酸铜乳油600倍液、1∶1∶150倍式波尔多液等喷雾防治，每亩喷药液40～50L。油菜对铜剂敏感，要严格掌握用药量，以避免产生药害。

也可选用复配剂：75%百菌清可湿性粉剂800倍液＋50%异菌脲可湿性粉剂1500倍液，或80%代森锰锌可湿性粉剂500倍液＋50%

多菌灵可湿性粉剂 500 倍液等喷雾防治。

92. 如何防治油菜细菌性黑斑病？

　　油菜细菌性黑斑病又名黑点病（彩图 34），是油菜上常见病害，该病主要为害叶、茎、花梗和角果，全国各油菜产区均有发生和为害，常造成很大损失，影响油菜产量和品质。除为害油菜外，还为害芥菜、芜菁、甘蓝、大白菜、小白菜、萝卜、花椰菜等十字花科蔬菜。

　　病原菌为丁香假单胞菌斑点致病变种（十字花科蔬菜黑斑病假单胞菌），属细菌。一般雨后易发病。油菜开花期高温多雨，发病较重。

　　（1）农业防治　选用抗病的品种。与非十字花科蔬菜进行 2 年以上轮作，加强田间栽培管理，雨后及时清沟排渍，降低田间湿度。增施磷、钾肥，增强植株抗病性。收获后及时清除病残物，集中深埋或烧毁。发现少量病株及时拔除。

　　（2）种子处理　建立无病留种田，带菌种子可用种子重量 0.4% 的 50% 琥胶肥酸铜可湿性粉剂拌种或丰灵 50～100g 拌油菜种子 150g 后播种，或用 50℃ 热水温汤浸种 10 分钟进行种子消毒。

　　（3）药剂防治　发病初期，可选用 30% 碱式硫酸铜悬浮剂 500 倍液，或 47% 春雷·王铜可湿性粉剂 900 倍液、77% 氢氧化铜可湿性粉剂 600 倍液、99% 新植霉素可溶粉剂 4000 倍液、14% 络氨铜水剂 350 倍液、12% 松脂酸铜乳油 600 倍液。每亩喷药液 40～50kg。发生严重时，间隔 7～10 天再喷 1 次。油菜对铜剂敏感，要严格掌握用药量，以避免产生药害。

93. 如何防治油菜白粉病？

　　油菜白粉病（彩图 35、彩图 36），在我国油菜产地均有发生，可严重影响其产量，导致荚果变形，籽粒瘦瘪。如果不注重防治，会造成油菜瘪粒增多，千粒重降低，一般造成减产 15%～20%，严重者高达 50% 以上，除侵染油菜外，还可危害芥菜、甘蓝、豌豆、榨菜等。

　　病菌为十字花科白粉菌。病菌喜温湿条件，但耐干燥。春季干旱少雨发病重，时晴时雨及高温高湿交替也发病重。

（1）**农业防治**　选用抗病品种。选择地势较高、通风、排水良好地块种植。采用配方施肥技术，适当增施磷、钾肥，提高寄主抗病力，生长期避免氮肥过多。

（2）**药剂防治**　发病初期及时用药剂防治，可选用15％三唑酮可湿性粉剂1500～2000倍液，或50％多菌灵可湿性粉剂500倍液、40％氟硅唑乳油8000～10000倍液、70％甲基硫菌灵可湿性粉剂800倍液、40％多・硫悬浮剂500倍液、50％硫黄粉剂150～300倍液、25％腈菌唑乳油3200～4000倍液、25％丙环唑乳油1200～1600倍液、2％武夷菌素水剂200倍液、2％嘧啶核苷类抗生素水剂200倍液、30％氟菌唑可湿性粉剂2000倍液、47％春雷霉素可湿性粉剂600倍液等喷雾防治。每7～10天喷药1次，连喷2～3次。有些油菜品种对铜制剂敏感，应严格控制药量，以免发生药害。

94. 如何防治油菜黑腐病?

油菜黑腐病（彩图37）分布于北京、河北、河南、陕西、浙江、江苏、江西、湖北、湖南、贵州、广东等省市。近年来在局部地区发生面积较大，严重时发病率可达70％以上，导致角果数减少而引起减产，已成为油菜生产上的主要细菌性病害。主要危害根、茎、叶和角果等器官，幼苗和成株均可发病，油菜的生育后期发病较多。除危害油菜外，还可危害大白菜、花椰菜、甘蓝、萝卜等十字花科作物。

病原为油菜黄单胞菌油菜致病变种（十字花科蔬菜黑腐病致病变种），属细菌。一般与十字花科连作，或高温多雨天气及高湿条件、叶面结露、叶缘吐水，利于病菌侵入而发病。

（1）**种子处理**　100mL水中加入0.6mL醋酸、2.9mL硫酸锌溶解后温度控制在39℃，浸种20分钟，冲洗3分钟后晾干播种，也可用45％代森铵水剂300倍液浸种15～20分钟，冲洗后晾干播种；或用50％琥胶肥酸铜可湿性粉剂按种子重量的0.4％拌种可预防苗期黑腐病的发生。此外还可用1％中生菌素水剂100倍液15mL浸拌200g种子，吸附后阴干；或每千克种子用漂白粉10～20g加少量水，将种子拌匀后，放入容器内封存16小时。均能有效地防治十字花科蔬菜种子上携带的黑腐病菌。

（2）**加强栽培管理**　种植抗病品种。与非十字花科蔬菜进行2～3年轮作。从无病田或无病株上采种。适时播种，不宜过早，合理浇水，适期蹲苗，注意减少伤口，收获后及时清洁田园，油菜脱粒后留下的秸秆、碎叶，烧毁或集中高温堆肥。施用腐熟肥料。雨季注意清沟排水，降低田间湿度。

（3）药剂防治 发病初期，可选用90%新植霉素可溶粉剂100～200mg/kg，或氯霉素50～100mg/kg、45%代森铵水剂800倍液、50%氯溴异氰尿酸可湿性粉剂500～800倍液、40%福美双可湿性粉剂500倍液、77%氢氧化铜可湿性粉剂500倍液、14%络氨铜水剂350倍液、12%松脂酸铜乳油600倍液等喷雾防治。每隔7～10天喷1次，连防2～3次，能有效控制病情。但对铜剂敏感的品种须慎用。

95. 如何防治油菜根腐病？

油菜根腐病（彩图38），又称立枯病、纹枯病，是苗期的主要病害之一。在我国山东、河南的芥菜型油菜曾发病严重。安徽、湖北、浙江、四川均有此病发生。一般株发率为3%～5%，重害田高达10%～20%，给油菜生产和菜苗安全越冬造成严重威胁。油菜幼苗的茎基部、根部及成株期近地面的茎和叶柄均可发病。此病病菌还可危害许多不同科、属的蔬菜和大豆、花生、棉花、马铃薯、烟草等大田作物。

油菜根腐病病菌是一种真菌，属于半知菌亚门立枯丝核菌。土温11～30℃、土壤湿度20%～60%均可侵染。病菌发育适宜温度25℃左右。高温、连阴雨天气多、光照不足易染病。一般在遭受连阴雨后出现烂根烂种现象。

（1）农业防治

① 实行轮作 避开与十字花科作物重茬。选择土壤结构理想的无病田作育苗基地，减少根腐病初侵染途径。

② 苗床处理 苗床期土壤处理是预防油菜根腐病发生侵染的关键。按每亩施石灰粉50kg或70%敌磺钠可湿性粉剂1kg加细土30kg拌匀撒施在苗床上，也可拌匀成药土，播种前撒施畦内，进行土壤处理。应根据不同油菜品种特性，确定合理的播种量，苗床要在3叶期后及时间苗，除去病、弱苗，并注意通风透光，降低植株间湿度，压低幼苗发病率，培育健壮移栽苗。苗床期是预防油菜根腐病发生侵染的关键时期。

③ 加强管理 精细整地，做到阴雨天水不上畦，沟无积水。对

于低洼易积水的田，应采用高畦深沟，及时降低土壤湿度，促进菜苗根系发育，增强植株抗病能力。施用腐熟农家肥。清除田间病残体集中烧毁。

（2）生物防治　育苗时，施用哈茨木霉菌，对立枯病有较好的防治效果。此外，可用丛枝菌根（又称 VA 菌根，植物根系与真菌形成的共同体）和荧光假单胞菌处理种子和土壤。

（3）药剂防治　油菜苗刚进入发病初期，应抢晴天及时采用药剂防治，抑制病情扩展。可选用 75％百菌清可湿性粉剂 600～700 倍液，或 50％多菌灵可湿性粉剂 800～1000 倍液、23％络氨铜水剂 200～300 倍液、50％异菌脲可湿性粉剂 1000～1500 倍液、50％乙烯菌核利可湿性粉剂 600～800 倍液、50％苯菌灵可湿性粉剂 1000～1500 倍液、70％敌磺钠可湿性粉剂 1000 倍液、20％甲基立枯磷乳油 1200 倍液等喷施或喷淋茎基部。每亩喷洒药液 60kg。重病田间隔 7 天喷洒 1 次，连续 2～3 次，有较好的预防和治疗作用。

也可选用复配剂：80％乙蒜素乳油 1000 倍液＋45％代森铵水剂 400～600 倍液，或 70％甲基硫菌灵可湿性粉剂 800～1000 倍液＋50％克菌丹可湿性粉剂 300～500 倍液、50％多菌灵可湿性粉剂 800～1000 倍液＋50％福美双可湿性粉剂 400～600 倍液等喷雾防治。

96. 如何防治油菜根肿病？

油菜根肿病（彩图 39、彩图 40），俗称“大脑壳病”“肿瘤病”。在我国江苏、浙江、湖南、湖北、江西、福建、广东、云南、山东、四川等地，近几年已成为严重危害油菜生产的主要真菌性病害，土壤可带菌传染。病菌在土壤中可存活 6～7 年甚至 10 年，可为害油菜、白菜、萝卜、甘蓝等十字花科作物根系。

主要症状是根部肿大。油菜根肿病菌是一种真菌，属于鞭毛菌亚门根肿菌属的芸薹根肿菌。病菌以休眠孢子囊在病残体、土壤及混有病残体未充分腐熟的有机肥中越夏或越冬，并可在土中存活 10～15 年。当土壤 pH 在 5.4～6.5 时有利于病害的发生，土壤 pH 在 7.2 以上时，则一般不发病；土壤温度为 18～25℃、土壤湿度为 60％左右时，有利于病害发生传染。十字花科作物连作，施用未腐熟粪肥的田块发病重。该病病菌主要在苗期侵染，6 叶期以后侵染速度减慢。

近年各地反映油菜根肿病发生严重的原因：一是由于根肿菌随病根在土壤中越冬、越夏，并可在土壤中存活 10 年以上，而病害发生区油菜种植长期连作，给病菌的繁殖提供了十分有利的条件；二是由于近年环境的恶化，长期施用化学肥料、化学农药等，且未进行土壤改良，造成土壤酸性过重；三是对根肿病抗性差的杂交油菜品种的大面积推广；四是近年来气候条件的变化，油菜移栽后气温偏高，加上土壤湿度大，特别是一些田块地势低洼以及水改旱田后发病重。

油菜根肿病属土传病害，一旦发生，普通防治方法和药剂难以达到理想的防治效果，建议采用综合措施。

（1）农业防治

① 实行轮作　与非十字花科作物实行 5 年以上轮作。避免在低洼积水田或稻麦改油菜田或酸性土壤上种油菜。

② 选用抗病品种　尽量压缩或减少十字花科作物种植。即使要种植十字花科蔬菜也要选用抗病品种。

③ 选用无病苗床及苗床消毒　严格选择排灌方便，至少有 8 年未种植十字花科作物的园地作苗床，提倡用营养钵育苗。施用甲醛对床土进行消毒。移栽前用石灰水（每桶水加 100～150g 石灰粉溶解）或 50％福美双可湿性粉剂 1000 倍液进行浸根或用作定根水。当菜地发现病株时，要及时拔出烧毁，补栽壮苗，再用石灰水或 50％多菌灵可湿性粉剂 500 倍液对全田进行灌根，15 天左右一次，连续 2 次。拔除的病苗必须带出田间烧毁或用石灰、甲醛消毒后作成腐熟堆肥。

④ 加强栽培与管理　采用高畦栽培，开沟排湿，勤中耕、勤除草，减少氮肥施用，增施腐熟有机肥和磷钾肥，以提高植株抗病性。

发现病株，及时拔除，将病残体带出田外烧毁，并用药剂或生石灰水灌窝处理；特别是在油菜收割后，应彻底处理病残体，切勿随意丢弃病株和沤肥，造成病菌循环传播。

田间避免大量施用化肥，防止土壤酸化，发病田可施用石灰改变酸碱度，使土壤呈微碱性，以减轻发病。一般每亩施石灰 100～150kg。

（2）调酸防病　偏酸的土壤环境最适宜根肿病的滋生和侵染，施用碱性肥料和土壤调理剂，将偏酸土壤的 pH 调到 7.2（微碱性），可减轻根肿病危害。具体方法：一是 1％生石灰水灌穴。分别在油菜播种时、3～4 叶期和 6～7 叶期施用一次，每亩石灰用量 10kg，田内 pH 可由 5.4～5.8 调整至 7.2 左右的微碱环境。二是使用土壤调理剂。可有效调节土壤酸碱度、抑制病原菌生长。

（3）药剂防治

① 育苗移栽　油菜真叶展开期可用70％百菌清可湿性粉剂600～800倍液或70％甲基硫菌灵可湿性粉剂600～800倍液喷淋或泼浇整个苗床。移栽前用75％百菌清可湿性粉剂500倍液，或20％乙酸铜可湿性粉剂500～600倍液、33.5％喹啉铜悬浮剂1500～2000倍液等喷根，每株400～500mL，也可淋浇后带药移栽。

移栽时可浇2％的石灰水为定根水，15天后再用75％百菌清可湿性粉剂500倍液灌根1次，移栽后30天内，应勤查早除，拔除病株进行烧毁，并及时补上健苗。如果病株较多，还可以用50％多菌灵可湿性粉剂500倍液灌根，每株灌250mL；或者用40％五氯硝基苯粉剂500倍液灌根，每株400～500mL，也能够有效控制病情。

移栽油菜，在深翻苗床后用10％氰霜唑悬浮剂500倍液喷雾均匀处理土壤后播种。播种后30天进行移栽，移栽时淘汰根部被侵染的幼苗，移栽后配制10％氰霜唑悬浮剂2000倍液用作定根水同时防治根肿病，15天后再用氰霜唑进行2次灌穴防治。

② 直播田　用10％氰霜唑悬浮剂300～500倍液拌种。播种时可用75％百菌清可湿性粉剂1000倍液浇灌，间隔10～15天一次，连续2～3次。播种后30天用10％氰霜唑悬浮剂2000倍液灌穴防治，防效良好。

③ 注意事项　根肿病的防治重在预防，一旦作物遭到病菌侵染再用药会毫无防治效果，因此，在有根肿病发生的田块必须注重提前施药，以预防为主。

97. 如何防治油菜黑胫病？

油菜黑胫病，又叫根朽病，主要分布于浙江、安徽、江西、湖北、湖南、四川、内蒙古等地，近年来，全球变暖导致油菜黑胫病频发，严重为害时产量损失30％～60％。油菜各生育期均可感病，以后期发病重。此病除危害油菜外，还可危害萝卜、甘蓝、白菜等十字花科蔬菜。

油菜黑胫病致病菌是一种真菌，属半知菌亚门茎点霉菌。高温、高湿能促进病害迅速发展。施用未腐熟的病残株堆肥、连作和使用病种，病害重。

（1）农业防治

① 轮作　与非十字花科作物轮作 2 年。油菜收获后，将病残株集中烧毁或深翻土地进行深埋，以减少初侵染源。

② 加强管理　移栽前剔除病苗，种植抗病品种。多雨季节注意清沟排渍，降低田间湿度。

（2）种子处理　可用种子重量 0.2% 的 50% 苯菌灵可湿性粉剂拌种，或用 50℃ 温水温汤浸种 5 分钟。

（3）苗床消毒　苗床消毒可用 50% 福美双可湿性粉剂 200g 与 100kg 细土拌和，撒施在苗床上。或播种前每平方米苗床用 50% 多菌灵可湿性粉剂或 70% 甲基硫菌灵可湿性粉剂或 50% 敌磺钠可溶粉剂 8g，加 20 倍细土混匀撒施，进行苗床消毒。

（4）药剂防治　可选用 50% 苯菌灵可湿性粉剂 800～1500 倍液＋50% 福美双可湿性粉剂 500 倍液，或 50% 多菌灵可湿性粉剂 600～800 倍液＋70% 代森锰锌可湿性粉剂 800 倍液、50% 甲基硫菌灵可湿性粉剂 800～1000 倍液、50% 乙烯菌核利可湿性粉剂 600～800 倍液、50% 异菌脲可湿性粉剂 800 倍液等喷雾防治，隔 15 天左右 1 次，喷洒 2～3 次。

98. 如何防治油菜炭疽病？

油菜炭疽病（彩图 41、彩图 42），全国各地均有发生，近年来局部地区有明显加重之势。除危害油菜外，还可侵染大白菜、芜菁、萝卜和芥菜等十字花科蔬菜。油菜地上部分均可发病，以白菜型油菜苗期发生较多。

病菌为希金斯炭疽菌，属半知菌亚门真菌。每年发生期主要受温度影响，而发病程度则受适温期降雨量及降雨次数影响，属高温高湿型病害。病菌发育温度范围为 13～38℃，适温 26～30℃，秋季多雨、气温高时病害易流行。

（1）农业防治

① 轮作　与非十字花科蔬菜隔年轮作。

② 加强田间管理　发病较重的地区，应适期晚播，避开高温多雨季节，控制水肥。选择地势较高，排水良好的地块栽种，及时排除

田间积水，合理施肥，增施磷钾肥，收获后清洁田园，深翻土地，加速病残体的腐烂。

（2）种子处理 种植抗病品种。选用无病种子，或在播前种子用50℃温水浸种5～10分钟，捞出阴干后播种。或用种子重量0.4%的50%多菌灵可湿性粉剂拌种。

（3）药剂防治 发病初期，可选用40%多·硫悬浮剂700～800倍液，或70%甲基硫菌灵可湿性粉剂500～600倍液、25%嘧菌酯悬浮剂1000～2000倍液、68.75%噁酮·锰锌水分散粒剂800倍液、50%异菌·福美双可湿性粉剂800倍液、70%甲基硫菌灵可湿性粉剂1000倍液＋75%百菌清可湿性粉剂1000倍液、25%溴菌腈可湿性粉剂500倍液、80%福·福锌（炭疽福美）可湿性粉剂800倍液、0.2%石灰多量式波尔多液、65%代森锌可湿性粉剂500～700倍液等喷雾防治，隔7～10天1次，连续防治2～3次。

也可选用如下复配剂：70%甲基硫菌灵可湿性粉剂500倍液＋68.75%噁酮·锰锌水分散粒剂800倍液、50%腐霉利可湿性粉剂1000倍液＋65%代森锌可湿性粉剂500倍液、50%异菌脲悬浮剂800～1500倍液＋65%代森锌可湿性粉剂500倍液、25%溴菌腈可湿性粉剂500倍液＋70%代森联干悬浮剂600倍液、12.5%烯唑醇可湿性粉剂3000倍液＋70%代森联干悬浮剂600倍液、50%咪鲜胺锰盐可湿性粉剂1000倍液＋68.75%噁酮·锰锌水分散粒剂800倍液等喷雾防治。

99. 如何防治油菜枯萎病？

在南方冬油菜产区均有发生，但为害不重。除油菜外还侵染其他十字花科作物。苗期和成株期均可发病。苗期在茎基部产生褐色或黄褐色病斑，严重时或土壤湿度低、气温高时叶失水、卷曲至枯死。初花期前后发病，茎秆出现隆起的和沟状的长斑，并造成落叶。根和茎的维管束有菌丝或分生孢子并为黑色黏状物所填塞，植株矮化、萎蔫，最后枯死。

病原菌为镰刀菌。当土壤湿度低，温度达27～33℃时发病最重。

（1）轮作 重病地实行3～4年轮作，尤其水旱轮作。在收获后及时清除地里的遗留病残株。

（2）**种植抗病品种**　品种间抗性差异较大，各地可因地制宜选用抗病品种。

（3）**选用无病种子或种子消毒**　收获前在无病田或无病株上选留种子，病田种子可用 0.5％硫酸铜液浸种半小时。

（4）**加强肥水管理**　及时间苗、中耕除草。使植株生长健壮，增强抗病力。

🌿 100. 如何防治油菜猝倒病？

各地均有发生，以南方多雨地区发生较重，常引起缺苗断垄。除危害油菜外，还可危害豆类、瓜类、茄科、十字花科等多种植物。主要危害幼苗，初期在幼茎茎基部近地面处出现水渍状病斑，后变黄，病部腐烂逐渐缢缩，幼茎折断倒伏而死亡。

病原菌为鞭毛菌亚门腐霉属的瓜果腐霉，属真菌。主要在幼苗长出 1～2 片叶之前发病。多雨地区，土壤湿度较大，温度在 29℃左右病菌易于侵染幼苗。

（1）**农业防治**　选用耐低温、抗寒性强的品种。与非十字花科作物轮作可有效降低田间病原数量。合理密植，苗床注意及时排水，适时间苗，降低土壤及株间湿度，均可减轻病害的发生。每亩施石灰 50kg。

（2）**苗床处理**　播种前进行土壤消毒，每亩苗床喷 95％噁霉灵原药 4000 倍液，或 72.2％霜霉威水剂 400 倍液 2～3L，也可每平方米用 50％多菌灵可湿性粉剂或 50％甲基硫菌灵可湿性粉剂 8～10g，加 20 倍细土拌匀，或 50％福美双可湿性粉剂 200g 加细土 100kg，或 50％敌磺钠可湿性粉剂按每平方米 8g 加 20 倍细土，作为播前垫土和播后盖土均匀撒施。

（3）**种子处理**　用种子重量 0.2％的 40％拌种双粉剂拌种也有较好的效果。

（4）**药剂防治**　发病初期，可选用 25％甲霜灵可湿性粉剂 500 倍液，或 75％百菌清可湿性粉剂 1000 倍液、72.2％霜霉威盐酸盐水剂 400 倍液、95％噁霜·锰锌可湿性粉剂 4000 倍液、3.2％噁·甲水剂 300 倍液、75％百菌清可湿性粉剂 1000 倍液＋50％烯酰吗啉可湿性粉剂 800～1000 倍液等喷雾防治。

第二节　油菜主要虫害的识别与防治

🌱 101. 如何防治油菜田蚜虫？

蚜虫（彩图 43～彩图 45）是油菜的主要害虫，它的发生不但对油菜造成直接危害，而且还能传播病毒，致使油菜发生病毒病。油菜田蚜虫主要有三种，萝卜蚜、桃蚜和甘蓝蚜，俗称蜜虫、腻虫、油虫等，三者均属同翅目蚜科，其中萝卜蚜又称菜缢管蚜。

油菜田蚜虫广布全国各地，主要为害油菜等十字花科蔬菜。萝卜蚜喜食叶上多毛的油菜品种。桃蚜除为害十字花科蔬菜外，还为害烟草、辣椒、马铃薯、茄子、瓜类、大豆、桃、李、杏、梅等 170 多种植物。甘蓝蚜在油菜上较少，喜食光滑无毛的甘蓝、花椰菜等。油菜生长后期遭受蚜虫为害后，会引起千粒重的明显下降，最高达 44.29％。蚜虫为害时还传播病毒病，造成更大的损失。

（1）农业防治

① 因地制宜种植抗虫品种　选用当地蚜虫和病毒病发生轻的丰产油菜品种，其表现为叶色浓绿，叶片肥厚，苗期生长缓慢健壮，后期长势强。

② 加强田间管理　蔬菜收获后深翻土地，及时清理前茬病残体，铲除田间、畦埂、地边杂草，减少来年虫源基数。苗期适当灌水，增加田间湿度，创造一个不利于蚜虫生存繁殖的小气候。

（2）种子处理　用 25％种衣剂 2 号 1 份与 50 份油菜种子拌裹或 40％萎锈灵悬浮剂 1 份与 100 份油菜种子拌裹控制蚜虫，有效期 30 天，且可减轻苗期病毒病，增产 7％左右。

（3）物理防治

① 黄板诱蚜　根据不同蚜虫习性，相应采用黄板诱杀。油菜播种后，可在油菜田周围设置黄板，把大约 1m² 的塑料薄膜涂成金黄色，再敷一层凡士林或机油，然后架在田间，板块高出地面约 50cm，这样可以大量诱杀有翅蚜虫。

② 银灰膜驱蚜　利用蚜虫对银灰色的负趋性，在田园内、苗床上铺设或吊挂银灰色薄膜，可驱避多种蚜虫，预防病毒病。

（4）药剂防治　根据蚜虫发生的自身规律，蚜虫防治应抓住 3 个关键时期施药：第一是苗期（3 片真叶），第二是蕾薹期，第三是花角期。根据蚜虫的发生量来决定是否施药。当苗期有蚜株率达到 10%～30%，虫口密度达 1～2 头/株时施药；在抽薹开花期，10% 的茎枝或花序上有蚜虫，虫口密度达 3～5 头/枝时喷雾。可选用 50% 抗蚜威可湿性粉剂 2000 倍液，或 5.7% 氟氯氰菊酯乳油 4000 倍液、48% 噻虫啉悬浮剂 2000～3000 倍液、10% 吡虫啉可湿性粉剂 2500 倍液、4.5% 高效氯氰菊酯乳油 2000 倍液、3% 啶虫脒乳油 1500 倍液、10% 烟碱乳油 800～1000 倍液等喷雾防治。

也可用 1% 阿维菌素乳油 4000 倍液，但要注意阿维菌素对蜜蜂有毒，在油菜花期、蜜蜂采蜜时不得施用。

油菜盛花期使用蚜虫专用剂抗蚜威防治油菜蚜虫，其效果达 97.19%，对蜜蜂安全。

此外，还可采用 10% 吡虫啉可湿性粉剂，每亩 40g 拌土施于播栽穴，对蚜虫具有长效防治效果。

蚜虫多着生在心叶及叶背皱缩处，药剂难以全面喷到，所以，除要求喷药时周到细致之外，还要求在用药上尽量选择兼有触杀、内吸、熏蒸三重作用的农药。每亩喷兑好的药液 50～60L，隔 7～10 天 1 次，连续防治 2～3 次。

102. 如何防治油菜黄曲条跳甲和土库曼跳甲？

油菜上为害性跳甲主要有两种，黄曲条跳甲（彩图 46）和土库曼跳甲，两者均属鞘翅目叶甲科。其中黄曲条跳甲又称蹦蹦虫、菜蚤、土跳蚤等，除新疆、西藏、青海外广布全国其他地区，而土库曼跳甲主要分布在内蒙古、新疆、西藏。油菜田跳甲主要为害油菜、萝卜、白菜等十字花科蔬菜，也能为害粟、大麦、小麦、燕麦、豆类等农作物。全年以春、秋两季发生严重，并且秋季重于春季，湿度高的菜田重于湿度低的菜田。

成虫喜食细嫩部分，在油菜初现子叶时，就可将子叶和生长点吃掉，常造成成片枯死，大面积缺苗，甚至全苗毁种。开花结角时，成虫食害花蕾和嫩角果，影响正常结果。幼虫为害根部，剥食根表皮，并在根的表面蛀成许多环状虫道，使菜苗地上部分由外向内逐渐变黄，最后萎蔫而死。幼虫嚼食根部，严重的致叶丛发黄枯死，且可传播油菜细菌性软腐病。

（1）农业防治　因地制宜选用抗虫品种。提倡与非十字花科蔬菜进行轮作，有条件可实行水旱轮作。清园灭虫，清除菜园残株落叶，铲除杂草，消灭其越冬场所和食料植物，以减少虫源。深耕灭虫，播种前深耕晒土，造成不利于幼虫生活的环境条件，还可消灭部分虫蛹。合理灌水，幼虫为害严重时，可连续几天多浇水，以防止根部输导组织破坏，加速油菜生长，播前灌水，可消灭田间成虫，同时促进幼苗生长。

（2）物理防治　油菜苗期为害严重时，可在种厢两端设立 $1m^2$ 的胶板，安上手柄，板正面涂抹黄油或其他胶黏物，插立田头；或手持黏胶板，另一手轻轻扫动油菜苗，跳甲受惊，则高高蹦起，被粘于板上。

黑光灯诱杀。利用成虫具有趋光性及对黑光灯敏感的特点，使用黑光灯诱杀具有一定的防治效果。

（3）药剂防治

① 土壤处理　种菜前每亩用 3％辛硫磷颗粒剂 1.5kg 配制药土撒布，以杀死土中的幼虫。

② 药剂喷雾　苗期早治，控制成虫。菜苗出土后立即进行调查，发现有虫可用 18％杀虫双水剂 400 倍淋施，或 50％辛硫磷乳油 1500 倍液、45％氟虫脲乳油 1000～1500 倍液喷雾，或 80％敌敌畏乳油、50％马拉硫磷乳油 1000 倍液喷雾，或 20％氰戊菊酯乳油、2.5％溴氰菊酯乳油 2500 倍液喷雾。发现根部有幼虫为害时，还可用敌百虫、敌敌畏或辛硫磷灌根防治。用药时注意从田边向田内围喷，防止成虫逃逸。

103. 如何防治菜粉蝶（菜青虫）？

菜粉蝶（彩图 47、彩图 48），俗称菜白蝶、白粉蝶，幼虫称为菜青虫。属于鳞翅目粉蝶科。为害油菜的菜粉蝶在全国各地均有分布，除华南冬油菜区发生较轻之外，其他各产区都很严重。主要取食十字花科植株，偏嗜甘蓝型油菜和甘蓝类蔬菜。4～6 月和 8～9 月为幼虫盛发期。

（1）农业防治　在油菜及其他十字花科植株收获后，应及时把残株、老叶清除掉。深翻土地，消灭田间残留的幼虫和蛹。与非十字花科植株轮作，可减轻虫害。

（2）**选用抗虫品种**　种植抗菜粉蝶幼虫（菜青虫）转基因油菜品系。菜青虫啃食这种油菜的叶片后，不能消化，最后胀死。

（3）**物理防治**　人工捕捉，掐死幼虫。用菜粉蝶活体雌虫装于尼龙网中挂于田间，于其下 1cm 处放置水盆或毒液诱杀菜粉蝶成虫。用黑光灯或频振式杀虫灯诱杀成虫。

（4）**生物防治**　每亩用 2000～4000IU（国际单位）/μL 苏云金杆菌悬浮剂 150～300mL 或 8000～16000IU（国际单位）/mg 苏云金杆菌可湿性粉剂 30～100g 于菜青虫幼虫 3 龄前喷雾处理。

或 100 亿活芽孢/g 的青虫菌 6 号液剂 800 倍液，或 100 亿活芽孢/g 的杀螟杆菌可湿性粉剂 1000 倍液，再加入 0.1% 洗衣粉喷雾，防治效果可达 80%。

嗜线虫致病杆菌（HB310）菌液对菜粉蝶、小菜蛾等幼虫均有较高的胃毒杀活性，饲喂蘸有该菌液的叶片 96 小时后，菜粉蝶 1 龄幼虫校正死亡率达 100%。另外，可利用赤眼蜂在菜粉蝶卵中寄生杀死菜粉蝶卵。

（5）**药剂防治**　应抓住 1～3 龄期用药，苗期 6～8 叶期 15 头/100 株，6 叶期以前 5 头/100 株时均应用药防治。可选用 1.8% 阿维菌素乳油 1200～1600 倍液，或 25% 灭幼脲悬浮剂 2000～3000 倍液、0.2% 苦参碱水剂 500～600 倍液、30% 茚虫威水分散粒剂 12000～20000 倍液等喷雾防治。苦皮藤乳油与苏云金杆菌混用有明显的增效作用。

🌱 104. 如何防治油菜潜叶蝇？

油菜潜叶蝇（彩图 49、彩图 50）又叫豌豆植潜蝇、菠菜潜叶蝇，俗称夹叶虫、叶蛆、串叶虫，属双翅目潜蝇科。各油菜产区几乎都有发生，仅西藏地区未发现。寄主范围广，食性很杂。常在春秋两季为害，主要在春季为害秋播油菜。

（1）**农业防治**　早春及时清除田间、田边杂草，摘除油菜花叶。在油菜、豌豆及十字花科蔬菜收获后，及时清除田内枯枝落叶，以减少下代及越冬的虫源基数。

（2）**物理防治**　根据成虫对甜汁有趋性的习性，配制毒糖诱杀。在成虫盛发期，用甘薯、胡萝卜煮出液，或 30% 糖水，加 0.05% 敌百虫制成毒糖液，在田间每隔 3m 左右点喷 3～5 株油菜，每隔 3～5

天喷 1 次，连喷 4～5 次，即可杀灭大量成虫。

（3）**生物防治**　利用寄生蜂寄生于油菜潜叶幼虫和蛹体内，自然控制油菜潜叶蝇的种群数量。

（4）**药剂防治**　注意掌握在成虫盛发期或幼虫潜蛀始期，当有虫株率达 10% 时，在早晨或傍晚喷洒农药防治。可选用 1.8% 阿维菌素乳油 600～1200 倍液，或 30% 灭蝇胺可湿性粉剂 1500～1800 倍液、50% 敌敌畏乳油 800 倍液、5% 氟啶脲乳油 2000 倍液等喷雾防治。或每亩喷 2.5% 敌百虫粉剂 2～2.5kg，视虫情每隔 7～10 天防治 1 次，共防治 2～3 次。

105. 如何防治小菜蛾？

小菜蛾（彩图 51、彩图 52），俗称菜蛾、方块蛾、小青虫、扭腰虫、两头尖、吊丝虫、吊死鬼、吊吊虫等，属鳞翅目菜蛾科，是油菜的主要害虫之一，以南方各地发生较多。除为害油菜外，还可为害甘蓝、白菜等 30 多种十字花科植物。为害严重时可达到绝产的程度，一般在油菜的一生中可发生 3～4 代，而且世代重叠，给防治增加了难度。长江流域于 4 月～6 月上旬和 8 月下旬～11 月出现春秋两次为害高峰，一般秋季重于春季。北方于 4～6 月及 8～9 月出现两个为害盛期，以春季为主。

（1）**农业防治**　油菜收获后及时清除田间残株老叶或进行冬耕，消灭越冬虫源，压低春季虫口密度。合理布局，尽量避免小范围内油菜或十字花科蔬菜周年连作。

（2）**灯光诱杀**　在成虫发生期，每 50 亩设置一盏频振式杀虫灯进行诱杀。灯的位置要高于油菜地 33cm，可诱杀大量成虫。

（3）**性引诱剂诱杀**　首先将直径为 18cm 的小塑料水桶内装其容积 80% 的水，并加少量洗衣粉，置于距地面 30cm 高处。然后，将放有小菜蛾性引诱剂的铁丝悬挂在离水面 1～2cm 处，通过性诱，可诱杀大量雄成虫。将性引诱剂与灯光结合使用，防治效果更佳。

（4）**药剂防治**　由于小菜蛾易产生抗药性，因此，在防治小菜蛾时需交替使用不同药剂，避免同一种药剂连续多次使用，一般一种药剂连续使用最多不超过 3 次。

当油菜幼苗长到 8～10 片叶的时候进行田间检查，如每平方米幼虫达到 20 头以上时，就应立即进行药剂喷施，并连续喷施 3～4 次，才能有效地控制为害。

可选用 4.5％氯氰菊酯乳油 1000～1500 倍液，或 2.5％高效氯氟氰菊酯微乳剂 2000 倍液、1％阿维菌素乳油 700～1000 倍液、6％阿维·高氯乳油 2500～3000 倍液、5％高效氯氰菊酯乳油 3000 倍液、5％氟铃脲乳油 800～1200 倍液、5％氟啶脲乳油 600～1200 倍液、30％茚虫威水分散粒剂 5500～10000 倍液、25g/L 多杀霉素悬浮剂 1000～1500 倍液、10％虫螨腈悬浮剂 1500～3000 倍液、20％丙溴磷乳油 500 倍液、2.5％溴氰菊酯乳油 2000～3000 倍液、2.5％三氟氯氰菊酯乳油 3000 倍液等，在小菜蛾 2～3 龄幼虫高峰期喷雾防治。如发生特别严重时，在此基础上适当加大浓度。

106. 如何防治油菜大猿叶虫？

油菜大猿叶虫（彩图 53），别名呵罗虫、文猿叶甲、乌壳虫、白菜掌叶甲、弯腰虫，幼虫又叫肉虫，属鞘翅目，叶甲科。该虫分布广泛，几乎遍布全国，主要分布于内蒙古、东北、甘肃、青海、河北、山西、山东、陕西、江苏，以及华南、西南各省。可以为害十字花科蔬菜、油菜、甜菜等。每年 4～5 月、9～10 月有两次为害高峰，幼虫孵化后爬到寄主叶片上取食，日夜活动。

（1）农业防治 因地制宜选用抗虫品种。加强田间管理，收获后及时深翻整地，清除田间病残体，消灭越冬越夏成虫。利用成、幼虫假死性，进行震落扑杀。成虫越冬前，在田间、地埂、畦埂处堆放菜叶杂草，引诱成虫，集中杀灭。

（2）药剂防治 在卵孵 90％左右时，喷淋 5％氟虫脲乳油 2000 倍液，或 25％喹硫磷乳油 1500 倍液、50％辛硫磷乳油 1500 倍液。虫口数量大时，在卵孵 30％和 90％时各防 1 次。

107. 如何防治油菜小猿叶虫？

油菜小猿叶虫（彩图 54），别名猿叶甲、白菜猿叶甲、乌壳虫，属于鞘翅目，叶甲科。分布广泛，几乎遍布全国，北起辽宁、内蒙古，南至台湾、海南、广东、广西。该虫寡食性，主要为害油菜、白菜、萝卜、芥菜、花椰菜、莴苣、胡萝卜、洋葱、葱等蔬菜。

以成、幼虫取食叶片呈缺刻或孔洞，严重时，食成网状，仅留叶脉，取食豆荚或茎秆表皮，后期呈枯白色，造成减产。成虫常群集为害。4 月份成虫和幼虫混合为害最烈，下旬化蛹及羽化。8 月下旬又开始活动，9 月上旬产卵，9～11 月盛发。

防治方法参见大猿叶虫。

108. 如何防治油菜茎象甲？

油菜茎象甲，别名油菜象鼻虫、球茎象甲。属鞘翅目象甲科。该虫分布于我国各油菜产区，西北地区为害重，主要为害油菜及其他十字花科植物。3 月中旬交配产卵，将卵产于油菜嫩茎上蛀的小孔中。下旬孵成幼虫，在茎中钻蛀取食为害，茎内髓部被蛀害，成隧道状。受害植株的生长、结角受阻，籽粒早黄不能成熟，全株枯死。严重时受害茎达 70%，造成植株倒折。油菜茎象甲的主要为害期在春夏季，春季油菜抽薹至结果期为害重，潮湿地块和早播油菜田受害重。

（1）农业防治　通过中耕、灌水，特别是早春灌溉，有条件的可保水 1 天，将成虫溺死，对减少越冬、越夏虫口基数有一定的效果。油菜茎象甲成虫大多在地面 5～15cm 耕层内越冬、越夏，可在油菜播前，每亩选用 50%辛硫磷乳油 15～20mL，拌毒土 30～35kg，结合深耕耱耙施入土中，既能有效地毒杀茎象甲成虫，也能兼治其他地下害虫。收获后及时深翻整地，可以杀死一部分越冬成虫，减少来年虫源基数。冬前和早春苗期，利用其成虫假死性，仔细检查菜心、叶腋处和土面，人工捕捉成虫。

（2）药剂防治　每年 2～3 月或 9～10 月成虫开始活动时，可喷洒 2.5%敌百虫粉剂，每亩 2～3kg。

必要时，可选用 90%晶体敌百虫 1000 倍液，或 80%敌敌畏乳油 1000 倍液、25%喹硫磷乳油 1500 倍液、4%联苯菊酯乳油 500～600 倍液等喷雾防治。

喷雾一定要仔细，最好是先喷粉，间隙 7～10 天再喷雾。

109. 如何防治黑缝油菜叶甲？

黑缝油菜叶甲，俗名蒙头虫、绵虫、黑蛆等，属鞘翅目叶甲科，该虫是为害油菜的主要害虫，在 3 月下旬～5 月上旬为害油菜、芥菜、白菜等。干旱温暖的气候条件有利于该虫的发生，冬春连旱、连作地、早播地发生重，一般背风向阳、低洼处虫口密度大，2月份气温回升快则幼虫为害早而重。芥菜型和白菜型油菜田受害重。

（1）农业防治

① 种植抗虫品种　冬、春油菜品种搭配种植，生产上春油菜发生虫害轻，因此扩大春油菜种植面积，可有效控制该虫为害。

② 加强田间管理　增肥灌水，科学施肥，做到壮苗抑虫，减轻为害；收获后深翻土地，清除田间病残体，减少来年虫源基数。

（2）药剂防治

① 土壤处理　每亩用2.5%辛硫磷粉200g拌细土3kg，于播种时撒入土表，然后耙入或翻入土中10～20cm处，可防治越夏成虫及越冬卵块。

② 毒饵诱杀　在油菜苗期，用敌敌畏或敌百虫拌麦麸、油渣制成毒饵诱杀。

③ 药剂喷洒或喷雾　油菜出土后至越冬前，发现成虫迁入田内为害时，喷洒2.5%辛硫磷粉1～1.5kg，歼灭成虫，防止产卵及越冬。

油菜结荚期发现羽化成虫为害时，可选用50%辛硫磷乳油1500倍液，或50%马拉硫磷乳油1000倍液、2.5%溴氰菊酯乳油1500倍液、0.6%苦参·烟碱醇液1000～1500倍液等喷雾防治。

110. 如何防治油菜蜗牛？

油菜上常见的有两种蜗牛，即灰巴蜗牛（彩图55）和同型巴蜗牛。蜗牛俗称蜒蚰螺、水牛、刚牛。其夜间活动，白天常躲避日光照射，潜伏在落叶、土块、砖石下或土缝中，在雨天昼夜都可活动取食。5～7叶期油菜，百株虫量最高可达300～500头，受害菜苗叶片被吃成孔洞、条筋状，有的甚至吃光叶片。蜗牛是一种有害的杂食性软体动物，能为害油菜、水稻、茭白、蔬菜、花卉等多种农作物，为害广、食量大、生活力强，有些还具有坚硬的外壳保护，防治难度大。一般秋季重于春季，连续降雨后尤为严重。

（1）农业防治　种植前彻底清除田间及邻近杂草，耕翻晒地。彻底清理地边石块和杂物等可供蜗牛栖息的场所。或者在田周边开隔离沟或撒生石灰（10～15kg/亩）、草木灰阻止蜗牛入田。在傍晚将干燥的草木灰撒在菜叶上（若茎叶干燥，可先喷些清水，使叶片湿润后再撒施），可以减轻蜗牛为害。

（2）**生物防治**　每亩用茶籽饼 3～4kg，粉碎加少量水浸泡 8 小时去渣，加水 50～75kg 喷雾。

（3）**药剂防治**　用 6％四聚乙醛颗粒剂 500g 拌 10～15kg 炒香的棉仁饼制成毒饵，撒在油菜行间诱杀，一般每亩用毒饵 5kg。或每亩用 6％四聚乙醛颗粒剂 500～600g 或 2％甲硫威毒饵 500g 或 6％聚醛·甲萘威颗粒剂 0.25～0.5kg 或 10％四聚乙醛颗粒剂 0.8～1kg，均匀撒施于田间蜗牛经常出没处。若遇大雨，药粒易被冲散至土壤中，致药效减低，需重复施药。

也可用 90％晶体敌百虫 1500 倍液对叶面喷雾。或每亩用 74％速灭·硫酸铜（灭蜗佳）可湿性粉剂 280～330g 喷雾防治。考虑到在晴天气温高时使用硫酸铜可能对菜叶造成药害，建议小面积试用成功后再大面积用药。

111. 如何防治地老虎？

地老虎（彩图 56）的防治指标为定苗前每平方米有幼虫 0.5～1 头，或定苗后每平方米有幼虫 0.1～0.3 头（或百株幼苗上有幼虫 1～2 头）时进行防治。幼虫 3 龄前用喷雾，或撒毒土进行防治。3 龄后，田间出现断苗，用毒饵或毒草诱杀。可选用 50％辛硫磷乳油 50mL/亩，或 2.5％溴氰菊酯乳油或 40％氯氰菊酯乳油 20～30mL/亩，或 90％晶体敌百虫 50g/亩，兑水 50kg 喷雾。

也可选用 2.5％溴氰菊酯乳油 90～100mL，或 50％辛硫磷乳油 500mL 或 90％晶体敌百虫 500g 加水适量，喷拌细土 50kg，配成毒土，每亩用 20～25kg 毒土撒施于幼苗根际附近。

防治 3 龄以上较大幼虫时，采用毒饵或毒草诱杀。毒饵可选用 90％晶体敌百虫 500g，或 50％辛硫磷乳油 500mL，加水 2.5～5kg，喷在 50kg 碾碎炒香的棉籽饼上，每亩用 5kg 毒饵于傍晚在受害油菜田间每隔一定距离撒一小堆，或在油菜根际附近围施。毒草可用 90％晶体敌百虫 500g，拌切成 3.3cm 左右长的鲜嫩杂草或菜叶 75～100kg，在田间每隔一定距离堆放一小堆，每亩用量 15～20kg。

也可用 50％辛硫磷乳油 1000～2000 倍液，或 2.5％高效氟氯氰菊酯乳油 2000 倍液，或 90％晶体敌百虫 800～1000 倍液灌根，每穴灌液 500g。此法也可以防治蝼蛄、金针虫等其他地下害虫。

🔆 112. 如何防治蛴螬？

蛴螬（彩图 57）的田间防治指标为每平方米虫口 2～3 头。可选用 50％辛硫磷乳油 1000 倍液，或 80％敌百虫可溶粉剂 1000 倍液，喷雾或灌根。耕耙前撒施：可用种子与 50％～75％辛硫磷 2000 倍液按 1∶10 拌种。此法也可以防治蝼蛄、金针虫等地下害虫。

第三节　油菜草害及防除技术

🔆 113. 油菜田主要杂草有哪些，如何识别？

（1）看麦娘（彩图 58）　单子叶杂草。又名芦管草、麦娘娘、冷冷草，为越年生或 1 年生禾本科杂草。前期特征为幼苗细弱，幼苗第一片真叶呈带状披针形，长 1.5cm，具直出平行脉 3 条，叶鞘也有 3 条脉，叶片及叶鞘光滑无毛，叶舌膜质，2～3 深裂，叶耳缺。中、后期主要形态特征为茎秆多数丛生，穗圆锥形，花序呈细棒状，小穗长 2～3mm，花药橙黄色，从外稃中部以下伸出长 2～3mm 的芒，单穗结实可达 100 粒左右，种子渐次成熟落地。夏季休眠 3～4 个月后，在适温条件下萌发。分布几乎遍及全国。

（2）日本看麦娘　为一年生单子叶禾本科杂草。与看麦娘相似。幼苗期，第一片真叶带状，长 7～11cm，宽 1mm，先端急尖，叶缘两侧有微细倒向刺状毛。3 条直出平行叶脉。叶舌膜质，三角形，顶端齿裂。成株期，花序较看麦娘粗大，小穗长 5～6mm，花药灰白色或淡黄色，芒较长，从外稃中部以上伸出长 8～12mm 的芒，中部稍膝曲。

种子萌发温度为 5～23℃，最适温度为 15～20℃。适宜土层深度为 2cm。一般 10 月中旬开始萌芽，萌芽高峰期在 11 月中下旬，早春也可能有一个小的萌发高峰。种子有 2～3 个月的原生休眠期，在湿润环境中可存活 2～3 年，在干旱条件下寿命缩短至 1 年。分布于长江流域，在苏南、里下河区、沿海地区及淮北局部地区危害严重。与看麦娘相比，日本看麦娘竞争力更强。

（3）**棒头草** 属禾本科单子叶杂草。秆丛生，披散或基部膝曲上升，有时近直立，具4～5节。叶鞘光滑无毛，下部长于节间，中上部渐短于节间；叶舌膜质，常2裂或先端呈不整齐齿裂；叶片条形。花序圆锥状直立，分枝稠密或疏松；小穗含1朵花，长约2mm，灰绿色或部分带紫色；两颖近等长，先端裂口处有1～3mm长的直芒；外稃中脉延伸成约2mm的细芒。颖果椭圆形。

（4）**野燕麦（彩图59）** 一年生或越年生禾本科单子叶杂草。又名野麦子、铃铛麦、乌麦、燕麦草杂草。茎直立，具2～4节。每株有分蘖15～25个，多的达64个。叶鞘松弛，叶舌透明膜质，叶片宽条形。花序圆锥状呈塔形，分枝轮生。小穗含2～3朵花，疏生，柄细长而弯曲下垂，穗长10～15cm，小穗轴密生白硬毛。芒从外稃中部稍下处伸出，棕色，成熟时易脱落，芒长2～4cm。每株结籽410～530粒，最多达2600粒。幼苗叶片初出时呈筒状，展开后为宽条形，稍向后扭曲，两面疏生短柔毛，叶缘有倒生短线短毛。

种子有再休眠特性，一般第一年田间发芽率不超过50%，在以后3～4年陆续出土。种子发芽适温为15～20℃，低于10℃或高于25℃不利于萌发，气温达35℃时萌发率低，达40℃时基本不萌发。吸收水分达种子重量70%才能发芽，土壤含水量在15%以下或50%以上不利于发芽。萌芽土层深度为1.5～12cm，深度在20cm以上土层中种子出苗少。野燕麦适生性强，在各种土壤条件下都能生长，旱地发生面积较大。

（5）**硬草** 单子叶杂草。又名耿氏碱草，禾本科越年生或一年生杂草。第一片真叶线状披针形，先端锐尖、全缘，无叶耳；第二片真叶叶缘有极细的刺状齿，有9条直出平行脉，其余同第一片真叶。成株高15～40cm，茎秆直立或基部卧地，平滑，节较肿胀。叶鞘平滑、有脊，下部闭合，长于节间，叶舌干膜质。叶片长4～10cm、宽3～4mm，扁平或对折，边缘呈波状。圆锥花序较密集而紧缩，硬而直立。果实为颖果，纺锤形。

（6）**牛繁缕（彩图60）** 牛繁缕又称鹅儿肠，多年生阔叶杂草，在我国各省区都有分布。株高50～80cm，茎自基部分枝，下部伏地生根。叶对生，下部叶有叶柄，上部叶近无柄，叶片卵形或宽卵形，全缘。种子近圆形，略扁，深褐色，有散星状突起，平均单株结籽1370粒左右。幼苗子叶椭圆形，初生叶2片，心形。以种子和匍匐茎繁殖。种子秋末或早春萌发，发芽温度 5～25℃，土层深度为 3cm 以内，适宜土壤含水量为 20%～30%，适生于湿润环境，浸入水中也能发芽。

长江中下游地区多在 9～11 月份出苗，少量在早春发生，10 月份以前出苗的，当年深秋开花结实；10 月份以后出苗的，翌年春季开花结实。5 月份种子成熟落地或借外力传播扩散，经 2～3 个月休眠后萌发。

（7）雀舌草　石竹科繁缕属植物。一年生或二年生杂草。全株无毛。茎丛生，多分枝。叶披针形，无柄，先端尖，全缘。聚伞花序顶生，少花，有时花序单生叶腋。花梗细，基部有时具 2 个披针形苞片。萼片披针形，先端锐尖，花瓣白色，蒴果卵圆形。

（8）稻槎菜　一年生或越年生菊科阔叶杂草。成株高 10～30cm。叶在根中丛生，有柄，羽状分裂。头状花序排成伞房状，花果期在 4～5 月份。多生于田野、荒地和沟边。

（9）猪殃殃（彩图 61）　阔叶杂草，又名丝荞麦、锯拉子草、蛇壳草、麦蜘蛛，是茜草科越年生或一年生杂草。在我国北至辽宁，南至广东、广西都有分布。猪殃殃的茎多从基部分枝，四棱形，棱上和叶背面中脉上都有倒生的细刺，用手触摸有粗糙的感觉，攀附着其他物体向上生长或伏地蔓生。有 4～8 片叶，轮生，叶片条状倒披针形，近无柄，顶端有刺状突尖，表面疏生着细刺毛。聚伞形花序顶生或腋生，上有许多花，花比较小，黄绿色。小坚果球形，表面褐色，上面密生着倒钩刺。通常用种子繁殖。在初生苗期，易将猪殃殃与牛繁缕混淆。二者的区别是：猪殃殃初生叶 4～6 片轮生，披针形，而牛繁缕幼苗子叶为椭圆形，初生叶 2 片，心形，叶对生。

猪殃殃多在冬前出苗，也可以在早春出苗。花期在每年的 4 月份，果期在每年的 5 月份。果实落入土壤或随收获的作物种子传播。不仅和作物争光、争空间，而且可以引起作物倒伏，使作物严重减产。是旱生夏收作物田中的恶性杂草，其中以小麦和油菜受害较重。

（10）波斯婆婆纳　玄参科阔叶杂草。又名婆纳头、布荩头草，一年生或二年生杂草，有柔毛。茎自基部分枝，下部伏生于地面，斜上。叶在茎基部对生，上部互生，卵形或圆形，边缘有钝锯齿。花单生于苞腋，苞片呈叶状，花冠淡蓝色，有放射状深蓝色条纹。蒴果 2 深裂，倒扁心形，宽大于长，有网纹。花期 2～5 月份。我国各地都有生长，南方更为普遍，生于田间、路旁，旱地油菜田发生多。

（11）荠菜 阔叶杂草。又名荠荠菜、荠，为十字花科越年生或一年生杂草。幼苗期初生叶片椭圆形或卵形。成株期茎秆直立，有分枝，分枝表面有毛。基生叶片边缘有锯齿状分裂或近全缘，有叶柄，丛生，组成莲座状。茎生叶披针形到长椭圆形，基部抱茎，边缘有缺刻或锯齿。总状花序顶生或腋生，白色。果实扁平，倒三角形或心形，着生于梗上。

（12）大巢菜（彩图 62） 阔叶杂草。又名救荒野豌豆、荞麦豆、野豌豆、野绿豆，为豆科越年生或一年生杂草。子叶留土。初生叶鳞片状，主茎上叶为由 1 对小叶所组成的复叶，顶端具一小尖头或卷须。小叶狭椭圆形，有短柔毛，具短柄；侧枝上的叶为倒卵形小叶所组成的羽状复叶，小叶先端钝圆或平截，中央具一小尖头，有柔毛，托叶呈戟形。植株具有攀援性，其茎纤长，具纵棱，基部分枝。叶片为偶数羽状复叶，具小叶 4～8 对，椭圆形或倒卵形，先端截形，有细尖，基部楔形，两面疏生黄色柔毛；叶顶端变卷须，托叶戟形。花腋生，花梗有疏生黄色短毛，花冠紫色或红色。果实为荚果，成熟时荚果棕色，二瓣裂呈卷曲状。种子近球形，棕色或黑褐色，表面平滑，无光泽，有时具模糊的深色花纹。

（13）播娘蒿 阔叶杂草。又名麦蒿、大蒜芥、米米蒿，十字花科越年生或一年生杂草。幼苗期全株被星状毛或叉状毛，灰绿色。子叶长椭圆形，先端钝，基部渐狭，有柄。初生叶 2 片，叶片 3～5 裂，中间裂片大，两侧裂片小，先端锐尖，基部楔形，具长柄，几乎与叶片等长；后生叶互生，叶片为 2 回羽状深裂。成株期株高 20～100cm，有叉状毛及单毛。茎直立多分枝，密被淡灰色柔毛。叶片狭卵形，长 3～5cm，宽 2～2.5cm，2～3 回羽状全裂。下部叶有柄，上部叶无柄。总状花序顶生，花小。果实为长角果，狭条形，长 2～3cm，宽约 1mm，无毛。种子长圆形至卵形，褐色。

（14）泽漆 阔叶杂草。又名乳腺草、五朵云、猫儿眼，大戟科越年生或一年生杂草。幼苗全株光滑无毛，体内含白色乳汁。子叶椭圆形，先端钝圆，叶基近圆形，全缘，有短柄。初生叶 2 片，倒卵形，先端钝，具小突尖，上半部叶缘有小锯齿，基部楔形；后生叶 1 片与初生叶相似，叶先端具微凹，基部楔形。通常基部多分枝而斜生。茎无毛或仅分枝略具疏毛，基部紫红色，上部淡绿色。单叶互生，叶倒卵形或匙形，长 1～3cm，宽 0.5～1.5cm，先端钝或微凹，基部楔形，在中部以上边缘有细齿。茎顶端有 5 枚轮生的叶状苞片，与茎生叶相似，但较大。多歧聚伞花序，顶生，有 5 伞梗，每伞梗分为 2～3 个小伞梗，每小伞梗又分成 2 叉状。果实为蒴果，三棱状近圆形，无毛。种子倒卵形，暗褐色，无光泽，表皮有凸起的网纹。泽漆的断茎或断叶伤口处有白色浆液，浆液有毒，能引起皮肤瘙痒肿痛。

114. 用于油菜播前土壤处理的除草剂有哪些？

播前土壤处理一般用于防除油菜田野燕麦、看麦娘、稗草、棒头草等杂草。

（1）40%野麦畏乳油　在油菜播种前用量为每亩 200mL，兑水 20～30L 配成药液均匀喷洒，并立即用圆盘耙或钉齿耙混土，混土深度 5～10cm，然后播种油菜。西北油菜产区，由于干旱少雨，蒸发量大，混土深度一般在 10cm 左右。

（2）48%氟乐灵乳油　在油菜播种前或移栽前 2 天，整平畦面，喷雾法土壤处理，主要防除看麦娘、日本看麦娘、稗草、棒头草、野燕麦等一年生禾本科杂草，以及繁缕、牛繁缕等。

一般在油菜苗床、直播田和移栽田使用，平整畦面后，每亩用药 80～150mL，配成药液均匀喷洒于地表，并立即浅耙混入土中 3～5cm。若在春油菜区防除野燕麦，48%氟乐灵乳油的用量可加大到每亩 150～175mL，混土深度可达 10cm 左右。为防止氟乐灵对小麦、青稞的药害，每亩可混用 48%氟乐灵乳油 100mL 与 40%野麦畏乳油 100mL。由于氟乐灵只对萌发时的杂草幼苗有效，对已出土的杂草无效，故不宜在播后苗前施用，更不可在苗后施用，否则易发生药害。每亩施药量不宜超过 150mL，超量施药可使油菜根茎肿大或开裂。低温干旱地区，氟乐灵施入土壤后残效期较长，因此下茬不宜种植高粱、谷子等敏感作物。

（3）50%敌草胺可湿性粉剂　杀草谱广、持效期长。可防除稗草、马唐、狗尾草、野燕麦、千金子、看麦娘、早熟禾、牛筋草、雀稗、猪殃殃、繁缕、马齿苋、野苋等一年生禾本科杂草及多种阔叶杂草，对油菜安全。在油菜移栽前每亩用 50%敌草胺可湿性粉剂 100～120g，兑水 40～50kg 配成药液喷于土表，干旱时施药后混土。药后无雨，灌溉也能提高其防效。沙质土用低剂量，黏质土用高剂量。在使用敌草胺的地块，下茬不宜种高粱、玉米、莴苣、甜菜及苜蓿等敏感作物。

115. 用于油菜播后苗前土壤处理的除草剂有哪些？

（1）50％乙草胺乳油　选择性内吸性酰胺类芽前除草剂。主要防除油菜田看麦娘、日本看麦娘、稗草、硬草等禾本科杂草和繁缕等部分阔叶杂草。

使用方法：在油菜育苗苗床、直播田播后苗前、移栽田移栽前或移栽后，每亩用 50％乙草胺乳油 60～80mL，或用 90％乙草胺乳油 40～70mL，兑水 40～50L 喷洒。乙草胺的用量随土壤有机质含量的高低而不同，土壤有机质含量高时用高剂量，反之用低剂量。乙草胺用于冬油菜田防除看麦娘，持效期可长达 70～80 天。乙草胺在土壤湿度适宜的情况下，药效发挥较好；干旱时，应灌溉或将药剂混入 2～3cm 土层中。乙草胺对刚萌发的杂草防效好，对已出土的杂草防效下降，因此要掌握施药适期，防除看麦娘在 1 叶期以前用药防效显著。

（2）48％甲草胺乳油　主要防除以看麦娘为主的禾本科杂草并兼治部分阔叶杂草。每亩用 48％甲草胺乳油 200～250mL，兑水 40～50L 喷洒土壤。

（3）60％丁草胺乳油　主要用于防除以看麦娘为主的禾本科杂草，一般不使用丁草胺进行油菜田的封闭处理，封闭处理使用乙草胺效果更明显。若一定要使用丁草胺，则每亩用 60％丁草胺乳油 75～130mL，兑水 40～50L，在播种后出苗前进行土壤封闭处理。

（4）20％敌草胺乳油　主要用于防除一年生禾本科杂草及部分阔叶杂草，如看麦娘、日本看麦娘、棒头草、稗草、猪殃殃、雀舌草、繁缕、牛繁缕等杂草。该药还具有杀草谱广、对油菜安全、对气温要求不严、低温使用不影响药效等优点。每亩用 20％敌草胺乳油 200～250mL，兑水 40～50L，在播种后出苗前喷洒。

（5）50％禾草丹乳油　防除旱田的马唐、蟋蟀草、狗尾草、看麦娘、雀舌草、鳢肠、马齿苋、鸭跖草、藜、繁缕等杂草。而对小麦、油菜、花生、大豆、马铃薯、番茄、萝卜等作物安全。

① 油菜秧田及直播田使用　在播后 1～3 天，亩用 50％禾草丹乳

油 200～250mL，兑水 40～50kg 喷雾。施药时田土太干，应先用清水喷湿后再施药。

②移栽油菜田使用　在油菜苗活棵后、看麦娘等杂草 1.5 叶期以前，每亩用 50％禾草丹乳油 200～250mL，兑水 40～50kg 喷雾。田土较干时，应兑水 80～100kg 喷雾。

在以阔叶杂草为主，或禾本科杂草与阔叶杂草并重田，在油菜移栽前，混用禾草丹与绿麦隆，即亩用 50％禾草丹乳油 150mL，加 25％绿麦隆可湿性粉剂 150g，兑水 40～50kg 喷雾。禾草丹对油菜安全，播后苗前至子叶期施用均不会产生药害。在移栽田施用，加水量不能少于每亩 40L，否则嫩叶上易产生点状药斑。土壤干燥时，应在灌溉后施药或加大喷液量 1 倍。

（6）25％绿麦隆可湿性粉剂　主要用于防除免耕稻茬直播油菜田播前和移栽前的看麦娘、日本看麦娘、硬草、牛繁缕、荠菜、稻槎菜等禾本科杂草及阔叶杂草。直播田每亩用 25％绿麦隆可湿性粉剂 250g，移栽田每亩用 300～350g，兑水 30～50kg，喷洒或制成毒土均匀撒施。在气温高时，喷雾法易产生药害，药土法使用比较安全，在免耕或移栽田，以看麦娘为主的杂草比翻耕田早出 5～10 天，数量也比翻耕田多 20％左右，因此，在水稻收割后及时抢墒施药是关键。要注意喷雾均匀，避免重复喷药或用量过大，以防对后茬水稻产生药害。为提高对阔叶杂草的防除效果，可与禾草丹等混用（每亩用 25％绿麦隆可湿性粉剂 150g，加 50％禾草丹乳油 150mL），且可在干旱情况下获得较好效果，对后茬水稻安全。

116. 油菜封闭除草技术要点有哪些？

油菜封闭除草技术是一种油菜播后芽前或移栽前使用除草剂在土壤表面形成一层药膜，杂草在出苗时由于其生长点接触覆盖在土壤上的药膜而达到除草效果的除草技术。土壤翻耕后，下层种子开始接触氧气，短时间内可出现一个杂草萌发高峰，影响油菜壮苗的培育。进行土壤封闭除草是最经济、简便的化学除草模式。主要优点是杀草谱较广，药效期较长，可控制杂草出土，省工，肥料利用率高，增产显著。其技术要点如下。

（1）播前土壤处理　在苗床、直播田和移栽田使用时，先整平土地畦面，每亩用 48％氟乐灵乳油 100～150mL，兑水 40～50kg 全田畦面喷雾。喷完后随即耙地混土，耙深 3～5cm，5～7 天后播种或移栽。

（2）播后苗前土壤处理　每亩用 50％乙草胺乳油 60～80mL 或 48％甲草胺乳油 200mL 或 60％丁草胺乳油 100～130mL，在苗床或直播油菜田播种后出苗前兑水 40～50kg 全田土表喷雾；移栽油菜田在移栽活棵后兑水全田土表喷雾。乙草胺单位面积用量根据土壤有机质含量的高低而不同。土壤有机质含量较高时，用高限；反之，用低限。

（3）注意事项　进行土壤处理，一定要整平耙细，并且喷药均匀，否则影响药效。

严格按照规定的用量、方法和时期用药。氟乐灵容易挥发，施药时宜在风速小、气温较低的傍晚或阴天进行；由于氟乐灵只对萌发的杂草幼芽有效，故不宜在杂草出苗后使用。二甲戊灵、乙草胺、甲草胺、丁草胺等在土壤墒情好时，药效发挥较好，土壤干旱时，应及时灌溉。乙草胺在低温多雨和涝洼地药害严重，容易造成死苗现象。

117. 如何对油菜田杂草采用茎叶处理？

（1）防除禾本科杂草、阔叶杂草混生茎叶处理　可混用配方药防除，每亩用 10％草除灵乳油 130～200mL＋15％精吡氟禾草灵乳油（或 12.5％氟吡甲禾灵乳油，或 5％精喹禾灵乳油）30～50mL。

或每亩 17.5％精喹・草除灵乳油 100～140mL，兑水 40～50kg 喷雾，在油菜 6～8 叶期，气温 8℃以上，土壤有一定湿度，杂草 2～4 叶期时施用，可杀死单子叶禾本科杂草和双子叶阔叶杂草，应特别注意在油菜 5 叶前不能用。

或每亩用 5％精喹禾灵乳油 45mL＋30％草除灵乳油 50mL 兑水 50kg 喷雾，对油菜田大多数杂草有良好防效。

对以禾本科杂草为主的油菜田，在油菜 3 叶期每亩用 30％精喹禾・乙乳油 80～100mL 兑水 50kg 喷雾，既对油菜安全，又有良好的防治效果，且对繁缕有一定的抑制作用。

对以阔叶杂草为主的油菜田，在油菜 6 叶期每亩用 30％草除灵乳油 50mL 兑水 50kg 进行喷雾，效果好。

每亩用 24％烯草酮水剂 40mL＋30％氨氯・二氯吡水剂 40mL＋30％草除灵乳油 30mL，兑水 30～40kg 喷雾。直播田油菜，在油菜 4～5 叶期用药，移栽田油菜，在油菜移栽成活后杂草 2～4 叶期用药。注意施药时期一定要在无露水情况下按油菜生长期或杂草生长期用药。该组合由于30％氨氯·二氯吡对阔叶作物（包括白菜型油菜）有药害，故不能用于飞防，也不能用于白菜型油菜，仅适用于甘蓝型油菜人工喷雾。

（2）防除禾本科杂草茎叶处理 这类药剂主要有烯草酮、氟吡甲禾灵、精吡氟禾草灵、精喹禾灵、烯禾啶等，这类药剂对看麦娘、野燕麦等禾本科杂草都有较好的防除效果，对阔叶杂草无效。苗床、直播田、移栽田使用技术如下。

① 烯草酮 又名赛乐特、收乐通，属环己烯酮类选择性、内吸传导型茎叶处理除草剂。适于油菜田春后禾本科杂草的防除，对看麦娘、日本看麦娘、稗草、野燕麦、马唐等禾本科杂草均有良好效果。施药后能被杂草叶片迅速吸收，传导到根部和生长点，抑制植物支链脂肪酸的生物合成。施药后杂草生长缓慢，丧失竞争力，幼嫩组织早期黄化，随后其余杂草叶片萎蔫甚至死亡。特别适用于防除油菜田的抗性看麦娘。在长期使用高效氟吡甲禾灵除草的油菜种植田，可以换用烯草酮防除。

一般在禾本科杂草3～5叶期，每亩用12％烯草酮乳油30～40mL，如草龄较大，可适当增加剂量，该药对阔叶杂草无效。在阔叶杂草发生重的油菜田块，可与草除灵等防除阔叶杂草的药剂混合使用，以扩大杀草谱。使用烯草酮防除禾本科杂草，必须抓住早春，在气温高于2℃的条件下用药，在气温低于2℃，有时甚至低于0℃时，不建议使用，可等气温回升到2℃以后，再用烯草酮除草。另外，油菜抽薹、结角期对烯草酮比较敏感，在油菜进入生殖生长阶段后施用烯草酮，会使油菜出现白化现象，导致油菜不结籽。因此，生产上应根据油菜生长发育进程和田间早熟禾等禾本科杂草发生情况确定是否用药，如果油菜已开始抽薹，就不能再施用烯草酮。

② 喹禾糠酯 又名喷特，属苯氧羧酸类选择性、传导型茎叶处理除草剂，能防除稗草、狗尾草、野燕麦、马唐、看麦娘等一年生和多年生禾本科杂草，在一年生禾本科杂草3～5叶期用药，每亩用4％喹禾糠酯乳油50～70mL；对芦苇、狗牙根、假高粱等多年生杂草，每亩用80～120mL。土壤水分、空气相对湿度较高时有利于杂草吸收药物；长期干旱无雨、低温和空气相对湿度低于65％时不宜施药。施药时应注意不要对邻近的小麦、水稻、高粱、玉米、谷子等

敏感作物造成飘移药害。可以和灭草松、氟磺胺草醚、草除灵等药混用，以扩大杀草谱。

③ 精喹禾灵　又名盖草灵、闲锄，属苯氧羧酸类选择性、内吸传导型茎叶处理除草剂。可有效防除野燕麦、看麦娘、画眉草、稗草等一年生和多年生禾本科杂草，对阔叶杂草无效。施药前应注意天气预报，施药后应保持 2 小时内无雨。长期干旱无雨、低温和空气相对湿度低于 65% 时应停止施药。施药时注意风向、风速，不要使药液飘移到大麦、小麦、玉米、水稻等禾本科作物田，以免造成药害。在冬油菜苗后、杂草 3～5 叶期，可选用 5% 精喹禾灵乳油 50～120mL/亩、17.5% 精喹·草除灵乳油 100～150mL/亩，作茎叶喷雾处理。

④ 精吡氟禾草灵　又叫吡氟丁禾灵、精稳杀得，属苯氧羧酸类选择性、内吸传导型茎叶处理除草剂。对看麦娘、千金子、野燕麦、稗草、马唐等一年生和多年生禾本科杂草具有很好的防除效果，对阔叶杂草无效。施药前应注意天气预报，施药后应保持 2 小时内无雨。长期干旱无雨、低温和空气相对湿度低于 65% 时应停止施药。施药时注意风向、风速，不要使药液飘移到大麦、小麦、玉米、水稻等禾本科作物田，以免造成药害。在冬油菜苗后、禾本科杂草 3～6 叶期，用 15% 精吡氟禾草灵乳油 30～80mL/亩，兑水 5～10L，用 3WSH-1000 型机动喷雾机施药。也可在冬油菜苗后、芦苇高 20～50cm 时，用 15% 精吡氟禾草灵乳油 80mL/亩，兑水 600～1000mL，使用 3WQF80-10 型具超低量喷雾技术的智能悬浮植保机均匀喷洒。

⑤ 异丙酯草醚　属嘧啶类选择性、内吸型茎叶处理除草剂。对看麦娘、日本看麦娘、牛繁缕、雀舌草等一年生禾本科杂草和部分阔叶杂草防效较好，但对大巢菜、野老鹳草、碎米荠效果差，对泥湖菜、稻槎菜、鼠曲草基本无效。在冬油菜苗 4 叶后、杂草 3～5 叶期，每亩用 10% 异丙酯草醚乳油 35～60mL，作茎叶喷雾处理。

⑥ 高效氟吡甲禾灵　又叫精盖草能、吡氟氯禾灵、高效盖草能，属苯氧羧酸类选择性茎叶处理除草剂。对马唐、看麦娘、日本看麦娘、黑麦草等一年生和多年生禾本科杂草有很好的防效，对阔叶杂草和莎草无效。施药时注意风速、风向，不要使药液飘移到小麦、玉米、水稻、高粱、谷子等禾本科作物田，以免造成药害。在冬油菜苗后、杂草 3～5 叶期，每亩可选用 10.8% 高效氟吡甲禾灵乳油 26～60mL、20% 氟吡·草除灵乳油 80～100mL，兑水 6～12L，用拖拉机

悬挂 3WM-1000 型喷雾机作茎叶喷雾处理。

⑦ 精噁唑禾草灵 又名骠马、威霸，属苯氧羧酸类选择性、内吸传导型茎叶处理除草剂。可有效防除看麦娘、千金子等一年生和多年生禾本科杂草，对双子叶杂草及禾本科的节节麦无效。施药时注意风速、风向，不要使药液飘移到燕麦、青稞、大麦、小麦、高粱、玉米、水稻等禾本科作物田，以免造成药害。在冬油菜苗后、杂草 3～5 叶期，每亩可选用 6.9％精噁唑禾草灵水乳剂 50～70mL，或 6.9％精噁唑禾草灵水乳剂 40～60mL＋50％草除灵悬浮剂 30～40mL，兑水 6～10L，茎叶喷雾。

⑧ 烯禾啶 又名稀禾定、稀禾啶、拿捕净，属环己烯酮类选择性、内吸传导型、茎叶处理除草剂。对野燕麦、看麦娘、千金子、雀麦等一年生和多年生禾本科杂草防效好，对早熟禾、柴羊茅等防效较差，对阔叶杂草无效。施药应选早晚气温低时进行，风速超过 3 级（风速＞5.4m/s）时不要施药，以防药液飘移到邻近敏感的水稻、麦类、玉米、高粱、谷子等禾本科作物上发生药害。在冬油菜出苗后、禾本科杂草 3～5 叶期，每亩可用 20％烯禾啶乳油 60～100mL，兑水 6～10L，用拖拉机悬挂 3W-650 型喷雾机作茎叶喷雾处理。

⑨ 在春油菜产区防除野燕麦，每亩用 15％精吡氟禾草灵乳油 55～65mL，或用 5％精喹禾灵乳油 60～70mL，或用 12.5％氟吡甲禾灵乳油 60～70mL，或用 12.5％烯禾啶机油乳剂 130mL，于野燕麦 2～4 叶期兑水 30～40L 喷洒，防效可达 90％以上。这几种药剂对油菜都较安全。

⑩ 在冬油菜产区防除看麦娘等，每亩分别用 12.5％氟吡甲禾灵乳油、5％精喹禾灵乳油、15％精吡氟禾草灵乳油 30～50mL；或 12.5％烯禾啶机油乳剂 70mL，于看麦娘基本出齐后至 5 叶期每亩按用药量兑水 30～50kg 喷洒。在土壤墒情差时，应先浇水后施药，或加大喷液量增加药量。禾本科杂草吸收和输导速度快，药后 2 小时有雨不影响效果，日平均温度 10℃时，12～13 天杂草可死亡，气温在 10℃以下则杂草死亡速度慢，油菜易受药害。单一使用这类除草剂易导致猪殃殃、繁缕等杂草数量上升，危害加重，因此应注意和防除阔叶杂草的药剂交替使用。

（3）防除阔叶杂草茎叶处理

① 草除灵 又名草除灵乙酯、高特克，为选择性茎叶处理剂，

是油菜田使用最普遍的防除阔叶杂草的除草剂，能防除油菜田的猪殃殃、雀舌草、牛繁缕等阔叶杂草，对婆婆纳防效差，对稻槎菜、荠菜、大巢菜基本无效。对以猪殃殃、苍耳等为主的阔叶杂草，应适当提高药剂量。

不同类型的油菜品种对草除灵的敏感性不同：芥菜型油菜对草除灵敏感，不能使用；甘蓝型油菜的耐药性较强，一般当阔叶杂草出齐后的2～3叶期至单株有2～3个分枝时用药。在冬后气温回升油菜返青期施药时，应避开低温天气，在油菜抽薹后使用时有时有不同程度的药害症状，应加以注意。在春季油菜田使用草除灵，只要按正常剂量施用，一般不会存在对后茬作物的残留药害问题，每亩用50%草除灵悬浮剂30mL，易对甘蓝型油菜小苗或弱苗造成明显的药害症状，一般在施药后40～60天药害症状消失。因此，春后使用50%草除灵悬浮剂，每亩用量宜控制在30mL以下，并且避免与防除禾本科杂草的除草剂混用。

草除灵在甘蓝型油菜冬前苗期施用，油菜叶片向下皱卷，经7～10天后恢复，对产量无不良影响；在白菜型油菜上同期使用，药害较重，表现为叶片向下皱卷，严重的植株出现暂时性萎蔫，对产量有明显影响。但在这两类油菜的越冬期及返青期施用，均未产生药害。因而耐药性弱的白菜型冬油菜，应在油菜12月下旬进入越冬前施药或返青期使用；耐药性较强的甘蓝型冬油菜，可根据当地杂草发生时期处理，在冬前12月上旬阔叶杂草基本出齐的地区，可在12月中下旬的越冬前施药；在冬前、冬后各有一个杂草发生高峰的地区，应在越冬后的2月下旬杂草发生高峰后施药。在油菜抽薹后使用该除草剂，有时有不同程度的药害症状出现。

② 精喹·草除灵　新型油菜田芽后茎叶处理剂18%精喹·草除灵乳油（新旺），由专用于防除油菜田阔叶杂草的除草剂——草除灵和防除禾本科杂草的除草剂——精喹禾灵复配而成，能有效防除油菜田中的繁缕、牛繁缕、猪殃殃、雀舌草、看麦娘、早熟禾等杂草。油菜移栽后一周用药，能安全、有效地防除油菜苗期的草害，使油菜封行前无需二次用药，特别适用于直播油菜和移栽油菜一次性防除草害。

移栽油菜，选择移栽返青后，杂草2～3叶期用药；直播油菜，在直播油菜5～8叶期用药，新旺防除效果最佳。用新旺40mL兑水15L，选择晴天露水干后施药，见草喷雾。喷雾时，雾滴越细越好，重点喷洒油菜行间杂草和油菜植株根部杂草，避开油菜心叶。用新旺除草后 3～4 天，油菜苗叶有时局部会有接触性药斑，约一周后恢复正常。不推荐用于芥菜性油菜，不得随意加大用药量，应严格按照技术指导方法使用，不得在移栽后未成活前和直播油菜 2～3 叶期使用，以免产生药害。

③ 二氯吡啶酸　是内吸传导型除草剂，可在作物播前混土、播后苗前以及苗后茎叶处理时使用，具有高度的选择性。该除草剂能有效防除油菜田的大巢菜、稻槎菜、卷茎蓼和块茎香豌豆等多种阔叶杂草，不易产生抗性，对多年生阔叶杂草刺儿菜、苣菜等也有较好的防除效果。但该药不能在芥菜型油菜田使用，只能在甘蓝型、白菜型油菜田使用。一般在油菜苗期至油菜现蕾期使用对油菜安全，当油菜大量抽薹后最好不要使用，以免产生药害。目前市场上的主要品种有 75％二氯吡啶酸可溶粒剂（龙拳），每亩施用 9g，兑水 45kg 喷雾，施药后 40 天防除大巢菜和稻槎菜的效果，分别达到 93％和 90％，用药后因杂草死亡，改善了田间的通风透气条件，降低了杂草对肥料的吸收，因而增产显著。

二氯吡啶酸与草除灵混用，除可防除上述杂草外，还可兼除猪殃殃、繁缕、藜、苋等常见杂草。可与防除禾本科杂草及阔叶杂草的除草剂混用，扩大杀草谱。

④ 氨氯·二氯吡　商品名：油欢。为油菜田专用内吸传导型苗后除草剂。杂草施药后，迅速传到整个植株，抑制分生组织的活性，导致杂草死亡。于春油菜 3～5 叶期每亩用 30％氨氯·二氯吡水剂 25～35mL，兑清水 15～30kg 均匀茎叶喷雾。该药对豆科、伞形科、菊科等作物敏感，如大豆、胡萝卜、向日葵。可在甘蓝型油菜上使用，禁止在白菜型、芥菜型油菜上使用本品。

118. 如何对直播油菜田进行化学除草？

由于直播油菜播种后与杂草生长同步，因此对直播油菜的生长构成极大的威胁。尤其是双子叶杂草的大量滋生，更使直播油菜田间的除草难度增加。生产中应针对田间杂草的发生规律及草情草相，采取相应的除草技术。尤其是在阔叶草和恶性杂草危害严重的地区，应选用有针对性的高效除草剂品种。

直播油菜田除草，可根据直播油菜田杂草出草高峰、草相、腾茬时间，在化学防除方案上采用"一封一杀"方法。腾茬早的田块，如果油菜采用机械直播，播前田间已有一部分杂草出生，可在播前3天用草甘膦做茎叶喷雾；腾茬晚的田块，播后苗前每亩用50%敌草胺可湿性粉剂100g进行封杀。当直播油菜秧苗长至5~6叶时，根据田间草相，如以单子叶杂草为主，每亩用10.8%高效氟吡甲禾灵乳油30mL或10%精喹禾灵乳油50mL；如以双子叶杂草为主，每亩用50%草除灵乳油40mL；如单双子叶混生，每亩用17.5%精喹·草除灵乳油100mL，兑水50~60kg，对杂草进行茎叶处理。需要注意的是在用敌草胺进行土壤封杀时，土壤一定要湿润。

119. 如何对移栽油菜田进行化学除草？

移栽油菜田化学除草效果一般在90%以上，比人工除草效果要提高20%，且因化学除草不像人工除草那样要松动土壤，油菜根茎牢固，倒伏率要比人工除草下降30%左右。

（1）移栽油菜田杂草发生规律 稻茬移栽油菜主要杂草有繁缕、看麦娘、日本看麦娘、雀舌草、碎米荠、硬草、泥胡菜、大巢菜等；旱茬作物为棉花、芝麻、花生等地的移栽油菜田，杂草主要有婆婆纳、猪殃殃、刺儿菜、荠菜、密穗马松子、小旋花草等。

稻田移栽油菜田的看麦娘、日本看麦娘，在10月中下旬至11月上旬油菜移栽时，一般处在2~3叶期，当油菜移栽后杂草几乎与油菜同步生长，如不及时防除，将会与油菜争夺养分和阳光，严重影响油菜生长。到11月中下旬形成出草高峰，出草量占总出草量的85%左右。待下年春后禾本科杂草出草高峰将出现在2月中旬，出草量占总出草量的10%左右。

（2）移栽油菜田杂草防除技术 这种油菜田的化学防除，应采取"一封一杀，封杀结合，以封为主"的策略。

① 免耕移栽田除草 前茬作物收获后移栽前的空茬期间，用灭生性除草剂如草甘膦等防除已出苗的杂草或前茬再生植株，在用药后的第二天可移栽油菜。常用药剂有40%草甘膦水剂150mL，兑水40~50kg均匀喷雾，杀灭田间已出杂草。

② 翻耕后移栽油菜的田块 在移栽前进行土壤处理，每亩用48%氟乐灵乳油150~200mL，兑水40~50kg喷雾，随即耙地混土，控制禾本科杂草和阔叶杂草效果好。或在油菜移栽前每亩用48%氟

乐灵乳油 100~150mL，兑水 40~50kg 喷雾，或每亩用乙草胺乳油 70~100mL 在移栽田栽植前或栽后第二天兑水喷雾。

以日本看麦娘等禾本科杂草与牛繁缕等阔叶杂草等混生的油菜田，可每亩用 50%敌草胺可湿性粉剂 100~120g，或 72%异丙甲草胺乳油 100~150mL，于油菜移栽前兑水喷雾。作土壤处理必须抓住在杂草出土前施药，要求油菜田的翻耕、整地、施肥、分厢、移栽等一系列工序不能拖得太长，以不超过一星期为宜。时间过长，杂草可能出土，失去除草机会。

③ 移栽后生长期的油菜除草　以看麦娘等禾本科杂草为主的杂草成苗后的化学防除，可选用触杀型除草剂精吡氟禾草灵、烯禾啶、吡氟氯禾灵、精喹禾灵、精噁唑禾草灵等。化学除草的时间以杂草 3~6 叶期最好，一般采用的喷施浓度为：15%精吡氟禾草灵乳油，10%精噁唑禾草灵乳油，12.5%吡氟氯禾灵乳油每亩均为 50~70mL，加水 50~60kg 喷雾，防除效果达 90%以上，可基本控制杂草危害。这几种药剂都较耐雨水冲刷，施药 2 小时后下雨，对药效无影响。气温高除草效果好。日平均气温低于 10℃时，苗情较差的田块使用烯禾啶等，应注意防止产生药害。

草除灵是油菜苗后选择性除草剂，可用于茎叶处理防除油菜田双子叶阔叶类杂草，是油菜田理想的除草剂，防除雀舌草、牛繁缕、猪殃殃、婆婆纳等阔叶杂草效果好。50%草除灵悬浮剂的使用方法主要依据油菜类型和田间杂草出草规律而定。甘蓝型油菜品种根据杂草发生情况，于 12 月上旬和 2 月中下旬施药，11 月底以前施药易产生药害，一般每亩用 50%草除灵悬浮剂 30~35mL，加水 50kg 茎叶喷雾，气温在 10℃以上药效发挥较快。对久旱墒情较差的油菜田，应结合灌溉保持土壤有一定的墒情，以保证油菜田的施用药效。

氟乐灵、吡氟氯禾灵、精喹禾灵等除草剂是专用于杀灭禾本科杂草的药剂，使用时必须注意周边作物的安全，避免飘落到其他禾本科作物上。精喹禾灵等除草剂对鱼类有毒性，在清洗药械或处理药瓶时，应远离池塘、河流。

120. 油菜田早熟禾能否用精喹禾灵和高效氟吡甲禾灵防除？

近年来早熟禾（彩图 63）已成为油菜田恶性禾本科杂草之一。化学防除仍是目前防除油菜田早熟禾等禾本科杂草的重要手段。

高效氟吡甲禾灵和精喹禾灵是防除油菜田禾本科杂草的常用茎叶处理剂。高效氟吡甲禾灵对油菜田狗尾草、马唐、野燕麦、看麦娘、雀麦等禾本科杂草有较好防效，适当增加用药量可以防除芦苇、狗牙根、双穗雀稗等多年生禾本科杂草。由于长期单一使用该药，导致看麦娘、茵草、早熟禾等杂草对其产生了不同程度的抗耐性，防除效果下降。精喹禾灵对油菜田看麦娘、野燕麦、马唐、狗尾草、雀麦等禾本科杂草有较好防效，近年来各地出现对该药抗性强的早熟禾、日本看麦娘、茵草、硬草等杂草种群，在杂草抗性强的地区用药防除效果较差。该药要求在较高的气温下使用，气温低于 8℃ 时防效显著下降。

烯草酮属环己烯酮类内吸传导型选择性苗后除草剂，适用于大豆、油菜等多种阔叶作物田防除看麦娘、早熟禾、日本看麦娘、稗草、野燕麦、狗尾草、马唐等禾本科杂草。该药的杀草机理与高效氟吡甲禾灵、精喹禾灵不同，能防除对这两种药产生抗耐性的杂草。药物能被植物叶片迅速吸收（一般施药后 1 小时即被杂草吸收），传导到根部和生长点，抑制杂草支链脂肪酸的生物合成。施药后杂草生长缓慢，丧失竞争力，幼嫩组织早期黄化，随后其余叶片萎蔫，直至死亡。

在油菜田施用烯草酮，宜在油菜 4 叶期至抽薹前施药，在早熟禾 3~4 叶期施药防效较好。油菜抽薹后不宜施用该药，以免对油菜造成药害，影响开花结实。在早熟禾发生量不大的田块，一般每亩用 12% 烯草酮乳油 30~40mL；早熟禾发生严重的田块，每亩用 12% 烯草酮乳油 40~50mL。该药较耐低温，在温度高于 2℃ 时施用就有较好的除草效果，冬季低温期可以选用该药防除油菜田早熟禾。

121. 油菜田里的毛茛能用什么药防除？

目前生产上防除油菜田阔叶杂草的农药主要是草除灵和二氯吡啶酸，这两种药对毛茛的防效均较差。

据报道，在油菜移栽返青后、田间小毛茛杂草 3~4 叶期，每亩用 50% 异丙隆可湿性粉剂 60g 或 90g 加水 40kg 喷雾除草，对小毛茛具有较好的防除效果，施药后 90 天株防效均达 97.66%，鲜重防效分别为 99.57% 和 99.73%，而对照田块每亩用 50% 草除灵悬浮剂 30mL 的株防效和鲜重防效均较差。

每亩用 50％异丙隆可湿性粉剂 90g 对油菜有一定的药害，主要表现在重复喷药区域的死苗和缺棵。在油菜抽薹前每亩喷施 50％异丙隆可湿性粉剂 60g，对油菜生长没有不良影响。异丙隆在油菜田使用技术性较强，施药前应先小面积试验，掌握正确的用药方法后再大面积使用，以免产生药害。

油菜田毛茛处于 4 叶期以下低龄期时，可以考虑试用异丙隆防除；如果在草龄增大后施药，除草效果难以保证。

122. 油菜异噁草松药害的表现症状有哪些，如何预防？

（1）表现症状   一次用药的药效可达作物整个生育期，每亩用 36％异噁草松微乳剂 26～33mL 兑水 50kg 对土壤喷雾，施药后 10 天移栽油菜，移栽后 4～7 天出现药害症状。一般油菜心叶或幼嫩叶片出现淡黄色、黄色、白色等白（黄）化现象，有部分白化症状仅发生在叶片的一侧或以中脉为界的半边叶片上。

移栽后 10～20 天达到白化高峰，1 个月后长出的新叶转为正常的绿色，至春后抽薹期白化症状基本消失，对产量影响不明显。少数白化严重的药害株在栽后 30 天死亡。

（2）发生原因   异噁草松又名广灭灵、异噁草酮。油菜对异噁草松的耐性不太强，用量稍大油菜即可能出现叶片白化、生长受抑制等药害症状。

（3）诊断方法   播种后未覆盖的露籽田块及油菜出苗后至 5 叶前幼苗施药，低温阴雨天、积水田施药均可能产生药害。

（4）预防措施   一般用于苗前土壤封闭除草。直播油菜田一般不提倡使用异噁草松化学除草。如果使用，则应将异噁草松减量与乙草胺等混用，并在播种后严密盖土，然后喷药。

乙草胺对油菜田阔叶杂草的封杀作用较差，而异噁草松对大多数阔叶杂草有良好防效。为发挥异噁草松和乙草胺各自的长处，可以采取减半混用的方式在翻耕移栽油菜田使用。每亩用 36％异噁草松微乳剂 15mL、50％乙草胺乳油 50mL 加水喷雾，过 1～3 天移栽，既克服了异噁草松、乙草胺的药害问题，又扩大了杀草谱。

施药时油菜苗必须是 5 叶以上的大苗、壮苗。

施药要均匀，防止漏喷、重喷。在持续干旱的情况下可以适当灌水，但不能全田大水漫灌。

将异噁草松与乙草胺、异丙甲草胺、丁草胺等药混配使用，或者使用50%异松·乙草胺乳油（广佳安）等复配剂，有利于减少异噁草松的绝对用量，减轻油菜白化率，并能扩大杀草谱，提高除草效果。

123. 油菜乙草胺药害的表现症状有哪些，如何预防？

免耕直播油菜在播种后即用乙草胺进行土壤封闭处理的除草效果较为理想，且成本不高，乙草胺是直播油菜田的主要使用药剂。

乙草胺是选择性芽前除草剂，可被植物幼芽吸收，单子叶植物通过芽鞘吸收。双子叶植物通过下胚轴吸收传导，必须在杂草出土前施药。药物在植物体内干扰核酸代谢及蛋白质合成，使幼芽、幼根停止生长。如果田间水分适宜，杂草幼芽未出土即被杀死。如果土壤水分少，杂草出土后，随土壤湿度增大，杂草吸收药物后起作用，禾本科杂草叶卷曲萎缩，其他叶皱缩，整株枯死。

（1）表现症状　一般情况下施用乙草胺比较安全，但是在施药后雨水过多、田间多次积水、地下水位高等情况下易产生药害。一般在油菜受药50天后表现药害症状，植株明显矮小，叶片变紫色，皱缩卷曲，呈匙状，叶面积为正常叶片的五分之一。严重药害株在施药后60～70天死亡。

（2）发生原因　乙草胺持效期为40～70天，主要保持在0～3cm的土层中，高温高湿或持续低温高湿易产生药害。露籽多的田块施用乙草胺容易对油菜籽造成药害，导致不出苗。

（3）诊断方法　正常情况下，在油菜播后苗前用50%乙草胺乳油70mL进行土壤封闭处理对油菜安全，而用1.5倍或2倍药量则油菜生长受抑制；在地势低洼、地下水位高的直播油菜田，每亩用50%乙草胺乳油80mL（常规用量），油菜即出现药害症状，死苗率达16.6%。

（4）预防措施　在播种前施用，应提早72小时以上。严格控制乙草胺用量，每亩用50%乙草胺乳油不超过80mL。对乙草胺抗耐性较强的、杂草较多的地区，可以选用乙草胺与异噁草松的复配剂，有利于降低乙草胺的绝对用量，并扩大杀草谱，提高对禾本科杂草及多种阔叶杂草的防效。稻茬直播油菜田或地下水位高的直播油菜田慎用或不用。移栽油菜田施用，用药后田间不能多次或长时间积水。用水量应视土壤墒情而定，每亩用水量以40～45kg为宜。芥菜型油菜和白菜型油菜在油菜弱苗、小苗时期慎用乙草胺。干旱影响杂草的防除效果，对久旱墒情较差的油菜田，应结合灌溉保持土壤有一定的墒情，以保持药效。播种后以尽可能不露籽为宜。

124. 油菜双酰草胺药害的表现症状有哪些，如何预防？

（1）表现症状　双酰草胺商品名为草长灭、卡草胺。双酰草胺的药害发展比较缓慢，一般在施药后 20 天开始表现症状，施药后 45～60 天达症状表现高峰。发生药害时，油菜植株一般叶片变小，仅为正常植株的 1/4～1/2。叶片沿边缘向下翻卷，叶裂加深，叶面粗糙、皱缩，出现"明脉"。

重症株表现为全株发黄，成龄叶呈鲜黄色，心叶和幼叶多呈黄色，并伴有畸形，如叶片边缘向上翻、叶脉间的叶网隆起、表面粗糙等。

（2）发生原因　施用量过大，小苗或移栽后立即施用。据试验，每亩用 70％双酰草胺可湿性粉剂 300g，施药后 45 天明显药害株率达 12％。药害症状随用药量提高而加重，绝大多数重症株于春季返青期死亡，干旱天气会加重药害。

（3）诊断方法　每亩施用 70％双酰草胺可湿性粉剂超过 200g。直播油菜 1～4 叶期或移栽苗尚未活棵时施用。正常情况下在土壤中残效期可达 2 个月。

（4）预防措施　严格控制 70％双酰草胺可湿性粉剂每亩用量在 200g 以下，并在移栽前和移栽活棵后施用。在甘蓝型杂交油菜上使用。选准用药时期，在油菜 5 叶期后施药。

125. 油菜草除灵药害的表现症状有哪些，如何预防？

（1）表现症状　草除灵产生药害时，油菜在施药后 3 天出现叶片失水、叶色变淡等症状；施药后 10 天叶片卷曲、叶脉变粗变白，出现明脉症状；部分重症株出现畸形，茎基增粗，内部中空，顶部派生多个芽头，新芽的叶片明显变小，呈紫红色，并出现合生叶柄，死苗率达 10％～17％。药害严重时，油菜抽薹后不再产生分枝，茎秆呈扁平状，角果排列呈鸡冠花状，有些茎秆扭曲成 S 形，角果明显减少。

（2）**发生原因**　施用量过大，幼苗在 5 叶以前施用。

（3）**诊断方法**　每亩 50％草除灵悬浮剂施用量超过 30mL。一般用于油菜田苗后防除阔叶杂草。

（4）**预防措施**　严格控制用量。可在甘蓝型杂交油菜上使用，避免在芥菜型、白菜型油菜上使用。选准用药时期，在油菜 5～6 叶期以上的大壮苗使用。尽量避免草除灵与某些禾本科除草剂直接混用。

126. 油菜草甘膦药害的表现症状有哪些，如何预防？

（1）**表现症状**　油菜苗叶片皱缩、增厚，叶色变深，部分叶叶色发紫，生长缓慢，表现为地上部分逐渐枯萎、变褐，最后全株死亡。

（2）**发生原因**　草甘膦为灭生性、内吸传导型广谱性除草剂，靠植物绿色部分吸收该药，在用药几天后才出现反应。植物部分叶片吸收药液，即可将植株连根杀死。其使用机理是破坏植株体内的叶绿素，淋入土壤后即钝化失效。因此能杀死地面生长的各种杂草，但对地下萌芽未出土的杂草无效。

（3）**诊断方法**　施药后马上播种，或 5 天内移栽油菜苗。大风天气喷药时距离油菜田太近。

（4）**预防措施**　采用正确的施药方法。大田喷洒草甘膦应在无风条件下，进行严格定向喷雾，避免叶片沾药；路边、河边等地方喷洒草甘膦时，应在无风条件下距离作物 20m 以上；对喷用过草甘膦的喷雾器要反复清洗后再作他用。

药害发生时，及时喷洒清水进行冲洗，摘除下部沾药叶片，同时喷洒 0.136％赤·吲乙·芸苔可湿性粉剂来缓解，也可喷施各种叶面肥修复被损害的细胞。严重地块及时毁种其他作物，尽量减少损失。

油菜田施药 5 天以后再移栽可有效减轻药害。

127. 油菜二氯吡啶酸药害的表现症状有哪些，如何预防？

（1）**表现症状**　油菜受二氯吡啶酸危害，表现为茎扭曲；叶片呈杯状、皱缩状；根增粗，根分生组织大量增生，根毛发育不良；茎顶端变成针叶状，茎脆，易折断或破裂；茎部、根部着生疣状物，根和地上部生长受抑制。

（2）**发生原因**　二氯吡啶酸是一种人工合成的植物生长激素，

对杂草施用后，它被植物的叶片或根部吸收，在植物体中上下移动并迅速传导到整个植株。二氯吡啶酸能导致细胞分裂失控和无序生长，或抑制细胞分裂和生长。对豆科和菊科多年生杂草有特效，目前主要应用于油菜田。

（3）**诊断方法**　使用剂量每亩超过 12g 以及在低温下施用。

（4）**预防措施**　不要在芥菜型油菜田施用，否则容易产生药害。

注意施用时期。最好在油菜苗期施用，但不要在低温霜冻期施用。

控制用药量。春油菜使用剂量为每亩 6～12g，冬油菜使用剂量为每亩 4.5～7.5g。

128. 油菜烯草酮药害的表现症状有哪些，如何预防？

（1）**表现症状**　过量施用易造成油菜幼苗生长缓慢，幼嫩组织早期黄化或变紫，随后其余叶片萎蔫，直至死亡。油菜在抽薹、结角期对烯草酮比较敏感，在油菜进入生殖生长阶段后施用烯草酮会使油菜出现白化现象，导致油菜开花、结实不良。

（2）**发生原因**　烯草酮为茎叶除草剂，抑制植物体内脂肪酸合成，使植株生长延缓，施药后 1～3 周植株褪绿坏死。对于大多数一年生和多年生的禾本科杂草有特效，对双子叶作物安全。但施用不当也产生药害。

（3）**诊断方法**　施用药量超过每亩 24％烯草酮乳油 40mL 兑水 20L 的安全用量。抽薹后施用易造成药害。

（4）**预防措施**　控制用药量。一年生杂草 3～5 叶期，多年生杂草分蘖后施用。使用剂量为每亩 24％烯草酮乳油 20～40mL 兑水 20L，茎叶喷雾。杂草较大或防治多年生杂草要适当增加药量。

注意施用时期。一般在油菜 4 叶期至抽薹前施用，油菜抽薹后不能使用。

油菜田中的早熟禾等恶性杂草，最好在冬前或冬季气温高时用烯草酮等除草剂防除，掌握在早熟禾 3～4 叶期用药。要求在日平均温度 5℃以上施药，施药后 1 周内无强降温低温天气。

129. 玉米田用烟嘧·莠去津除草，后茬可以播种油菜吗？

玉米田用烟嘧·莠去津除草，后茬播种油菜后易出现死苗。

烟嘧·莠去津为烟嘧磺隆与莠去津的复配剂。烟嘧磺隆为内吸型除草剂，可被杂草茎叶和根部吸收，随后在植物体内传导，造成敏感植物生长停滞、茎叶褪绿、枯死，植株一般 20～25 天死亡，但在气温较低的情况下对某些多年生杂草需较长时间。莠去津为选择性内吸传导型苗前、苗后除草剂，以根系吸收为主，茎叶吸收很少，能迅速传导到杂草分生组织和叶部，干扰光合作用，使杂草死亡。在土壤中的半衰期为 35～50 天，在地下水中的半衰期为 105～200 天。

油菜对这两种有效成分均敏感。据有关资料，前茬烟嘧磺隆纯药亩用量超过 4g，即 4% 烟嘧磺隆每亩用量超过 100mL，须间隔 18 个月才能种油菜；莠去津每亩纯药用量超过 134g，即 38% 莠去津每亩用量超过 350mL，须间隔 24 个月才能种油菜。玉米田施用烟嘧·莠去津，对后茬油菜有残留药害，会导致直播油菜死苗。

130. 为什么油菜抽薹后混用草除灵和烯草酮易出药害？

在油菜抽薹期，每亩用 17.5% 精喹·草除灵乳油 120mL、30% 烯草酮乳油 60mL、"倍笑"甲基化植物油增效展着剂 45mL 喷雾除草，易导致油菜出现叶片皱卷、新生叶扭曲、叶间距缩短等药害状。

17.5% 精喹·草除灵乳油，含精喹禾灵 2.5%、草除灵 15%，登记用于油菜田茎叶喷雾防除一年生杂草，每亩推荐用制剂 100～140mL。30% 烯草酮乳油，登记用于油菜田茎叶喷雾防除一年生禾本科杂草，每亩纯药推荐用量为 3.6～4.8g，折合每亩用制剂 12～16mL。

精喹·草除灵是精喹禾灵与草除灵的复配剂，其中精喹禾灵对油菜安全性高，在油菜抽薹后也能施用；草除灵一般在直播油菜 6 叶期后或移栽油菜缓苗后至抽薹前施用，油菜抽薹后施用容易造成药害影响开花结角。油菜抽薹后施用草除灵，会出现不同程度的药害症状，表现为叶片皱卷、新生叶扭曲、叶间距缩短等，与激素类除草剂症状相似。该药对甘蓝型油菜安全性高，对白菜型油菜有轻度药害，芥菜型油菜对其高度敏感，不能使用。

烯草酮属环己烯酮类内吸型茎叶处理除草剂，适用于多种阔叶作物田防除禾本科杂草。该药一般在油菜 4 叶期至抽薹前施用，油菜抽薹后施用容易造成药害影响开花结角。油菜抽薹后施用烯草酮，会出现叶片皱缩白化、花瓣扭曲畸形、不能正常结角等药害症状。

油菜进入抽薹期施用上述 2 种药，从用药量来看，17.5% 精喹·

草除灵乳油用量适宜，30％烯草酮乳油用量较大，油菜药害程度会加重。"倍笑"甲基化植物油增效展着剂有提高药效的作用，在上述除草剂中加入该药，也会加重除草剂药害程度。对受药害油菜喷施赤·吲乙·芸苔（碧护）、胺鲜酯、芸苔素内酯、复硝酚钠等药及"悦护"多元活性微肥、腐植酸等叶面肥，有利于恢复生长。

131. 油菜单株才 2 个叶片能否用烯草酮除草？

烯草酮属环己烯酮类内吸传导型选择性苗后除草剂，广泛适用于大豆、油菜等多种阔叶作物田，对看麦娘、日本看麦娘、早熟禾、稗草、野燕麦、狗尾草、马唐等禾本科杂草均有良好的防效。该药一般在油菜 4 叶期至抽薹前施用，油菜抽薹后施用会影响开花结实。

用烯草酮防除油菜田杂草，最佳施药时期是杂草基本出齐、处于 3～5 叶期且生长旺盛时，此时药液易喷洒到杂草叶面，杂草吸收传导速度也快，一次用药可以有效防除大部分禾本科杂草。据试验，在杂草 4～5 叶期施用该药，施药后 3 天杂草叶片明显黄化，药后 7 天心叶基部变黑，药后 21 天绝大部分杂草死亡。对 3 叶期以下和 5 叶期以上的杂草施药，分别在药后 5 天和 7 天才稍见药效发挥，药后 21 天前者几乎不见任何效果，后者叶片黄化现象明显。分析在杂草 3 叶期前和 5 叶期后施用烯草酮防除效果差的原因，主要是 5 叶期以上的杂草草龄较大，耐药性增强，防效下降；杂草 3 叶期前叶片直立，心叶暴露少，着药量少，施药后虽能除掉部分已出杂草，但后面还有杂草出土。

烯草酮是茎叶处理剂，没有土壤封闭效果，油菜 2 叶期可以施用烯草酮除草，但此时杂草没有出齐，施药后仍有杂草出土，需要再次用药防除出土杂草，用药成本增加。

132. 油菜田使用化学除草剂注意事项有哪些？

油菜田化学防除是一项技术性强的工作，在使用时既要考虑除草剂本身的特性，又要考虑天气条件、油菜的种植方式和前后茬作物的生长情况等，才能做到安全有效的化学防除。因化学防除不慎而造成油菜苗或后茬作物遭受药害的现象时有发生，在进行油菜田化学除草时应注意以下几点。

（1）**慎选药剂品种** 除草剂品种选用不当极易造成药害。

① 选用不当对当季作物产生药害 20世纪90年代初期，在江汉平原推广使用金星（主要成分为胺苯磺隆）除草剂防除油菜田杂草，导致部分油菜叶片发黄，心叶腐烂，甚至死亡。目前，胺苯磺隆已经在油菜生产上禁用。

② 选用不当对下茬作物产生药害 由于大量使用除草剂，除草剂残留问题突出，残留在土壤中的除草剂对后茬作物影响很大。目前，部分地方水稻出现僵苗、移栽后返青慢、迟苗不发、秧苗枯死、死苗等现象，并造成后期穗数减少，千粒重下降。对后茬种植的玉米、棉花、花生、蔬菜等作物都有不同程度的伤害。农业部门对甲磺隆、氯磺隆实行禁用已久，但因其活性高、价格便宜，少数农户仍习惯用甲磺隆防除田埂杂草。由于农药被雨水冲刷，游离到田埂周边的残留物易对油菜产生药害，常出现油菜叶片发黄、植株矮小、开花迟缓等药害症状。

（2）**选择用药适期**

① 抓住晴暖天气用药 为确保作物安全生长和除草剂药效的充分发挥，要避免在冷空气阶段用药。对除草剂而言，气温高作用快，气温低作用慢。施除草剂后即遇不良气候易造成药害。油菜移栽前后施乙草胺等除草剂后遇低温、多湿（3~4天内遇中等以上降雨）、田间长期积水或药量过多情况下易受药害。受害症状表现为不同程度的叶皱缩、不发根、根腐烂，气温升高后可逐渐恢复正常。在用药时要注意气温变化，要求在"寒尾暖头"时用药，不宜在"暖尾寒头"时用药。

② 抓住适宜草龄用药 冬前用药，在禾本科杂草基本出齐（即2~3叶期）、阔叶杂草在二轮叶时（11月下旬~12月上旬）应用效果最佳。用药太迟，草龄偏大，气温逐渐下降，防除效果相对较差。不要在油菜抽薹后使用除草剂，以免发生除草剂药害。

（3）**谨慎混用药剂** 混配农药具有一药多治、减少用工的优点，在生产实际中应用很多。将有些药剂进行混合施用可起到事半功倍的效果，但有的药剂进行混合施用往往会带来药害。除草剂混配不当很容易造成药害。有的会因油菜苗对除草剂的抗性降低而出现药害。有的因产生拮抗作用，不但化学防除效果下降，而且遇寒流易发生药害。多效唑能使油菜苗生长受抑、生理代谢能力减弱，若与除草剂混用，也易发生轻微药害。现阶段，农户不知道哪些药剂可以混用，哪些药剂不能混用，没有一个标准。因此在使用除草剂时不要随意与杀虫剂、杀菌剂和生长调节剂等混合使用，以免造成药害。

（4）精准细致用药

① 严格用药剂量　除草剂用量超标或配制浓度过高极易产生药害，一些除草剂使用过量还会对后茬作物造成药害。因此，药剂浓度应严格按照产品说明进行配制，切不可随意加大用量和提高浓度。配制药液时一定要采用二次稀释法，充分搅匀、不漏喷、不少喷、不重喷、不滴漏。

② 注意用药量受土壤有机质影响而产生的差异　土壤有机质含量一般分为3％以下、3％～5％、5％～10％几个幅度，随着土壤有机质含量的增加，除草剂用量应相应增加。当土壤有机质含量在10％以上时，因用药量过大、除草效果不好，不宜施用。

③ 选择施药器械　选择合适药械，提高喷雾质量，减少药液飘移。

④ 仔细清洗药械　施药后用碱水反复清洗药械，以防下次使用时残留的药物伤害其他作物。

（5）实施轮作除草　除草剂应用具有一定的针对性与选择性，长期应用，会导致油菜田一些非主要类型杂草上升为优势杂草。如油菜田中的一些阔叶类杂草，采用化学药剂防除效果已不是很好。在生产实际中，可实行麦、油轮作和水、旱轮作，将稻-油耕作模式改变为稻-麦耕作模式，或实行水旱轮作，以减轻恶性杂草的发生，提高化学除草剂的针对性。

（6）用好补救措施　农作物一旦遭受除草剂药害，应及时喷施奈安、解害灵、生物蛋白素、氨基酸营养液等，待苗情好转后，再酌情追施少量氮肥，以促进受害作物恢复生长，减少损失。

133. 油菜田非化学除草措施有哪些？

（1）轮作换茬　通过轮作换茬，能改变杂草的生长环境，创造不利于杂草的生长发育条件。例如，通过水旱轮作，可以较好地利用旱茬田不利于硬草、看麦娘等禾本科杂草发生危害，水田不利于繁缕、猪殃殃、泽漆等阔叶杂草发生危害的优势，控制杂草的发生和危害。

（2）**施用腐熟农家肥**　油菜田施用的有机肥料类型较杂，有家畜粪便、垃圾、肥泥等，其中往往含有大量的杂草种子。因此，厩肥或堆肥应经过1～3个月的高温堆沤，闷杀杂草种子，减少进入油菜田的杂草种子。

（3）**清洁田间周边环境**　油菜田的田间地头、水沟、水渠及路边附近的杂草种类多、数量大，如不及时清理，杂草成熟后的种子可随风进入田间，一些多年生杂草的根茎也可向田内蔓延，是油菜田新的杂草为害和基数积累的主要来源之一。因此，在杂草种子未成熟前，及时采取防除措施，清除田间四周附近杂草，防止田外杂草向田内扩散蔓延，减少田间杂草发生量。

（4）**加强田间管理、合理密植**　直播田播种时要做好种子精选工作，清除混杂在其中的杂草种子，减少田间杂草种源。种前或移栽前要下足基肥，促进油菜壮苗早发，并合理密植，提高田间耕作管理水平，发挥油菜自身的群体和空间优势，促其早发，及早封行，增强与杂草的竞争力，充分发挥以苗压草、以密压草的作用。

（5）**物理防治措施**　油菜播种或移栽前进行土壤深耕，可防除一年生杂草，并使一些多年生杂草的数量逐渐减少，从而控制其为害。通过深耕晒垡，可促进土壤微生物活性，增加土壤养分和透气性，有利于培育壮苗。油菜出苗或移栽后，适期（杂草生长前期）进行中耕，将一年生杂草消灭在结实前，使田间散落的杂草种子数量逐年减少。通过耕翻，还可切断多年生杂草的地下根茎，削弱其养分积累的能力，使其慢慢地衰竭直至死亡。

第五章

油菜气象灾害及减灾技术疑难解析

第一节　油菜高温热害及旱害

134. 油菜高温热害的危害有哪些，如何预防？

（1）**表现症状**　油菜萌发出苗遇高温，刚出土幼苗根颈部会出现缢缩，轻者叶片发黄，幼苗细长或皱缩萎蔫；重者死苗、出苗不全或缺苗断垄。成熟期气温过高，角果发育受阻无光泽，籽粒灌浆过程终止，籽粒不饱满，秕粒、绿籽大大增加。

（2）**发生原因**　冬油菜有可能在播种期或成熟期遇到高温。油菜播种时遇高温，播后 2～3 天即出苗，如地表温度过高并且持续时间长，在出苗过程中会使靠近土壤表面幼苗的根茎部发生灼伤。成熟期高温会破坏油菜叶片与角果皮的光合结构，导致植株光合作用不正常，光合产物运输不畅。植株与角果受热害，角粒数及千粒重下降，严重影响油菜产量和质量。

（3）**诊断方法**　播种时遇 30℃ 以上的高温天气，油菜出苗率下降，形成弱苗或死苗。油菜籽粒发育初期，日温持续在 24～25℃ 时，灌浆停滞。气温达 28℃ 左右，果皮光合作用受阻。气温 30℃ 以上，形成高温炙烤，植株与角果严重受害。

（4）**预防措施**　适期播种，各地根据当地气候、品种类型确定播种期。

苗期高温干旱年份要注意播前、播后浇水，且浇水要适时适量，及时降温，保持土壤温度适宜，必要时要浇第三次、第四次水。沙壤土容易缺水，更要注意多次浇水并加强苗期管理。

135. 旱害对油菜的影响有哪些?

油菜旱害，主要与自然降水量较少有关。我国油菜主产区主要有长江流域冬油菜区和北方春油菜区。长江中游油菜主产区常常受到秋、冬旱危害，而长江上游油菜主产区和北方春油菜主产区则常常受到春旱的危害。干旱是限制油菜生产和发展的重要因素之一。近年来随着全球气候变暖，我国长江流域秋旱发生更为频繁。

（1）秋、冬干旱影响苗期生长 秋旱易造成直播油菜播种期偏晚，出苗不齐。育苗移栽油菜，播种期和幼苗期土壤干旱缺水，会严重影响油菜的出苗和全苗，幼苗正常生长发育受阻，不能培育壮苗。移栽时干旱缺水，出叶缓慢，叶片黄化脱落，绿叶面积减少，旱害严重时，将影响根系对矿质营养的吸收，正常的生长发育受阻，形成弱苗，抗寒能力下降。冬季的干旱与低温同时出现时，将会加重冻害。

（2）早春干旱影响春发和产量 春旱主要发生在3～4月，大部分油菜正处于盛花期，是油菜生长发育的关键时期，水分缺乏将导致油菜返青生长缓慢，油菜分枝减少，下脚叶逐渐枯萎。蕾薹期受旱，植株生长受到抑制，光合面积小，有机物积累少，开花时间提早结束，花期缩短，授粉受精不良，花序短且早衰青枯，蕾角脱落增加，角果少，且对以后种子发育、油分积累不利。

（3）干旱易导致缺素 在干旱条件下，会影响植物营养元素的正常吸收，造成油菜缺素性叶片发红，生长缓慢；严重的可造成油菜植株的硼元素含量下降，加重油菜缺硼的发生程度和范围，导致油菜"花而不实"。

（4）干旱时病虫害发生重 由于干旱气候容易造成蚜虫和菜青虫等的爆发，会加重虫害和并发性病毒病的发生。

136. 如何防止油菜旱害?

（1）整理排灌系统 油菜旱害主要从加强农田基础设施建设、沟渠配套和遇旱及时灌溉等方面，加以有效防治。通过灌排等工程设施的完善与配套，确保遇旱能灌。

（2）选用耐旱品种 耐旱品种具有更强的干旱耐受能力，在干旱情况下，能显著抑制水分蒸腾，调节物质代谢水平。采用耐旱性强的品种是生产上防止旱害既经济又有效的途径。

（3）浇水抗旱　稻田油菜有灌水条件的要尽可能灌水抗旱。板田免耕油菜适宜灌水抗旱，可采取沟灌的方式，水灌到沟深的 2/3 处，让水渗透湿润土壤。但要防止淹灌、漫灌和久灌，以免土壤缺氧。翻耕直播或移栽的油菜灌水时易出现土体下沉而伤害根系，要注意方法，但最好与旱土油菜一样采取淋水的方法，并结合施肥一并进行。

（4）抗旱栽培　适当增加油菜留苗密度，采用少免耕技术，通过前作的残茬覆盖阻滞和涵养保水，采取盖土保苗的措施可以保蓄土壤水分，减少油菜苗期蒸腾作用，增强油菜苗期抗旱能力。

有条件的地区，可用稻草、麦秸秆、树叶等覆盖物覆盖行间，厚度 6～8cm，可有效地减少土壤水分蒸发，提高抗旱能力，并且防冻作用明显。

如果油菜田由于没有水源或灌溉成本过高而不能采用灌水方式，甚至还不能浇水抗旱的，可叶面喷施黄腐酸（又名抗旱剂 1 号、FA "绿野"），浓度为 1000～1200 倍液，可以增加绿叶面积、茎秆强度，提高叶绿素含量，达到保产、增产效果。

（5）中耕松土　油菜根系发达，不仅可以提高防冻能力，而且可以吸收土壤深层的水分，提高抗旱能力。但干旱时期中耕要注意方法，方法不当，适得其反。冬季干旱时中耕最大的困难是板田免耕栽培的油菜土体受旱硬化，锄头挖不进。可先行浅锄，切断毛管，减少水分蒸发。

有条件灌水的，可在灌水后、土壤墒情较好时深挖油菜行间，为根系生长创造良好的土壤环境。

翻耕油菜田，浅锄土壤，刨碎土块，减少土壤大缝隙、降低土壤水分蒸发量。中耕要在冬前气温较高时进行，有利于提高土壤温度。结合中耕对根蔸进行培土，防止严寒侵袭油菜根系。

（6）追肥促苗　冬前气温较高，是油菜冬发的重要时期，干旱解除后，要及时追肥促苗。

追肥可单独进行，也可结合灌水（浇水）抗旱一并进行。如结合灌水进行追肥时，可在灌水前每亩追施尿素 7.5～10kg（或碳酸氢铵 15～20kg）、钾肥 5～7.5kg，重点追施瘦弱苗。但最好将肥料用水溶解形成稀薄肥液淋施，这样能做到施肥均匀，也便于根系吸收利用，提高肥料利用率。

同时对瘦弱苗叶面喷施 0.5％尿素、0.3％磷酸二氢钾混合液二三次，每隔 5～7 天喷 1 次。

（7）追施硼肥 干旱年份硼肥容易被土壤固定，导致油菜难以吸收，进而诱发缺硼，造成叶片变红变紫、矮化、变形，花期"花而不实"。可采取如下四种办法防止缺硼。

一是每亩以 0.5～0.75kg 硼肥作基肥，或在苗期和初花期各喷 1 次 0.2％～0.3％的硼液，移栽的油菜除基施硼肥外，在移栽前 1 天于苗床喷 1 次 0.2％～0.3％的硼液。

二是适时早播早移栽，培育壮苗，促进根系发育，扩大营养吸收面。

三是增施农家肥，合理施用氮、磷、钾肥。

四是加强田间管理，既要清沟排渍，又要及时灌溉，防止长期干旱。

137. 冬季干旱年份油菜抗旱保苗措施有哪些？

在冬季干旱的年份，移栽期不同，油菜苗情差异较大。及时播种，移栽后水肥条件好的地块，油菜及时缓苗，根系下扎，油菜能吸收到土壤较深处的水肥，表现为生长偏旺；移栽较迟，且移栽后遇高温干旱，缓苗慢，长势差，根系扎得不深的油菜，表现为苗小、苗弱或僵苗，对来年高产不利。针对冬季干旱油菜的不同苗情，应搞好以下管理工作。

（1）抗旱补墒 对有灌溉条件且土壤明显欠墒的水田油菜，应在晴天下午水温较高时灌水补墒；离水源较近的旱地油菜，可结合追施腊肥抗旱补墒；有条件的，还可采用浇施稀薄粪肥抗旱促苗，尽量促小苗赶大苗，促进营养生长，为来年的生殖生长打好基础。

（2）防冻护苗 冬暖干旱年份，油菜容易遭受冻害，要注意保暖防冻。冬前气温偏高，要提防气温骤然下降引起冻害。12 月中下旬要及时施用半腐熟的猪牛栏粪、堆肥作腊肥，还可于苑旁施用草木灰和火土灰防冻。

对长势过旺的油菜，每亩用 25％多效唑可湿性粉剂 50g 兑水 30kg 均匀喷雾，促苗由旺转壮，增强抗寒能力。

（3）清除草害 冬季干旱年份油菜生长缓慢，且长势差、封行推迟，春季容易出现草荒。可结合中耕松土开展人工除草，或用茎叶除草剂进行化学除草。在气候干旱，土壤严重欠墒情况下进行化学除草，每亩药液用量不低于 45kg，尽量喷雾均匀，才能保证除草效果。

（4）防病治虫 冬季干旱年份一般蚜虫发生偏重，特别是播种移栽早、肥水足、生长旺的地块，蚜虫发生更为严重，不仅影响油菜生长，还会传播病毒病，应注意及时喷药防治。

在苗期有蚜株率达 10%，每株有蚜 1～2 头；抽薹开花期 10% 的茎枝或花序有蚜虫，每枝有蚜 3～5 头时，选用 25% 吡虫·哒螨灵乳油 2000 倍液、2.5% 溴氰菊酯乳油 3000 倍液等喷雾防治。喷药时兑水要足，喷雾要细致、周到。由于蚜虫常群居在油菜苗叶背面取食活动，因此叶背是喷雾重点。一般根据蚜虫发生情况，连续喷药 2～3 次，每次间隔 7～10 天。

病毒病，可选用 0.5% 菇类蛋白多糖水剂 300 倍液，或 1.5% 烷醇·硫酸铜（植病灵）乳剂 1000 倍液、混合脂肪酸 100 倍液、20% 吗胍·乙酸铜可湿性粉剂 300 倍液、2% 氨基寡糖素水剂 600～800 倍液，隔 7 天 1 次，连治 2～3 次。还可加入生长调节剂如腐植酸微肥 500～800 倍液。即分别选用上述治蚜虫和防病毒病的一种药剂混腐植酸微肥或含氨基酸叶面肥喷雾防治。如抗蚜威＋菇类蛋白多糖＋腐植酸微肥等。

此外，还要加强菜青虫和小菜蛾的防治，菜青虫卵孵化高峰期后 1 周左右至幼虫 3 龄以前，小菜蛾幼虫盛孵期至 2 龄前，选用 90% 敌百虫原药 1000 倍液，或 20% 氰戊菊酯乳油 2000 倍液等防治。

若发生白粉病，发病初期，可选用 15% 三唑酮可湿性粉剂 1500 倍液，或 50% 多菌灵可湿性粉剂 500 倍液等喷雾防治 2～3 次，每次间隔 7～10 天。干旱后苗弱，抵抗力下降，如天气湿度大则菌核病、病毒病和霜霉病等病害发生可能严重，要注意防治。

（5）摘除早薹 冬季干旱年份温度偏高，油菜容易出现早薹早花。油菜抽薹后，抗寒能力显著下降，遇低温更易遭受冻害。因此，对过早抽薹的油菜，应趁晴天摘除早薹并追施肥料，增强抗寒能力，同时促发分枝，提高产量。另外，生长瘦弱的油菜增施速效氮肥，对防止早薹有一定作用。

（6）抢墒追肥 冬季干旱年份由于水分少，肥料有效性较差，遇降雨天气应抢墒追肥。特别是地力较差、基肥不足、苗期长势较弱的，更要注意重施腊肥，抢墒追施速效氮肥，促苗扩大生长量，积累养分，多发分枝，提高产量。

（7）补施硼肥　干旱年份硼肥容易被土壤固定，导致油菜难以吸收，进而诱发缺硼，造成"花而不实"。因此应在油菜初花期结合防病，叶面喷施"速乐硼"等速效硼肥。

（8）清理畦沟　久旱必有久雨。油菜春季最怕渍水，因此在积极抗旱，防止春季连旱的同时，对地下水位高，容易渍水的水田、平地油菜，还要趁冬闲期间结合中耕清理畦沟，确保"三沟"畅通、排水便利，防止春季雨水过多出现渍害。

138. 苗期高温干旱对油菜营养生长的影响有哪些？

油菜一生包括发芽出苗期、苗期、蕾薹期、开花期和角果发育成熟期 5 个生育时期。其中，苗期是指从出苗到现蕾（现蕾是指轻轻拨开 2～3 片心叶后，可以明显看见幼蕾的时候）。苗期又可分为苗前期和苗后期。苗前期又叫幼苗期，指从出苗到开盘（即幼苗基部叶片叶腋出现腋芽，使叶片向四周展开的时候）阶段，该阶段的油菜生长发育处于完完全全的营养生长时期。苗后期又称开盘期，是指从开盘到现蕾阶段，该阶段油菜的生长发育是以营养生长为主兼有生殖生长的时期。

营养生长是指根、叶、主茎和分枝等营养器官的生长。油菜的营养生长从种子萌发开始，至终花期结束。油菜苗期的营养生长主要是指根与叶及主茎的生长，良好的营养生长是生殖生长的基础。

（1）苗期高温干旱对油菜根系的影响　油菜苗期地下部分的生长主要是形成和发展根系。该时期，根系除向纵横伸长外，油菜子叶节下与根系相接的"根茎"也逐渐膨大。根系是苗期油菜获取营养物质、水分的主要器官，根茎是苗期油菜冬季储藏养分的场所，故而苗期要求多发根、根茎粗壮，为壮苗越冬打好基础。但土壤条件及环境条件对苗期根系发育及根茎膨大的影响很大。油菜苗期一旦遭遇高温干旱天气，首先易导致根系对土壤养分、水分的吸收困难；其次影响根茎的膨大造成养分储藏不足，进而造成苗期油菜的生长发育受到抑制，容易造成越冬前苗瘦弱，根系不发达，根干重、根鲜重、根体积及根长显著降低，整体植株形态形成受抑制，进而直接影响后期的产量形成，造成减产。

（2）苗期高温干旱对油菜茎叶的影响　茎叶是苗期油菜进行光

合作用的主要器官，苗期高温干旱引起的缺水现象会导致油菜叶片发皱并出现红叶，影响叶片及主茎的光合作用，致使苗期油菜光合作用减弱，对油菜植株形成威胁，引起营养体较小、地上部鲜重、干重降低等，是油菜产量的潜在隐患。但是，苗期至抽薹前，不连续的高温干旱对油菜产量影响相对较小。

🌱 139. 如何预防油菜苗期干旱？

（1）选择适宜播种期与密度　易发生秋旱且没有灌溉条件的田块，优先选用育苗移栽模式，并根据天气预报选择适宜移栽期。如移栽期推迟，可在每亩 8000～12000 株的范围内逐渐增加移栽密度。如采用直播模式，可预先将田地整理完成并施入底肥，根据天气预报在雨前抢时播种。如播种期、移栽期推迟，可在最低限每亩 0.25kg 种子的情况下逐渐增加播种量，最高限为每亩 0.35kg。

（2）灌溉抗旱　随时关注天气预报，灌溉抗旱。移栽或直播田块在秋旱发生时可沟灌抗旱，但切忌漫灌上厢，否则，将导致土壤板结，移栽油菜发根困难，直播油菜出苗率下降。冬、春旱发生后漫灌抗旱，应及时排出田间积水，以防烂根。有充足劳动力的农户可在灌溉后浅锄，松土除草，以保蓄水分和防止板结。

（3）稻草还田　育苗移栽田块可在移栽后，于行间每亩覆盖 400kg 左右的稻草；直播油菜田块在播种后可每亩覆盖 400～600kg 的稻草，且播种量可增加至 0.3～0.4kg。这样可以减少土壤水分蒸发、保持根层土壤的湿润、确保种植密度、降低秋冬春旱危害。

（4）查苗补缺　有死苗的田块如季节允许，应做好查苗补缺工作，确保田间种植密度。

（5）喷调节剂　旺长田块可喷施矮壮素等生长抑制剂，抑制地上部生长，促进根系发育，增强抗旱能力。干旱发生后叶面喷施 1000～2000 倍液的黄腐酸也可减轻灾害造成的损失。

（6）追肥保苗　灾后可在雨前或结合灌溉每亩追施尿素 5～7.5kg、氯化钾 5kg 提苗，促进苗情转化。

（7）喷施硼肥　发生冬、春旱的田块，可结合病虫防治在蕾薹期喷施硼肥，增加硼肥吸收，防止"花而不实"。

（8）加强病虫草害防治　干旱发生后，油菜抗病性下降，田间杂草增加，应加强病虫害发生测报，做好防治工作，减轻次生灾害发生。

140. 油菜节水抗旱技术措施有哪些？

（1）节水灌溉技术　利用防渗渠进行田间地面输水灌溉，是节水灌溉的有效措施，可以控制田间灌水量，提高灌水的有效利用率，但与土渠相比，其仅可节水20％。由于淡水资源缺乏，可以考虑采用喷灌或微灌技术来改善土壤的墒情。喷灌是目前大田作物较理想的灌溉方式，与地面灌溉相比，可节水50％～60％。微灌属局部灌溉，只湿润部分需要水分的土壤，与地面灌溉相比，可节水80％～85％。

（2）水肥耦合技术　水肥耦合又称水肥一体化，是根据不同水分条件，使灌溉与施肥在时间、数量和方式上合理配合，以提高灌溉水的利用效率，达到以水促肥，以肥调水，增加作物产量和改善品质的目的。实践表明，利用水肥耦合技术对油菜、冬小麦、玉米、花生等作物进行适宜的水肥管理，与传统灌水相比，地面灌溉可节水15％～20％，喷灌可节水35％～60％，主要作物增产幅度为9％～17％，化肥利用效率提高15％～20％，主要作物的水分生产率达到$1.5～2.1kg/m^3$。

（3）覆盖节水技术　一是覆盖薄膜，二是覆盖秸秆，对油菜而言主要是采用覆盖秸秆的节水技术。即将作物秸秆粉碎，均匀地铺盖在作物行间，减少土壤水分蒸发，增加土壤需水量，不仅可以抗旱保墒，还能明显减轻冻害的危害。

141. 油菜化学调控中抗旱剂的种类和使用方法有哪些？

（1）抗旱剂的种类　抗旱剂是指施在土壤或作物上的能减少蒸发或蒸腾或增强作物本身抗旱性的化学物质的总称，近年来生产上研究应用较多的主要有以下几种：

① 拌种剂　常用在播种之前来抵御芽苗期的干旱胁迫。

② 6-BA和外源脱落酸（ABA）　主要通过调节内源激素的水平增强作物的抗旱能力。

③ ABT生根粉　主要通过改善胚根的发育增强作物的抗旱能力。

④ 乙烯利、2,4-D、三唑酮和多效唑　通过促进根系生长，进而

调节植株体内代谢水平，改变植株生长的生理性状，提高抗旱能力。

⑤ MFB多功能抗旱剂　属非毒性渗透调节抗旱剂，通过改善植株体内生理代谢功能能提高作物抗旱性。

⑥ 多功能保水剂　是一种含有植物生长素的高分子吸水树脂，具有超强的吸水能力，可以吸附自身体积400～1200倍的水分，为种子早期萌发提供必要的水分及生长物质，并通过调节土壤的水、气、热状况与供水能力，最终提高植株的抗旱性。

⑦ FA旱地龙　是以黄腐酸为主要原料精制而成的多功能植物抗旱生长营养剂和植物抗蒸腾剂。在生产实践中，能有效提高作物的抗旱性，增加作物产量，属居国际领先水平的多功能抗旱剂，已成为目前生产上广泛推广应用的主要抗旱剂之一。

⑧ 农林作物抗旱剂　是一种以玉米淀粉为主要原料，采用高新技术研制而成的多功能生物降解型天然高分子聚合物，具有三维空间网状结构，既能吸水吸肥，又能保水保肥。

（2）抗旱剂的使用方法　抗旱剂的种类虽然繁多，但大致可归为抗旱种衣剂、抗旱喷洒剂、抗旱保水剂三大类。

① 抗旱种衣剂的使用方法　拌种剂、ABT生根粉属抗旱种衣剂，该类抗旱剂主要是在播种前用来进行拌种，可促进种子萌发，刺激植物形成强大的次生根系，增强植株保水能力，提高作物抗旱性，达到抗旱节水增产的效果。

② 抗旱喷洒剂的使用方法　6-BA、ABA、乙烯利、2,4-D、三唑酮、多效唑、MFB多功能抗旱剂、FA旱地龙与农林作物抗旱剂属抗旱喷洒剂，是在作物生长的不同时期，根据实际需要按照使用说明稀释至一定浓度后，喷洒于作物叶片表面的一类抗蒸腾剂。叶面喷施后可在叶片表面形成一层薄膜，能有效控制叶片气孔开张度，减少叶面水分的蒸发和蒸腾，有效抵御季节性干旱和干热风危害，达到抗旱目的。喷洒一次可持续10～15天。此类抗旱剂，还可用于拌种、浸种、灌根和蘸根等，提高种子发芽率，使出苗整齐，促进根系发育，缩短移栽作物的缓苗期，提高成活率。

③ 抗旱保水剂的使用方法　多功能保水剂属抗旱保水剂，能在短时间内吸收其自身重量几百倍甚至上千倍的水分，将其用作种子涂层，或幼苗蘸根，或沟施、穴施，或地面喷洒，就相当于给种子和作物根部修了一个小水库。该类抗旱剂既能吸收土壤和空气中的水分，

又能将雨水保存在土壤中，当遇旱时，它保存的水分能缓慢释放出来，以供种子萌发和作物生长需要。

142. 油菜农艺栽培抗旱技术措施有哪些?

（1）改土抗旱　深耕深松，打破犁底层，加厚活土层，增加透水性，以土蓄水，加大土壤蓄水量，减少地面径流，可以更多地储蓄和利用自然降水。据测定，活土层每增加 3cm，每亩蓄水量可增加 $70\sim75m^3$。加厚活土层还可促进根系发育，提高土壤水分利用率。

（2）优化施肥抗旱　油菜需肥较多，施足底肥培育壮苗对于容易遭遇干旱的田块尤为重要。

① 适时增施有机肥　施用有机肥可降低用水量，实践表明，在旱作地上施足有机肥可降低用水量 $50\%\sim60\%$，在有机肥不足的地方，推行秸秆还田技术，也可以提高土壤的抗旱能力。

② 合理施用化肥　氮、磷、钾是油菜生长发育所需的三大营养元素。合理配施，可有效促进油菜的生长发育，提高油菜抗耐性。一般每亩施纯氮 12kg，磷和钾以纯氮半量配施，硼砂 $1.1\sim1.6kg$。$60\%\sim70\%$氮肥、全部磷肥、70%钾肥和 1.5kg 硼肥作为底肥。氮肥分 $1\sim2$ 次追施：苗期 20%，薹期 20%。30%钾肥薹期追施，每亩 100g 硼砂薹期叶面喷施。遇干旱时，应尤其注重硼肥的施用，土壤干旱会影响硼素的吸收利用，使叶片变紫变红，易造成"花而不实"的现象。

（3）选育、选用良种　油菜品种间的抗旱性遗传存在明显差异，因此选育、选用抗旱性强的品种进行种植是油菜抗旱措施的一条有效途径。抗旱品种具有降低水分蒸腾、提高渗透调节代谢水平及减少有害代谢物质积累的能力，在一定程度上可减轻灾害损失。

（4）适期早播　出苗率高是油菜生产取得成功的关键。因此，根据天气形势变化、土壤墒情及季节特点，可适当提前播种。如在适播期前 $20\sim30$ 天内有适宜墒情，抢墒播种，确保齐苗、全苗。此外，适时早播还可以在生育期上避开结荚期干热风的危害。

（5）减轻病虫危害　干旱时，油菜病虫害较为严重，尤其是蚜虫、菜青虫等。对于蚜虫，苗期有蚜株率达 10%，每株有蚜虫 $1\sim2$ 头，抽薹期有 10%的茎枝或花序有蚜虫，每枝有蚜虫 $3\sim5$ 头时，可用 10%吡虫啉可湿性粉剂 $10\sim20g$ 防治，但不宜在强阳光下喷施，以免降低药效。菜青虫和小菜蛾防治：菜青虫卵孵化高峰后 1 周左右至 3 龄前，小菜蛾幼虫盛孵期至 2 龄前施药，可选 90% 敌百虫晶体 1000 倍液，或 20% 氰戊菊酯乳油 2000 倍液等进行喷施防治。此外，干旱还会引发白粉病，因此，可在发病初期喷 15% 三唑酮可湿性粉剂 1500 倍液防治 2~3 次，每次间隔 7~10 天。

（6）敏感期补水　选择油菜一生中对水分最敏感，对产量影响最大的时期灌水。如开花期是油菜对水分反应最敏感的临界期，该时期缺水，易造成油菜分枝短、花序少、花器脱落等，严重影响油菜产量。因此，开花期补水可以保证油菜的正常生长发育，提高油菜的抗性。

第二节　油菜冷害、冻害、雪灾

143. 油菜冷害和冻害的表现有哪些？

冷害和冻害（含倒春寒，彩图 64），是指低温对油菜的正常生长产生不利影响而造成的危害。

油菜越冬冻害，是黄淮地区和长江中下游地区冬油菜的主要灾害。油菜越冬期一般从 12 月至下年 2 月份共 90 天左右。如果这段时间阴雨天较多，气温在 9℃ 以下，甚至 0℃ 以下，土壤的湿度较大，如果遇到冰冻天气，油菜极易被冻坏，这是湿型冻害。如果这段时间出现了连晴、霜重天气，夜间地面辐射降温，白天气温又迅速回升，油菜的叶片水分蒸发快，需要补充大量的水分，如果土壤被冻结，油菜须根不易吸收水分，会引起水分生理失调，而导致植株死亡，这种冻害叫叶片的干型冻害。当气温降至 -3℃ 时，油菜就会遭受冻害，-8~-7℃ 受害较重。冬性强的品种能抗 -10℃ 以下的低温。冬季低温和大风会加重油菜冻害。

冷害，是指 0℃ 以上的低温对油菜生长发育所造成的伤害；倒春寒是指春季天气回暖过程中，因冷空气的侵入，气温明显降低，对油菜造成危害的天气。

与麦类、蚕豆及其他蔬菜作物比，油菜抗寒能力较弱，更容易遭受冻害。

（1）油菜冻害类型及症状表现　油菜冻害可表现在地上部和地下部。地上部冻害包括叶片、茎秆、蕾薹、幼果受害。地下部冻害，苗期表现为根拔现象。

① 叶片受冻　叶片受冻害较为普遍。当气温下降到－3℃以下时，油菜叶片细胞间隙和细胞内结冰，细胞脱水。其表现症状有下列几种：

a.叶片冻僵　冻害导致细胞间隙结冰。中午前后气温升高时，冰粒消融，叶片复原。表现为叶片在早晨全部冻僵，叶色油绿，脆而易断。

b.叶片发白干枯　当气温降低至－5～－3℃时，由于叶片细胞内部结冰气温回升后受冻部位逐渐出现黄白色的斑块。如果气温突然降低至－8～－7℃，然后温度又骤然上升，叶片组织破坏会更严重，受冻叶片细胞失水，叶面出现水渍状斑块，然后变黄继而发白、干枯，外围大叶常常被冻死，但心叶尚好。若气温降低至－10℃，并且持续时间较长，会造成心叶受冻以致全株枯死。

c.叶片发紫　因为温度过低，油菜根系吸收功能减弱，体内营养失调，叶绿素生长数量减少，花青素得以显现，因此叶片呈紫色或紫红色，这易使光合作用减弱，生长缓慢或停滞，导致叶片枯黄，枯死脱落，对产量造成损失。

d.叶片皱缩　叶片表皮细胞受冻，生长缓慢。当气温回升时，叶片内部细胞可以继续生长，而表皮细胞生长缓慢，其生长速度明显落后于内部细胞，因而导致叶片卷曲皱叠和收缩，严重时叶片会自行破裂。这种类型的冻害一般发生在早春季节，一般在施用氮肥过多，而磷、钾肥不足的田块很容易出现这种情况。

② 薹、花受冻　甘蓝型油菜各部分越冬期最低致死温度分别为：髓部－8.8℃，茎部输导组织－11.4℃。油菜现蕾抽薹期，抗寒力最弱，只要温度在0℃以下时，就会出现冻害。蕾部受冻呈黄红色。茎薹受冻，初呈现水烫状，之后嫩薹弯曲下垂，茎部表面破裂，茎薹是否受冻是鉴定品种是否耐冻的一个主要标志。开花时严重受冻，表现为花蕾脱落，主序弯曲下垂，气温回升时弯曲部生长，但至成熟也是弯曲的，有的受冻花朵即使能开花，但结实不良，特别是主花序会出现分段结实现象。

蕾薹部冻害主要发生在春性强的油菜品种。这些品种如果播种过早，或水肥不足，在年前往往早薹早花，此时如遇0℃以下低温就会受到冻害。

③ 缩茎受冻 主要发生在冬季生长过旺的油菜地。有时叶部冻害虽轻，但由于缩茎长得过于肥嫩，以致缩茎髓部受冻坏死。缩茎受冻后，植株生长缓慢，在缩茎部位易折断。特别是在有明显倒春寒的年份，缩茎最易遭受冻害，给油菜生产造成大损失。

④ 根拔和根部受冻 油菜各器官的抗冻能力以根系最差。油菜根颈致死温度为－9.9℃，弱小或扎根不深的油菜苗若遇夜间－7～－5℃的低温，土壤中的水分结冰导致土层膨胀，幼苗根系被抬起；当白天气温回升，冻土溶解体积变小下沉导致幼苗根系被扯断外露（犹如被人为拔起一般）。出现根拔现象的幼苗，苗倒根露，若再遇冷风日晒，则会大量死苗。直播田块的根拔现象最为突出。耕作粗放的田块，或者因干旱播种、移栽较晚，植株较小扎根浅的油菜，极易出现这种冻害。根颈部受到冻害时，病部产生水渍状斑，以后环状变褐，根颈变粗，内部变空，严重时根颈纵裂，植株死亡。

（2）油菜冷害类型及症状 油菜冷害有3种类型：一是延迟型；导致油菜生育期显著延迟；二是障碍型，导致油菜薹花受害，影响授粉和结实；三是混合型，由上述两种冷害相结合而成。其症状表现主要有：叶片上出现大小不一的枯死斑，叶色变浅、变黄及叶片萎蔫等。

（3）倒春寒危害症状 油菜抽薹后，其抗冻能力明显下降。当发生倒春寒温度降到10℃以下时，油菜开花明显减少；5℃以下则一般不开花，正在开花的花朵大量脱落，幼蕾也变黄脱落，花序上出现分段结荚现象。除此之外，遭遇倒春寒时叶片及薹茎也可能产生冻害症状。

144. 造成油菜冷害、冻害的原因有哪些？

（1）与品种特性有关 一般冬性强的品种比春性强的品种抗寒力强。

（2）与油菜幼苗含糖量有关 植株的含糖量越高，耐、抗寒力越强。

（3）播期过早或偏晚 播种过早，易形成旺苗，造成年前抽薹或早花现象，易遭受冻害。播种过晚，或直播油菜，常常到 10 月中下旬甚至 11 月才播种，越冬时苗小叶少，抗寒性差，遇冷冬极容易发生冻害。

（4）低温影响　主要是晚秋寒流和早春晚霜。晚秋寒流冻害一般出现在油菜低温锻炼过程初期，寒流来临愈早，降温幅度愈大，低温持续时间愈长，造成的冻害和影响就愈严重。早春晚霜冻害多在油菜返青抽薹期，早春气温回升早，升温快，寒暖交替频繁，冻害加剧。低温持续时间越长，越易受冻，并且冻害越重。

（5）偏施氮肥　磷、钾能显著提高油菜的抗旱、抗寒、抗病能力。若氮肥投入过多时养分不配套，尤其是氮与磷、钾比例失调，油菜生长柔嫩而不壮实，容易遭受冻害。

（6）早薹早花　高产油菜冬发势强，若春发不足易产生早薹早花现象，在寒潮袭击时可伤害薹花。

145. 如何防止油菜冷害和冻害？

生产中应针对冻害、冷害的不同产生原因采取综合性措施。

（1）选用耐寒、抗寒性强的油菜品种　不同品种间的抗寒能力有着较大的差异，应通过引种鉴定，确定适合当地气候特点的高产抗寒品种，不要使用未经审定的油菜品种。偏春性的冬油菜品种在暖冬和早播时容易早薹早花；冬性强的品种抗冻性强，但一般都晚熟。因此，选用冬前稳健、春后快发的油菜品种非常重要。白菜型耐寒品种，其特征是叶色浓，匍匐生长，越冬时根颈深陷地下，冬性强，较为晚熟。抗寒性弱的品种一般叶薄，直立生长，较为早熟。

（2）根据品种特性合理安排播期　适期播种或移栽，防止出现小苗、弱苗以及早花早薹。冬性较强的品种适当早播早栽可增加干物质积累，实现壮苗早发，并提高抗冻能力。

推广油菜育苗移栽，或选用早茬地直播；根据品种特性适当早播早栽，促进油菜冬壮冬发，达到生长健壮的目的。

（3）培育壮苗　提高油菜自身抵御低温冻害的能力是防止受冻害的关键。冬油菜冬前生长良好，形成强大的根系有利于抵御低温能力的提高。因此，冬前应抓住有利时机早追苗肥。特别是晚栽的小苗和迟播的晚苗，要尽早中耕松土、施肥、间苗、补苗，使得冬前油菜体内细胞中淀粉含量提高，入冬后淀粉水解可使细胞内可溶性糖含量增加，从而有利于增强油菜的抗寒力。

（4）旱地推广朝阳沟移栽法　以南北向作畦，东西向开沟，在种植沟内北坡向阳的一面移栽油菜，这样做保湿保墒，背风向阳，可以使油菜早发，易形成冬壮冬发苗势。不仅可以提高植物自身的抗寒防冻能力，而且能够避免冷风的直接袭击。越冬前后结合中耕培土壅根，更具有明显的防冻效果。

（5）控制氮肥用量，增施磷钾肥　在苗期，油菜叶片最易受冻，若氮肥施用过多，油菜冬前长势过旺，其叶片组织柔嫩冻害严重，尤其是在冬季少雨干旱情况下，更容易造成干型冻害。因此，在油菜进入冬季寒冷时期，对于生长旺、肥力足的油菜，应控制使用速效氮肥，防止叶片肥嫩而受冻害。磷能促进油菜根系发育，增强油菜抗性；钾可提高油菜抗寒、抗病、抗倒伏的能力。一般可在油菜行间追施迟效农家肥作腊肥，如畜肥、沤肥等有机肥。为了促进根系生长，增强抗寒性，可在寒潮来临前，增施磷钾肥，每亩追施过磷酸钙 $20\sim25kg$，草木灰 $100\sim200kg$。施用方法以撒施为好，也可条施于油菜行间。并结合施腊肥进行培土壅蔸，保持土壤湿润，以提高地温，保暖防冻。寒潮来临前，浇稀粪水或灌冬水，增加土壤溶液浓度，使土壤不结冰。

（6）重施腊肥　农谚说："千浇万浇，不如腊肥一浇。"这充分说明油菜施腊肥的作用。在越冬前于 12 月上、中旬重施腊肥，有助于提高土壤温度。可在油菜的行间增施土杂肥、圈肥、人粪尿等 $1000\sim1500kg$，可提高地温 $2\sim3℃$，起到防寒保暖的效果，同时还可以起到冬肥春用的效果。低温冻害前后，浇施低浓度人粪尿液，以增加土壤溶液浓度，减少冻害，同时可使受冻油菜迅速恢复正常生长。

（7）中耕培土　结合施腊肥在土壤封冻前中耕、除草和培土，可疏松土壤，增厚根系土层，对阻挡寒风侵袭，提高吸热保温抗寒能力有一定作用。尤其是高脚苗，培土壅蔸后，根茎变短，利于保暖。培土宜在封行前进行，但要注意在培土护根时，不能伤到根系，否则就会造成烂根死苗。培土高度一般以培土至第一片叶基部为宜，这样既可疏松土壤，提高土壤温度，又能直接保护根部，有利于根系生长，防止低温受冻发生根拔现象，预防后期倒伏。

发生根拔现象的地块，应及时进行中耕，以堵塞土缝，培土 $5\sim$

7cm厚，防止断根死苗，并结合浇灌河泥水或稀粪水，增加根系的吸收能力。

（8）覆盖防寒 寒潮来临前或入冬后，可撒施土杂肥、谷壳灰、草木灰、火土灰、麦糠于田间，或用稻草、谷壳或其他作物秸秆覆盖油菜行间保暖，可减轻寒风直接侵袭，能提高地温2～4℃，还可以弥合土缝，防止漏风吊苗，从而减轻冻害。如覆盖稻草，每亩200～300kg，既保墒防冻，又增加土壤有机质。覆盖在畦面上的稻草，遇到降雨能自然落实，一般不影响油菜的光合作用。也可在寒潮前将稻草等轻轻盖在苗上，以减轻叶部受冻，寒潮过后，随即揭除，促进油菜恢复正常生长。

（9）适时灌水防寒 冻害的程度，与土壤含水量密切相关。干冻条件下，冻害会显著加重。因此，在寒流来临之前，如果土壤含水率较低，可按田间不积水这一标准在冻害形成前灌水。封冻前1个月，日平均气温下降到3～5℃时灌一次越冬水，可提高地温1～2℃，明显减轻冻害，此方法是保护菜苗越冬的关键措施。冰冻或严寒来临前，及时给油菜田灌水，能避免地温大幅度下降，缓解冻害程度，尤其对防止干冻的效果更好。同时，灌水后，根系与土壤紧密结合，有利于油菜对水分和养料的吸收。浇水后外露的根基需重新培土。冰冻过后，应及时清沟排水，以免因渍水伤根。

（10）喷水浇水防冻 及时向叶面喷水，清除叶面上雪、冰、霜，防止油菜枯萎。喷水除霜应在早上化霜之前进行，以减轻霜冻对叶片的影响。有资料介绍，在冷空气来临前后喷施1～2次100～200倍的食糖溶液，能有效提高油菜的抗冻能力。在干旱的冬季，雨水较少，土壤干旱，经常出现干冻死苗现象，通过浇水或进行冬灌有利于减轻冻害。

（11）喷施生长调节剂 对播种较早的油菜，可喷施多效唑药液防止早抽薹。多效唑是一种新型的植物生长调节剂。在油菜栽培过程中的主要功效有：在苗期喷洒适量药液后，能对幼苗控长，使幼苗矮化，增加茎粗，早生分枝，叶片增厚加宽，叶绿素增多，有效分枝着生部位降低，且在越冬时抗寒能力强。经大面积试验，比不喷洒的亩增产10％～20％，亩收入与经济效益比为1：50。最佳喷洒时期：一是3叶期，喷施多效唑水溶液，可以防治高脚苗，增强越冬抗寒能力；二是抽薹时，菜薹伸长10cm以内，喷适宜剂量药液。最佳喷药剂量：苗期用药浓度为 150mg/kg，每亩用 15％多效唑可湿性粉剂 100g，兑清水 100kg；薹期用药浓度为 100mg/kg，亩用 15％多效唑可湿性粉剂 66.7g，兑清水 100kg，均采用喷雾器均匀喷洒地上部分。

最佳的喷洒时间：最好选在晴天下午 4～5 点喷洒，喷洒后 8 小时内遇雨应补喷一次。叶面喷施要注意细雾匀喷、不漏喷、不重喷。

（12）叶面喷肥 油菜冬前进行叶面喷肥，关键是喷施磷、钾肥，可提高细胞液浓度，降低冰点，增强抗寒能力。

一般因低温而发紫的叶片，喷施磷肥 5 天后即能转化为正常的绿色，并能忍受 −5℃的低温侵害。具体方法是：每亩用过磷酸钙 2kg 或三元复合肥 0.5kg，用 30～40kg 水浸沤 1 星期后滤去肥渣，进行叶面喷施，间隔 7 天后再喷 1 次，喷施的重点对象是施氮过多显得嫩绿的油菜。对于较瘦弱的油菜，可在磷肥液中加入 0.1～0.2kg 尿素，促进油菜叶片生长。

在越冬期间喷施磷酸二氢钾、活力素、惠满丰溶液，对缺硼的油菜喷施 0.2％硼砂溶液，有利于防冻保苗。还可喷洒 27％高脂膜乳剂 80～100 倍液；植物抗寒剂 K-3，每亩 100～300mL；轻微受害的田块可喷洒促丰宝Ⅱ号 600～800 倍液。

（13）摘除早薹早花 冬暖年份的早薹早花最易发生冻害。春性和半冬性油菜品种易现早花；肥料不足、土壤干燥，播种量过大的油菜田也易出现油菜早花。对出现早薹、早花迹象的地块，进行深中耕，损伤部分根系，可以延缓早薹、早花的发生。发现油菜早花应立即摘薹，可减轻冻害程度。摘薹选晴天中午进行。摘薹后，及时追施适量的速效氮肥，如每亩施尿素 3～5kg，使植株体内养分得以补偿，促进油菜生长，防止冻害。

146. 油菜发生冷害、冻害后的补救措施有哪些？

近年来，油菜受低温冷害和冻害的影响有加剧的趋势，为确保油菜高产稳产，及时制订和实施油菜低温冻害的抗灾技术措施显得十分重要和必要。在油菜冷害或冻害发生后，可根据灾害发生情况选择以下措施补救，降低灾害损失。

（1）摘除冻薹和部分冻死叶片 对已经受冻严重的叶片，早薹、早花的植株，应在晴天及时摘除断薹、断枝和枯死的叶片、薹和分枝，切忌雨天进行，以免造成伤口溃烂。摘薹时，用刀从枝干死、活分界线以下 2cm 处斜割受冻菜薹，并药肥混喷 1～2 次，每亩用硼肥 50g、磷酸二氢钾 100g、50%多菌灵可湿性粉剂 150g 兑水 50kg，均匀喷雾，可起到补肥、防油菜菌核病的作用。

（2）追施速效肥，喷施硼肥　油菜受冻后，叶片和根系受到损伤，必须及时补充养分，增施速效肥。摘薹后的田块，可根据油菜生长情况适当施肥，每亩追施 5～7kg 尿素，以促进基部分枝发展。对叶片受冻的油菜，要普遍追肥，每亩适当追施 3～5kg 尿素，促使其尽快恢复生长。

长势较差的田块可适当增加用量，在追施氮肥的基础上，要适量补施磷、钾肥，每亩施氯化钾 3～4kg 或者根外追施磷酸二氢钾 1～2kg，以增加细胞质浓度，增强植株的抗寒能力，促进灌浆壮籽。另外，每亩叶面喷施 0.1%～0.2%硼肥溶液 50kg，以促进花芽分化。

（3）彻底开挖"三沟"，清沟沥水　清沟沥水，培土壅根。化雪后要利用晴好天气彻底清理田内"三沟"，及时清沟排水，降低田间湿度，同时加深田外沟渠，预防渍害发生。通过清沟、"三沟"排渍，确保沟沟相通，减少田间积水，降低地下水位及田间湿度，防渍排涝。解冻后可利用清沟的土壤进行培土壅根，特别是拔根掀苗现象比较严重的田块更要注意培土壅根，以减轻冻害对根系的伤害。

（4）根外追肥　氮肥过量而长得嫩绿的油菜，每亩用 0.2%～0.3%浓度的磷酸二氢钾进行叶面喷施，连喷 2 次，间隔 7 天。对于较瘦弱的油菜，则应增加 0.5%～1.5%浓度的尿素喷施，既能防冻，又能促进生长，提高叶片的抗寒能力。对叶片宽大旺盛的油菜，另加 15%多效唑可湿性粉剂 50g 兑水 50kg 喷施，可以缓解冻害。

（5）中耕培土，提高地温　油菜田应进行中耕松土，破除土表板结，改善通透性，提高表土温度。土壤封冻前结合中耕，进行培土壅根。培土以 7～10cm 厚为宜。培土可提高土壤温度，直接保护油菜根部，减轻冻害对根系的伤害，有利于根系生长。另外，冰雪融化后，有条件的地方可在油菜田撒施草木灰或者谷壳，覆盖适量稻草或畜禽粪，以保温防冻，同时可以在开春后向油菜提供养分。

（6）及时防治病害　油菜受冻后，较正常油菜容易受到病菌的侵染和害虫的危害，要加强油菜病虫害的预测预报，及时防治。油菜蕾薹、开花期，菌核病、病毒病，以及蚜虫、潜叶蝇等病虫易发生，应及早做好防治工作。

油菜的主要病害是菌核病，花期是药剂防治的关键时期，防治菌核病应在降低田间湿度的基础上，应用药剂防治，主要在初花后进行，喷药次数应根据病情酌情掌握，尽量喷于植株中、下部，结合叶面施肥及防治蚜虫进行。每亩用65%菌核·锰锌可湿性粉剂100～150g＋95%硼砂80g＋10%吡虫啉可湿性粉剂30g，或40%菌核净可湿性粉剂150～200g＋95%硼砂80g＋10%吡虫啉可湿性粉剂30g、25%咪鲜胺乳油70～90mL＋95%硼砂80g＋10%吡虫啉可湿性粉剂30g、50%多菌灵可湿性粉剂100g＋95%硼砂80g＋10%吡虫啉可湿性粉剂30g。初花期施药一次，对感病品种、长势过旺、往年重发病田块应在第一次喷施药后的一星期左右，再喷施第二次。

蚜虫是油菜中后期的主要害虫，而且蚜虫传播病毒病，防止蚜虫传毒也是防治病毒病的关键。对发生蚜虫危害的田块，当有蚜株率达10%左右时，亩用2.5%溴氰菊酯乳油20mL兑水50～60kg喷雾，或50%抗蚜威可湿性粉剂2000～3000倍液喷杀蚜虫。

（7）及时改种　如果油菜已经或大部分死亡，有条件的地方可改种春季马铃薯或速生蔬菜，尽量挽回损失。

147. 雪灾低温天气对油菜的影响有哪些？

（1）机械损伤　由于降雪量大，导致部分抽薹的油菜叶片或菜薹折断，造成机械损伤。油菜植株越大，机械损伤会越严重。

（2）叶片受冻　当日平均气温下降到－7.5～－3℃之间时，地上部叶片将全部受冻，叶片会出现水烫状的斑块，叶片变白、变黄或干枯死亡。由于大量的积雪融化要吸收大量热量，化雪将造成大幅度降温，油菜的冻害不可避免。

（3）根拔现象　当日平均气温下降到－7～－5℃时，则容易形成较厚的冻土层，发生根拔现象，造成根部受损或死亡。如果气温下降到－9.9℃，则直接造成根部死亡。

（4）角果发育不全　花蕾期遇到0℃的低温，会使花蕾败育，角果发育不全。所以，个别早薹早花的必然会受到低温的影响。

148. 油菜遭受冰雪后如何加强管理？

（1）清沟沥水，培土壅根　雪后结冰容易引起田埂倒塌和沟渠堵塞，化雪后要利用晴好天气彻底清理田内"三沟"，及时清沟排水，降低田间湿度，同时加深田外沟渠，有利于雪融化后及时排除田间积水，降低田间湿度，预防渍害发生。解冻后可利用清沟的土壤进行培土壅根，特别是拔根掀苗现象比较严重的田块更要注意培土壅根，加固油菜，以减轻冻害对根系的伤害，促进油菜尽快恢复生长。

（2）摘除冻薹，清理冻叶 对已经受冻的早薹油菜，融冻后应在晴天及时摘除冻薹，以促进基部分枝生长，弥补冻害损失，切忌雨天进行，以免造成伤口腐烂。要及时清除呈明显水渍状的冻伤叶片，防止冻伤累及整个植株，对明显变白或干枯的叶片要及时摘除，并清出田外，减少田间荫蔽，增加通风透光，降低田间湿度。

（3）补施追肥，喷施硼肥 油菜受冻后，叶片和根系受到损伤，必须及时补充养分。摘薹后的田块，要视情况适当追施速效肥料，一般每亩追施 5～7kg 尿素，以促进分枝生长。叶片受冻的油菜，要普遍追肥，每亩追施 3～5kg 尿素，长势较差的田块可适当增加用量，使其尽快恢复生长。条施或棵间穴施，以提高肥效。在追施氮肥的基础上，要适量补施钾肥，每亩施氯化钾 3～4kg 或者根外喷施磷酸二氢钾 1～2kg，以增加细胞质浓度，增强植株的抗寒能力，促进灌浆壮籽。另外，每亩叶面喷施 0.1％～0.2％硼肥溶液 50kg 左右，以促进花芽分化。

（4）加强测报，防治病害 油菜受冻后，较正常油菜更容易感病，要加强油菜病虫害的预测预报，密切注意发生发展动态。对发生菌核病的田块，要及时喷施多菌灵、甲基硫菌灵和代森锰锌等进行防治；对发生蚜虫为害的田块，要及时用吡虫啉、抗蚜威等药剂喷雾防治。人工除草或及时喷施氟吡甲禾灵等除草剂防治禾本科杂草。

（5）田间覆盖，提高地温 冰雪融化后，有条件的地方可以在油菜田撒施有机肥、草木灰、开沟土或谷壳，覆盖适量稻草或畜禽粪，以保温防冻，同时可以在开春后向油菜提供养分。

149. 油菜越冬期如何做好壮苗防冻？

当油菜进入越冬期，应围绕壮苗、防冻抓好以下田间管理措施。

（1）因苗补肥 油菜苗肥对提高苗体素质、增强抗冻能力非常重要。油菜移栽时基肥足、长势旺的田块可以不施，长势稳健的少施，但对迟播晚栽、基肥没有施足，目前生长不良的弱小苗、僵苗

（叶片只有 3 片左右，而且茎细叶红）或长势不均的油菜田，要及早补施肥料。施肥以有机肥为主，植株瘦弱的田块可以每亩增施尿素 5～10kg，促进苗情转化，力争壮苗越冬。

（2）叶面施肥 喷施叶面肥可提高抗寒性，磷肥喷施可以增加油菜叶片表面蜡质层的厚度，抗寒作用显著。具体方法是：每亩取过磷酸钙 2kg，用 30～40kg 水浸泡 1 星期，滤去肥渣后喷施，每隔 7 天喷一次，重点喷施氮肥施用过量、油菜苗生长嫩绿的地块。

对生长较弱的油菜，可在磷肥液中加入少量尿素，促进油菜叶片生长，提高叶片形成蜡质层的能力。因低温冻害而叶片发紫的油菜，补施磷肥 5 天后就能转为绿色，并能忍受 $-5℃$ 的低温侵袭。

（3）清沟理墒 渍害是油菜高产的重要障碍因素。对未开沟的田块要抓住有利时机突击开好田内外沟，提高排涝降渍能力，避免冻融交替，加重冻害。对已开沟未配套的田块要加深疏通，尤其要加开横沟和竖沟，接通沟头，保持沟系畅通，确保排水通畅，雨住田干，防止冬春连续阴雨天气造成严重渍害。开沟、清沟时，沟土要均匀覆盖在油菜根部，特别要将"高脚苗"根颈部埋入土中，避免出现埋苗，造成缺苗。

（4）化学防除 对草害达到防治界限的田块，要抓住晴暖温高的有利时机，选准药尽早化学防除。掌握日平均气温在 5℃ 以上的晴天用药，以提高化学防除效果，避免产生药害。油菜田禾本科杂草可选用高效氟吡甲禾灵或精吡氟禾草灵等药防除，猪殃殃、牛繁缕等阔叶杂草可选用草除灵防除，单、双子叶杂草混生的田块可混配上述药或选用其复配剂防除，也可以结合冬春季中耕人工拔除。

（5）覆盖防冻 板茬移栽油菜要搞好冬春季松土壅根，护根保温防冻。利用秸秆覆盖做到秸秆还田与油菜田冬季覆盖相结合，一般每亩用稻草 150～200kg 均匀覆盖，增强油菜耐寒能力。3 叶期未使用多效唑化控、早播早栽的油菜旺长苗，要在越冬前趁晴抢暖每亩用 15％ 多效唑可湿性粉剂 60～70g 加水 30～50kg 喷雾，达到矮化、增绿、防冻的效果。

150. 冬油菜遇越冬期提早造成冻害后的田间管理技术措施有哪些？

在冬油菜生产上，冬季气温有时呈年度性特殊天气，如有时秋干、冬干严重，有时阴雨连连，有时出现冬暖现象，油菜出现疯长等，有时在苗期营养生长不足的情况下，越冬期提前，提早进入冬季，影响油菜的耐寒抗冻性，出现冻害。根据气象部门四季划分的规定和历年气象资料统计，平均气温连续 5 天低于 10℃，最低气温在 5℃以下，即为进入冬季，一般在 12 月。若 11 月提前出现这种气象，比历年提早 1 个月，冬季提前到来，缩短了油菜冬前有效生长时间，造成生长量不足，抗寒物质积累减少，给安全越冬带来一定隐患。当气温下降到−5℃～−3℃时，叶片因为受冻会出现水烫状斑块，叶片部分或全部变白、变黄或干枯。

（1）油菜生长特点　油菜从出苗到日平均气温高于 3℃的时间为油菜的冬前有效生长期，油菜苗期生长要求的适宜温度为 10～20℃，在温度和土壤水分适宜情况下，油菜根系生长好，叶片分化快，出叶速度快，叶面积大，花芽分化多，从而为来年高产打下基础。当气温下降到 3℃以下至翌年气温回升到 3℃以上时为越冬期。在越冬期间，地上部基本停止生长。生产上一般把油菜的形态指标作为衡量油菜生长状况的标准，到越冬期，移栽油菜要求达到 6～8 片绿叶，苗高 25～30cm，根颈粗 1～1.5cm，叶面积指数 1.5 左右，根系发达。随着气温逐渐降低，经过充分的抗寒锻炼，才能够安全越冬。

如果遇到越冬期提早的年份，油菜冬前有效生长时间将缩短，加上播栽期推迟，天气干旱等因素共同影响，生长量比常年同期减少。由于油菜的抗寒能力很大程度上取决于自身的生长状况，因此，生长量不足，抗寒物质积累少，将增加越冬期间遭遇冻害时的危险性。

（2）田间管理技术措施　如遇越冬期提早的气候，应利用天气转晴、气温回升的有利条件，以促为主，以提高地温和保温防冻为主，采取有效措施，加强田间管理，增加油菜生长量，促进油菜苗情转化，确保安全越冬。

① 清沟沥水　清沟沥水能够降低土壤湿度，提高地温，有利于作物生长。要及时清理沟底淤泥，疏通沟系，加深地头沟，确保排水（渗水）顺畅。

② 中耕松土　连续的降雨降雪，造成了土壤板结和通气不良。开展中耕松土，有利于消灭杂草，破除土壤板结层，增强土壤透气性，提高地温，改善土壤的水、肥、气、热状况，防止僵苗，促进根系生长。所以，天晴后要视土壤墒情抓紧开展中耕松土，加快土壤散墒，排除多余水分，创造有利于根系生长的环境。

③ 培土壅根　油菜移栽期土壤干旱，移栽困难，移栽质量不高，又经过雨水冲刷，易造成植株倾斜，根颈裸露，不利于油菜的正常生长和越冬。根颈是油菜越冬期间养分和水分的重要储藏场所，根颈短粗，储藏的养分就多，细胞质浓度高，生活力强，对机械损伤、低温干旱的抵御能力强，细胞不容易结冰。如果根颈裸露在外，就容易遭受冻害而死苗。所以，根据特殊的气候，应结合清沟和中耕等进行培土，保护菜心和根颈免受冻害，对保证油菜安全越冬具有重要作用。培土壅根前，先追施土杂肥，可以减少肥料流失，提高肥料利用率。

④ 追肥提苗　油菜生产上，农民有泼浇粪水的习惯，特别是生长不整齐、植株大小不一致的田块，应对弱苗泼浇粪水，加快小苗生长。对移栽偏晚、菜苗较小的田块可趁化雪每亩撒施三元复合肥 5～7.5kg，促进油菜生长。

⑤ 增加覆盖　在油菜行间铺盖秸秆或撒施（切碎）秸秆、草木灰等，可以保持地温相对稳定，避免冷空气对叶片的直接伤害，减轻冻害程度。

⑥ 化学调控　对于长势旺盛、氮肥施用过多的田块，在 12 月 20 日前后喷施多效唑溶液，提高细胞液浓度，可以有效地预防或减轻冻害。喷施方法：每亩用 15％多效唑可湿性粉剂 50g，加水 60kg 喷施叶片，注意细雾匀喷，不漏喷，不重喷。

第三节　油菜渍害

151. 渍害对油菜的危害有哪些？

土壤水分过多或地面渍水对油菜的生长发育所造成的阻碍，称为油菜渍害，也叫湿害。油菜渍害是油菜生产中的常见气象灾害。特别是在地势低洼的地段，形成渍害的概率极高。

在我国长江中下游的油菜生产地区，前茬多为水稻，由于长期淹水，理化性质较差，供肥能力较低，是稻茬油菜产量较低的重要原因。由于长期的湿耕湿耙使犁底层上升，土壤通气透水能力变差，通气孔隙减少，影响土层水分的下渗和排除，雨后耕层渍水严重。特别是春季往往连阴雨长达半月，并伴随低温寡照，造成土壤含水量过高，土壤通气不良，油菜容易遭受春季涝渍而引发渍害，直接影响油菜开花授粉，造成花荚脱落、阴角增多、结实率下降，并因根系发育和养分运转受阻，角果膨大缓慢，严重时可导致植株早衰而减产。如果在临近成熟期出现连阴雨，会影响及时收获，导致籽粒霉变。此外，渍害后土壤水分过多，田间湿度大，有利于危害油菜的各种病菌的繁殖和传播，使菌核病、霜霉病、根肿病和杂草等大量发生和蔓延，造成渍害次生灾害。

当遇有长期连阴雨天气或地势低洼、排水不畅，田间水分过多或是处于积水状态时，油菜根系密集层土壤含水量过大，使其根系较长时间处于缺氧的不利环境中，导致植株进行无氧呼吸，使植株在形态解剖、生理和代谢过程等方面产生变化，根系活力衰退，对无机物和水分的吸收与利用下降，形成生理干旱，造成同化作用受阻，地上部分生长发育不良，或严重脱水而引起凋萎或死亡。渍涝会造成土壤氧气不足，从而抑制好氧性细菌活动，有利于各种病菌的滋生，并恶化土壤的理化性状。

通常情况下，在土壤含水量 40% 左右的条件下，越冬期、薹期、花期和角果发育期的油菜都有明显的渍害症状产生，其中以苗期和角果发育期对渍害最为敏感。油菜在生长期间遭遇渍害，叶色变淡，黄叶出现早而多，株高、茎粗、根粗、根长、绿叶数、叶面积、干重等均有不同程度的降低，有效分枝数、单株角果数和粒数等也有不同程度的减少，最后造成减产等损失。

秋季渍涝主要影响油菜的适期播种，或者使油菜根系受渍，生长缓慢。一般情况下，只要秋季渍涝不十分严重，对油菜产量的影响就不大。

152. 油菜湿害的类型、特点和常见症状有哪些？

（1）类型

① 湿害田的类型　根据湿害田形成的地貌条件和水文地质特征，可将湿害田划分为 5 大类：季节性洪涝地、季节性暗渍地、滨湖平地涝渍地、湖泊水面调蓄地、蝶形洼地涝渍圈。

② 湿害类型　根据湿害发生的时期，可将湿害分为苗期湿害、蕾薹期湿害、花期湿害和成熟期湿害。

③ 湿害的分级　根据油菜湿害的危害程度，可将湿害分为 5 级，

见表 14（张春雷，2009）。

表 14　油菜湿害的分级标准

湿害分级	症状描述（苗期）	症状描述（花期）
0	植株生长正常，无症状	植株根、茎、叶、分枝和角果生长正常，无症状
1	全株 1/3 叶片外叶变红，心叶无皱缩，苗体基本正常	1/4 植株茎秆、叶片发黄
2	全株 1/3～2/3 叶片外叶变红或变黄，或 1/3 以下叶片皱缩或局部枯死，心叶开始萎缩，苗体开始萎缩	1/4～1/3 植株茎秆、叶片发黄，花序下部花蕾、花角开始脱落
3	全株 2/3 叶片变黄，或 1/3～2/3 叶片皱缩或局部枯死，心叶停止生长，苗体显著萎缩	1/3～2/3 植株茎秆、叶片发黄，花序下部花蕾、花角脱落达 1/5，少数植株出现病害
4	全株萎缩或局部枯死叶片达 2/3 以上，植株生长停滞，接近死亡	2/3 以上植株烂根死苗或茎秆折断，或 1/4 以上花蕾或角果脱落，病害严重

（2）特点　湿害的发生具有以下特点：

① 频繁性　从历史上看，湿害在我国江淮流域和西南油菜主产区发生频率高、危害作物多、受害范围广，给生产建设和人民生活造成巨大困难和损失。

② 区域性　湿害发生的区域性较强。我国油菜主产区的江淮流域和西南地区河流众多，湖泊洼地面积大，油菜前茬多为水稻，土壤透水性较差，油菜湿害频繁。我国西南地区常常秋雨绵绵，形成华西秋雨。

③ 季节性　湿害也具有很强的季节性。华西秋雨往往会引起西南地区秋季油菜苗期田间湿害，黄淮流域在秋季和春季也会因为连阴雨而产生田间湿害。

④ 普遍性和连续性　湿害的发生在空间分布上具有普遍性的特点，经常是大面积成片出现。在时间上，湿害又呈现连续性特征，表现为在某一季节、某一年份或者连续几年反复发生。这种连续性发生的湿害，往往是由大气环流周期性变化造成的，对农业生产极为不利。

⑤ 旱涝相继　我国幅员辽阔，山地、丘陵和平原地形差异大，导致大气中暖湿气流的输送和降水差异较大。大气环流的异常变动，

尤其是厄尔尼诺现象的发生，导致水汽输送异常，降水量在季节间分布不均匀，干旱与洪涝灾害往往相继发生。

（3）**常见症状** 一般情况下，苗期遭受湿害的油菜在外在形态上主要表现为：油菜植株普遍较矮、长势弱、萎蔫，生长缓慢，出现僵苗现象。茎秆较细，叶片薄，叶面积小，叶色淡黄。茎基部长出不定根，主根呈现褐色，细长，根毛少，有腐烂现象。湿害严重时，植株根系生长差、吸收力减弱，植株营养失调，叶片内叶绿素形成受阻，花青素增多而造成红叶。如果遭受湿害时间较长，会出现倒伏和死苗现象。

153. 油菜不同生育阶段渍害的表现有哪些？

（1）**播种阶段** 在土壤水分饱和且板结的情况下，种子窒息而死。

（2）**秧田阶段** 油菜育苗期间，尤其是秋苗较小时，在沟系不畅通，田间积水的情况下，缺苗叶片发红，僵而不发，甚至烂根，逐渐死亡。

（3）**移栽阶段** 在秋雨连绵烂根烂种时，油菜根系难以恢复生长，叶片普遍发红，外圈叶大多死亡，只留心叶保命。

（4）**越冬返青阶段** 冬春雨水多，往往出现倒春寒，春季温度回升，积雪大量融化，也会造成油菜烂根死苗。

（5）**抽薹阶段** 春雨连绵且缺肥的油菜，叶小、根浅、菜细，架子搭不起来；肥足的油菜，特别是施大量氮肥的油菜，往往叶大而凹凸，茎青而发扁，形成早封行、晚出头（指短柄叶高大、菜心位置低下）的情形，看相好，病害重，产量低。

（6）**开花阶段** 特别是盛花期，如遇连阴雨，不但造成蕾果脱落，降低结实率，而且引起菌核病的暴发，以及后期霜霉病、黑斑病等病害的发生。

（7）**收获阶段** 遇到连阴雨菜籽发芽霉变，导致丰产不丰收。

154. 预防油菜渍害的措施有哪些？

（1）**选择适合的田块** 尽量选择地势较高、排水通畅的地块种植油菜，避免将油菜种植在容易发生渍害的低洼地和地下水位较高的田块。

（2）**选用耐湿性强的油菜品种** 不同的油菜品种对渍害的耐性具有显著遗传差异。在水旱轮作区、地势低洼、地下水位较高以及容易发生渍害的地区，应选择具有较高的相对发芽率，较高的相对苗长、根长、苗重和活力指数，较高的抵御缺氧胁迫能力的耐渍油菜品种。

（3）**合理整地与开沟** 加强农田基础设施建设，做到沟渠配套，确保涝能排、旱能灌。在稻-油两熟地区，为保证油菜正常播种，对于排水不良的烂泥田，可在水稻收获前 7～10 天四周开沟排水；若残水难于排干，可采用高畦深沟栽培方式，这种方式有利于降低地下水位，促进根系发育和产量的提高。对土质黏重、田块面积较大以及排水不易的田块，应当提早开沟排水，并加深排水沟，整地时注意开好"三沟"。

一般排水不良的积水地区，往往地下水位也较高，因而在排水时要考虑综合措施，既要排除地表径流，又要降低地下水位。目前生产上推行的深沟高畦排水措施，效果很好。方法是：在播前或移栽前结合其他管理措施开沟作畦，畦宽 150cm 左右，一般沙质土透水性良好，可适当放宽畦面；黏重土透水性差，畦面可窄一些。在特别低洼和多雨地区，可采用窄畦拱背的方式，沟的深度以畦沟 26～33cm、腰沟 33cm 以上、围沟 50cm 以上为宜。地下水位高的地块，围沟深度应大于耕作层。

（4）**根据植株生育期与气候特点加强管理与排水** 对于渍害型弱苗，首先应清沟沥水，降低地下水位。其次应结合中耕增施火土灰或腐熟的堆肥、厩肥，以提高地温，增强土壤的通气性、透水性。对湿度大，土壤黏重的田块还应撒施适量草木灰于厢面。长江中下游另一个气候特点是春季雨水多，应该在立春后雨季到来之前及时清理沟道，防止雨后受渍。对排水沟深度不够或不畅通的，应及时加深理通。

155. 油菜发生渍害后的急救措施有哪些？

渍害对油菜生长造成的影响是不可逆的，因此要求一旦发现渍害，就必须马上采取切实有效的措施进行补救，将灾害造成的损失降低到最小范围内。防治渍害的关键在于降低地下水位，降低土壤水分含量，结合苗期增施速效肥促进油菜健壮生长，提高抗逆能力，同时及时防止次生病害的发生。

（1）清沟排渍 长江中下游常有秋旱，秋旱过后，又常出现阴雨连绵的天气。在稻-稻-油菜三熟制的条件下，土壤排水不良，直播油菜的幼苗易发生猝倒病，影响全苗。田间湿度大的田块，油菜苗长势普遍较弱，有的出现僵苗、黄化苗、死苗现象，有的发芽率较低。移栽田排水不良或油菜移栽后遇持续阴雨天气造成叶片短小狭窄，茎基部叶片发黄，上部叶片的叶尖有时出现萎蔫，生长十分缓慢，严重时出现烂根死苗。对于这类渍害型弱苗，在阴雨天气结束后要及时进行清沟沥水，做到主沟、围沟、畦沟沟沟相通，排水通畅，做到雨住田干，降低田间湿度。

（2）中耕松土 天气转晴后要及时进行中耕松土，增强土壤透气性，及时跑墒，促进根系发育。防止病菌滋生，阻止杂草蔓延危害。

（3）补施速效肥 渍害会导致土壤养分流失，根系的营养吸收能力下降，这时要根据苗期长势，每亩追施尿素 4～6kg，以促进冬前生长。在追施氮肥的基础上，要适量补施磷钾肥，增强植株抗性，每亩可施氯化钾 3～4kg 或者根外喷施 0.2% 磷酸二氢钾溶液或 2%～3% 的过磷酸钙水溶液 50kg。另外，在现蕾后增施一次硼肥，即亩用 0.1%～0.2% 硼肥溶液 50kg 进行叶面喷施，预防"花而不实"。

（4）防止倒伏发生 油菜发生渍害后地下部分发育受到创伤，中后期可能会表现"头重脚轻"，故春后要在围绕保叶护根，在中耕松土、培土壅根的基础上，对春后有旺长趋势的地块，薹期要及时喷施 1 次生长调节剂，一般每亩用 15% 多效唑可湿性粉剂 50g 兑水 50kg 均匀喷雾，以改善植株形体，增强抗倒伏力。

（5）防止次生病害 在发生渍害的田块，阴雨结束后，低温高湿条件下易发霜霉病，高温高湿条件下易发菌核病、根肿病等。要及时摘除底部的黄老病叶，以减少菌核病的菌源，选择晴天交替喷施 2～3 次多菌灵，或多·硫、甲基硫菌灵、硫菌灵、代森锰锌等进行预防。对发生菜青虫为害的田块，可用阿维菌素乳油，或高效氯氟氰菊酯乳油交替喷雾防治。对有蚜虫为害的田块，可用吡虫啉可湿性粉剂或吡虫啉乳油等进行防治。

156. 油菜苗期遇涝害和寡照的应急管理技术有哪些？

（1）直播油菜的防涝防寡照应急技术

① 及时开好"三沟" 特别是要加深围沟和腰沟，挖通田外沟，

降低厢面宽度，将宽度控制在 3m 以内（免耕田可进一步降低厢面宽度，加深厢沟和围沟深度），及时疏通渍水，保障排水畅通，做到沟内无明水，雨止田干，耕层无暗渍。

② 防止烂根死苗　雨水太多会直接或间接造成油菜烂根死苗，可采取以下四条防止措施：

一是对含水量多，土壤湿度大的下湿田要及时理沟排水。可采取深中耕的方法，在油菜行间挖土成鱼鳞甲型，促使田间水分蒸发，降低土壤湿度，排除有毒物质。

二是对发生根腐病和白锈病的，可采用 1：（7～10）的黑白灰（即 1kg 生石灰，7～10kg 草木灰）防治，也可用 50％甲基硫菌灵可湿性粉剂 100g 兑水 60～75kg 喷雾；或用 50％多菌灵可湿性粉剂 100g 兑水 15～20kg 在苗叶上喷雾。

三是施用过磷酸钙或钙镁磷肥 20kg，草木灰 15kg，促进根系发育，增强抗病虫能力。

四是勤中耕，使土壤排湿、透气，促进油菜苗正常生长。

③ 由于连阴雨的影响，直播油菜的出苗较差，应利用雨停的短暂时机，及时间苗补苗，去弱留强，去小留大。对于实在无法及时间苗、补苗，而长势又较旺的直播田，可亩用 15％多效唑可湿性粉剂 30g 兑水 50kg 喷施一次，避免形成高脚苗。使用多效唑需注意：幼苗长势不旺的不能施用多效唑。

④ 杂草防除　在雨水多的天气情况下施用除草剂往往无效，此时要抢晴进行人工中耕除草，这样做还可改善土壤通透性，降低土壤湿度。

（2）移栽油菜的防涝防寡照应急技术

① 及时排干苗床渍水，加强苗床管理，培育壮苗，及时定苗，每平方米苗床留苗 80～100 株。由于连阴雨影响，无法及时移栽的油菜可以每 66.7m² 苗床地用 15％多效唑可湿性粉剂 5g 兑水 5kg 喷雾，促进油菜敦实，避免形成高脚苗。移栽前一周每亩追施尿素 3～5kg，同时喷施杀虫、杀菌剂，做到带土、带肥、带药移栽。

② 由于连阴雨的影响，大部分的移栽油菜因田间渍水或者土壤湿度过大而无法移栽。要及时开好"三沟"，健全沟系，方法和要求同上。

③ 应利用雨停的时机，及时移栽。提倡开行摆苗、肥土压根。将常规的打穴定植方式改为开小沟摆苗，用细碎肥土压根，可以避免

因打穴定植而造成的根系入土过深，菜苗根部渍水、缺氧等不良现象，使菜苗成活率比打穴定植的提高 15％～40％。移栽时先栽大苗，后将小苗单独管理 4～5 天后移栽。移栽油菜要求做到全、匀、直、紧，即油菜苗受伤少，叶片、根系完整；大小苗分级栽，不要混栽；苗直根直，根要压紧，要求做到边起苗、边移栽，不栽隔夜苗。深栽高脚苗，在苗等田的情况下，因为移栽期失时，难免产生高脚苗，移栽时应采用铁锹进行深栽，将高脚部分深埋入土，以利于防冻保苗和减轻倒伏。

④ 合理密植，移栽油菜适宜密度为 6000～8000 株/亩，成活返青后分类管理。

第四节　油菜干热风

157. 什么叫干热风，对油菜的危害有哪些？

干热风，又叫火风、热风、干旱风，是指高温、低湿并伴随一定风力的大气干旱现象。其气象要素主要表现为天气少雨干燥、气温偏高多风。干热风的一般指标是：14 时前后空气相对湿度≤30％，日最高气温≥30℃，风力≥3m/s，俗称"三三制"。气象要素值越偏离此基本指标，其危害越重。

由于干热风主要发生在油菜角果发育成熟后期，对油菜的危害很大，可导致角果不能正常脱水、成熟，使得油菜植株体内营养物质向种子的运送受阻，造成种子充实度下降，瘪粒增加，粒重减轻，从而造成高温逼熟，产量和品质下降。其危害症状主要有以几下 3 种。

（1）干害　在高温低湿条件下，油菜植株蒸腾量加大，田间耗水量增多，土壤缺水，植株体内水分失调，造成叶片黄化、萎蔫或植株死亡等干旱症状。

（2）热害　热害主要是由于高温破坏油菜的光合机构，导致植株光合作用不能正常进行，影响光合产物的生产与输送，从而导致千粒重下降。在油菜籽粒发育形成期，当气温达到 28℃ 左右时，角果壳光合作用受阻，当日均温持续在 24～25℃ 时，则籽粒灌浆过程中止，形成热害。

（3）湿害　湿害多在雨水较多或地下水位较高的地方发生，主要是因雨后高温，植株脱水严重，导致油菜青干或高温逼熟。

🌱 158. 油菜干热风的预防和补救措施有哪些?

（1）预防措施　造林、营造防护林和防风固沙林带，可增加农田相对湿度，降低田间温度，改善农田小气候，削弱干热风强度，减轻或防御干热风的危害。在土壤肥力瘠薄、灌溉条件差的地区防风林的作用更加显著；改善生产条件，治水改土，完善田间灌排设施，是防御干热风、稳定提高油菜产量的有效途径；选用耐旱、抗高温的双低中早熟油菜品种，适时早播，避开干热风危害的时期；在干热风常发地区，根据干热风出现的规律和旱涝趋势预报，改变油菜布局和栽培方式，使油菜籽粒发育成熟期避开较强的干热风，减轻或避免干热风危害；苗期喷施 $100 \sim 200 mg/kg$ 的多效唑，可使油菜植株增强抗干热风能力，减轻干热风的危害。

（2）补救措施　针对干热风对作物的危害，对干热风的类型、强度、开始和持续时间、出现范围等进行预测预报，便于更好防御；长江下游地区，通常在 5 月上、中旬出现干热风气候，在此时期应密切注意气象信息，如连续晴热、少雨，可灌 1 次"跑马水"，适当提高土壤持水量，灌水时间宜早不宜迟，有条件的地区最好采用喷灌，以水调温，以水调湿，通过改善田间小气候，减轻干热风的危害；在油菜初花至结角期，每亩用磷酸二氢钾 100g、尿素 $150 \sim 200g$，兑水 50kg 叶面喷施，可以增强植株抗性，减轻干热风的危害。

第五节　油菜大风、雹灾、倒伏

🌱 159. 油菜大风的危害有哪些，如何预防?

（1）表现症状　大风造成叶片破损、植株体内水分加快散失而干枯死亡。抽薹期油菜的薹茎易倒伏、折断。花期影响油菜开花授粉。角果成熟期分枝折断，角果机械损伤脱落或大面积倒伏，易出现返花现象。

（2）发生原因　冬季和春季，伴随着冷空气的来袭，经常出现的是大范围的寒潮大风，以偏北风为主，气温低，持续时间较长。春季大风还会加速土壤失墒。

（3）诊断方法 风力达 8 级或以上对油菜产生较大危害。

（4）预防措施

① 选用抗灾能力强的品种 需用株型紧凑、中矮秆、茎秆组织致密、抗菌核病能力强、抗风抗倒伏能力强的品种。

② 培育壮苗 增施有机肥和磷钾肥，高肥水地块苗期注意蹲苗。

③ 合理密植 在适宜的密度下，后期分枝相互穿插交织，形成抗倒伏能力强的整体。若密度过大，个体发育不良，抗风能力差。

④ 追施腊肥，壅土培蔸。

⑤ 清沟排渍 冬闲期间、春季雨水过多时，及时排除田间渍水，降低田间土壤湿度，减轻菌核病发生概率。

160. 油菜雹灾危害有哪些，如何防治？

（1）表现症状 油菜茎叶、分枝受压折断，或将油菜打倒。冰雹融化时温度骤降易使油菜遭受冷害、冻害。

（2）发生原因 冰雹体积小如绿豆、黄豆，大似栗子、鸡蛋，特大的冰雹甚至比柚子还大，会导致油菜损伤、折断、倒伏或大片毁坏。

（3）防治措施 考虑油菜最易受害的生育期，调整播期避开冰雹频繁期。

采用适宜的施肥技术、栽培技术，培育健壮苗。接近成熟的油菜可提前抢收。

割除冻薹、摘除受冻幼蕾。及时割除冻死枯薹，割面向南，避免薹茎感染腐烂。对受冻轻的植株摘除主茎蕾薹，保留绿叶。割薹摘蕾后每亩追施尿素 8～10kg，促进发根长叶，利于早生、多生分枝。

积极进行灾后处理。进行中耕松土扶株，破除板结土层，或用水灌溉使冰雹尽快化掉。增加追肥次数和数量，并注意叶面追肥，做好防病治虫工作。

161. 油菜倒伏的原因有哪些？

油菜倒伏，造成茎秆折断、植株输导系统受损，营养物质不能正常运输；倒伏的植株通风透光性差，植株间相对湿度增高，易引发霉烂，加剧油菜病害的发生；压在下层的角果受光量大大减少，光合作用减弱。油菜发生倒伏后，将严重地影响产量及其品质。造成油菜倒伏的可能原因有如下几点。

（1）品种选用不当　易发生倒伏的品种，通常茎秆细软，弹性不好，易感菌核病，不耐肥。

（2）肥水运筹不当　特别是在油菜氮肥施用过量的情况下，容易造成油菜徒长，蕾薹生长过快，使田间荫蔽、茎秆木质化程度降低、茎秆细软而发生倒伏。氮肥过量施用会造成后期贪青晚熟，病虫危害严重，也易导致倒伏。

（3）播栽密度不当　油菜的育苗过程中，在苗床面积小、幼苗密度过大的情况下，易发生高脚苗倒伏。大田种植密度过大时，植株过早荫蔽，田间通风透光不良，茎秆节间细长不充实，机械强度低，分枝部位升高，使角果层集中于顶部，造成"头重脚轻"而导致倒伏。

（4）田间培管不当　移栽过浅或是移栽苗的主根留得太短，壅根培土不及时，整地粗放，根系入土不深，侧根不发达，茎节外露，遇大雨大风等气候条件时很容易引起倒伏。此外，多种原因导致的茎薹开裂，削弱了植株抗倒伏能力，稍遇风雨或其他外力影响就会造成折断倒伏。

（5）菌核病危害　由于菌核病主要危害油菜茎秆，易造成其髓部中空折断，加重倒伏。

162. 如何防止油菜倒伏？

（1）选用抗倒伏性强的品种　生产上，应因地制宜地选用根系发达、茎秆坚硬、耐肥抗倒伏能力强的油菜品种。

（2）合理密植　要根据各品种的植株长势、土壤肥力和栽培水平确定适宜的种植密度，防止植株过早荫蔽。

（3）培育壮苗　加强育苗管理，培育壮苗，控制高脚苗，增强植株抗倒伏和抗寒能力。

（4）科学施薹肥　立春后施用薹肥是促进油菜早发稳长的关键。施肥量要适当，一般占施肥总量的30%左右。在抽薹前即2月底或3月上旬，每亩施腐熟人畜粪尿1000kg左右或尿素7.5～10kg。薹肥可使油菜薹壮而不徒长，但应防止薹肥过多，生长郁闭，倒伏发病。同时每亩可喷洒0.2%硼砂水溶液50kg，以提高油菜产量。

（5）**适时灌溉、排水**　油菜立春后抽薹开花需水较多，干旱时要及时灌水，保证对水分的需求。而立春后多雨，土壤含水量高，田间湿度大，常常诱发油菜菌核病，因此，要在立春后及时清理沟渠，做到沟沟相通，防止雨后受渍。

（6）**中耕松土，加强管理**　立春后，抓住封行前的有利时机，进行中耕松土；清除杂草，减轻病虫害的发生；提高地温，防止倒春寒袭击。移栽取苗时注意保留一定长度的主根，移栽深度要适宜，特别是高脚苗一定要深栽。及时培土壅根，增强抗倒伏能力。

（7）**防治病虫害**　在油菜抽薹期和初花期，及时防治蚜虫和菌核病。

（8）**喷洒生长调节剂**　在薹期喷施生长调节剂，每亩用 15％多效唑可湿性粉剂 30g，兑水 30kg 均匀喷雾，可以增强植株抗逆力，防止后期倒伏。

参考文献

［1］　王迪轩.油菜优质高产问答［M］.北京：化学工业出版社，2013.

［2］　张汝全.油菜［M］.成都：电子科技大学出版社，2012.

［3］　张书芬，朱家成，文雁成，等.一本书明白油菜高产与防灾减灾技术［M］.郑州：中原农民出版社，2016.

［4］　曾家玉，李月珍.优质油菜高产栽培与加工技术［M］.北京：中国农业科学技术出版社，2016.

［5］　贺才明，谷云松.油菜规模生产经营［M］.北京：中国农业科学技术出版社，2017.

［6］　廖庆喜.油菜生产机械化技术［M］.北京：科学出版社，2018.

［7］　胡立勇，蔡俊松，徐正华，等.图说油菜生长异常及诊治［M］.北京：中国农业出版社，2019.

［8］　中华人民共和国农业部.双低油菜籽等级规格：NY/T 1795—2009［S］.北京：中国农业出版社，2009.

［9］　中华人民共和国农业部.双低油菜良好农业规范：NY/T 1996—2011［S］.北京：中国农业出版社，2011.

［10］　中华人民共和国农业部.油稻稻三熟制油菜全程机械化生产技术规程：NY/T 2546—2014［S］.北京：中国农业出版社，2014.